U0904081

计算机控制技术项目教程

李江全 编著

机 械 工 业 出 版 社

本书首先介绍了计算机控制系统的含义、原理、组成、类别等基本知识，然后从工程实际出发，通过十二个实训项目详细地介绍了串口通信控制系统、集散控制系统、数据采集与控制系统的软硬件设计方法，并将计算机控制系统中涉及的基本理论和相关软硬件知识有机地穿插融合到各项目中。每个实训项目都有明确的学习目标和详细的操作步骤，各项测控任务同时采用监控组态软件 Kingview 和面向对象语言 Visual Basic 来实现。

本书适用于项目教学，将控制理论与控制系统操作技能训练有机结合，使学生通过项目实训轻松掌握计算机控制系统的基本使用方法和设计方法。

本书可作为应用型本科及高职高专院校自动化、机电一体化、计算机应用等专业的教材，也可作为使用计算机控制系统的工程技术人员参考用书。

为配合教学，本书提供配套光盘，内容包括所有项目的 Kingview 及 VB 源程序、教学视频、电子教案（ppt 形式）、习题详解以及软硬件资源等。

图书在版编目（CIP）数据

计算机控制技术项目教程/李江全编著．—北京：机械工业出版社，2009.2（2015.8 重印）
ISBN 978-7-111-26037-0

Ⅰ．计…　Ⅱ．李…　Ⅲ．计算机控制—教材　Ⅳ．TP273

中国版本图书馆 CIP 数据核字（2009）第 001950 号

机械工业出版社（北京市百万庄大街 22 号　邮政编码 100037）
责任编辑：高　倩　责任校对：陈立辉
封面设计：马精明　责任印制：乔　宇
北京华正印刷有限公司印刷
2015 年 8 月第 1 版第 4 次印刷
184mm×260mm · 15 印张 · 367 千字
8001—9000 册
标准书号：ISBN 978-7-111-26037-0
　　　　　ISBN 978-7-89482-988-7（光盘）
定价：35.00 元（1CD）

凡购本书，如有缺页、倒页、脱页，由本社发行部调换

电话服务	网络服务
社服务中心：（010）88361066	
销售一部：（010）68326294	门户网：http://www.cmpbook.com
销售二部：（010）88379649	教材网：http://www.cmpedu.com
读者购书热线：（010）88379203	**封面无防伪标均为盗版**

前　言

近年来，随着电子技术、信息技术和自动控制技术的飞速发展，计算机控制技术已广泛应用于工农业生产、交通运输和国防建设等各个领域，并且发挥着越来越重要的作用。建立计算机控制系统的概念，了解和初步掌握计算机控制系统的基本理论和基本设计方法，已成为当前工科类学生适应新形势、新技术发展的当务之急。

为适应计算机控制技术课程教学改革发展的需要，本书在编写上突出以下几个特点。

(1) 项目教学。本书以实训项目为主线，将计算机控制技术的理论知识点有机地穿插到各项目中去讲解。

(2) 实践性强。本书以“理论够用、突出实践”和“精讲多练”为原则，内容的组织极富操作性，融理论于实践，从实践中获取知识。

(3) 讲究实战。本书在讲述典型的计算机控制系统设计过程中，针对工程上实际应用的典型器件、典型测控任务进行训练，使技能培养与生产实际紧密地相结合。

(4) 便于自学。本书提供的实训项目都有详细的操作步骤，学生只需按照给定的步骤进行设计，就可实现计算机的各种测控功能。

本书从工程实际出发，通过实训项目详细地介绍了串口通信控制系统(项目二到项目四)、集散控制系统(项目五和项目六)、数据采集与控制系统(项目七到项目十二)的软硬件设计方法，突出软件设计，重在功能实现。

每个项目通过项目背景、学习目标、实训任务、实训操作、巩固与提高、知识链接、习题与思考题等环节来组织教学内容。

本书可作为应用型本科及高职高专院校自动化、机电一体化、计算机应用等专业的教材，也可作为使用计算机控制系统的工程技术人员参考用书。

本书由石河子大学李江全教授编著。参与硬件设计、程序调试、资料收集、插图绘制和文字校核工作的人员还有刘恩博、田敏、郑瑶、李宏伟、胡蓉、王洪坤、李玲、任玲、张茜、鲁敏等老师，编者借此机会对他们致以诚挚的谢意。

由于计算机控制技术的项目化教材还不多见，编者作了大胆尝试，但由于水平有限，书中难免存在缺点和不足之处，敬请广大读者批评指正。

编　者

目　　录

绪论

计算机控制技术是一门新兴的综合性技术。它是计算机技术(包括软件技术、接口技术、通信技术、网络技术、显示技术)、自动控制技术、微电子技术、自动检测和传感技术有机结合、综合发展的产物。它主要研究如何将检测与传感技术、计算机技术和自动控制理论应用于工业生产过程，并设计出所需要的计算机控制系统。

计算机控制系统作为当今工业控制的主流系统，已取代常规的模拟检测、调节、显示、记录等仪器设备和很大部分操作管理的人工职能，并且能够实现较复杂的计算方法和处理方法，以完成各种过程控制、操作管理等任务。

随着科学技术的迅速发展，计算机控制技术的应用领域日益扩大，在冶金、化工、电力、自动化机床、工业机器人控制、柔性制造系统和计算机集成制造系统等工业控制方面已取得了举世瞩目的研究与应用成果，在国民经济中发挥着越来越大的作用。

一、计算机控制系统的含义与工作原理

1. 计算机控制系统的含义

人类在工程实践过程中，需要采取各种方法获得反映客观事物的量值，这种操作称为测量或检测；也需要采取各种方法支配或约束某一客观事物的进程与结果，达到一定的目的，这种操作称为控制。

按照任务的不同，控制系统可以分为三大类，即检测系统、控制系统和测控系统。

检测系统：单纯以检测为目的的系统，主要实现数据的采集，又称为数据采集系统。

控制系统：单纯以控制为目的的系统，主要实现对生产过程的控制。

测控系统：测控一体化的系统，即通过对大量数据进行采集、存储、处理和传输，使控制对象实现预期要求的系统。

工程上，大量的实际系统是测控系统，通常把测控系统也称为控制系统。

所谓计算机控制，就是利用传感器将被监控对象中的物理参量(如温度、压力、液位、速度等)转换为电量(如电压、电流)，再将这些代表实际物理参量的电量送入输入装置中转换为计算机可识别的数字量，并且在计算机的显示器中以数字、图形或曲线的方式显示出来，从而使操作人员能够直观而迅速地了解被监控对象的变化过程。除此之外，计算机还可以将采集到的数据存储起来，随时进行分析、统计和显示并制作各种报表。如果还需要对被监控的对象进行控制，则由计算机中的应用软件根据采集到的物理参量的大小和变化情况与工艺要求的设定值进行比较判断，然后在输出装置中输出相应的电信号，驱动执行装置(如调节

阀、电动机）动作，从而完成相应的控制任务。

计算机控制系统包含的内容十分广泛，如各种数据采集和处理系统、自动测量系统、生产过程控制系统等，广泛用于航空、航天、核科学研究、工厂自动化、农业自动化、实验室自动测量和控制、办公自动化、商业自动化、楼宇自动化、家庭自动化等各个领域。

以工厂自动化为例，计算机在工业生产过程中的应用始于20世纪60年代初期，首先是用于化学工业生产过程的自动控制，但那时，只是用计算机实现了简单的程序控制。20世纪70年代以后，随着微处理机的出现和大量应用，工业生产过程控制的概念已经发生了很大的变化。今天，计算机已经大量进入各个工业部门，承担着生产过程的控制、监督和管理等任务。在工厂的控制室里，如图0-1所示，操作员可以通过显示终端对生产过程进行监督和操纵，键盘和显示屏幕替代了庞大的控制仪表盘以及大量的开关和按钮，控制室已变得越来越小，只需很少几个人就能完成对生产过程的监督和操纵的任务。

图0-1 某热电厂锅炉计算机控制室

计算机在控制领域中的应用，有力地推动了自动控制技术的发展，扩大了控制技术在工业生产中的应用范围，使大规模的工业生产自动化系统发展到了崭新的阶段。

2. 测控系统微机化的重要意义

传统的测控系统主要由测控电路组成，所具备的功能较少。随着计算机技术的迅速发展，传统的测控系统发生了根本性变革。微型计算机作为测控系统的主体和核心，替代了传统测控系统中的常规电子线路，从而形成新一代的微机化测控系统。由于微型计算机的速度快、精度高、存储容量大、功能强及可编程等特点，将微型计算机引入测控系统中，不仅可以解决传统测控系统不能解决的问题，而且还能简化电路、增加或增强功能、提高测控精度和可靠性、显著增强测控系统的自动化和智能化程度，而且可以缩短系统研制周期、降低成本、易于升级换代等。因此，现代测控系统设计，特别是高精度、高性能、多功能的测控系统，目前已普遍采用计算机技术了。可以说，现在没有微型计算机的测控系统就不能称其为现代工业测控系统。

计算机技术的引入，为测控系统带来一些新特点和新功能。

1）自动清零功能。在每次采样前，对传感器的输出值自动清零，从而大大降低测控系统因漂移造成的误差。

2）量程自动切换功能。可根据测量值和控制值的大小改变测量范围和控制范围，并在保证测量和控制范围的同时提高分辨率。

3）多点快速测控。可对多种不同参数进行快速测量和控制。

4）数字滤波功能。利用计算机软件对测量数据进行处理，可抑制各种干扰和脉冲信号。

5）自动修正误差。许多传感器和控制器的特性是非线性的，且受环境参数变化的影响比较严重，从而给仪器带来误差。采用计算机技术，可以依靠软件进行在线或离线修正。

6）数据处理功能。利用计算机技术可以实现传统仪器无法实现的各种复杂的处理和运算功能，比如统计分析、检索排序、函数变换、插值近似和频谱分析等。

7）复杂控制规律。利用计算机技术不仅可以实现经典的 PID 控制，还可以实现各种复杂的控制规律，例如，自适应控制、模糊控制等，同时也能够实现控制方案和控制规律的在线修改，使整个系统具有很大的灵活性与适应性。

8）多媒体功能。利用计算机的多媒体技术，可以使仪器具有声光、语音、图像、动画等功能，增强测控系统的个性或特色。

9）通信和网络功能。利用计算机的数据通信功能，可以大大增强测控系统的外部接口功能和数据传输功能。采用网络功能的测控系统则将拓展一系列新颖的功能。

10）自我诊断功能。采用计算机技术后，可对控制系统进行监测，一旦发现故障则立即进行报警，并可显示故障部位或可能的故障原因，对排除故障的方法进行提示。

通过应用计算机测控技术，可以稳定和优化生产工艺、提高产品质量、降低能源和原材料消耗、降低生产成本。更为重要的是通过应用计算机测控技术还可以降低生产者的劳动强度、提高领导者的管理水平，从而带来极大的社会效益。正因为如此，计算机测控技术得到了迅速的发展。

3. 计算机控制系统的工作原理

下面以一个计算机温度控制系统来简要地说明计算机控制系统的工作原理，图 0-2 为系统组成示意图。

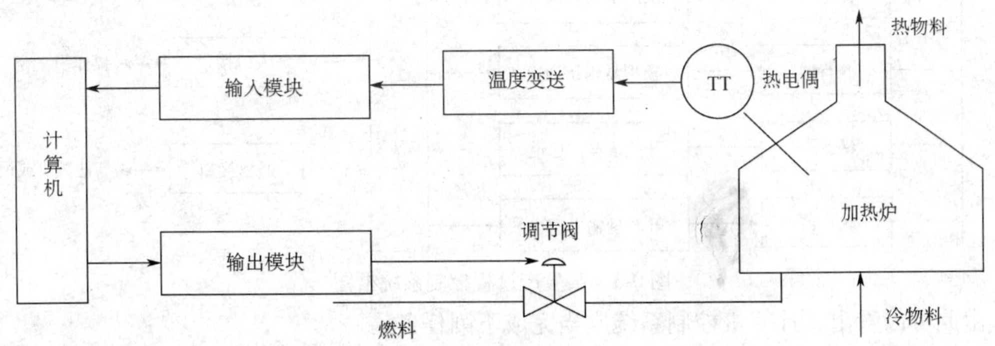

图 0-2　计算机温度控制系统

根据工艺要求，该系统要求加热炉的炉温控制在给定的范围内或者按照一定的时间曲线变化。计算机可对各种干扰进行控制，并在显示器上用数字或图形实时地显示温度值。

假设加热炉使用的燃料为重油，并使用调节阀作为执行机构，使用热电偶来测量加热炉内的温度。热电偶把检测信号送入温度变送器，将其转换为电压信号(1～5V)，再将该电压信号送入输入装置。输入装置可以是一个模块也可以是一块板卡，它将检测得到的信号转换为计算机可以识别的数字信号。计算机中的软件根据该数字信号按照一定的控制算法进行计算。计算出来的结果通过输出模块转换为可以推动调节阀动作的电流信号(4～20mA)。通过改变调节阀的阀门开度即可以改变燃料流量的大小，从而达到控制加热炉温度的目的。与此同时，计算机中的软件还可以将与炉温相对应的数字信号以数值或图形的形式在计算机的显示屏上显示出来。操作人员可以利用计算机的键盘和鼠标输入炉温的设定值，由此实现计算机监控的目的。

上述温度监控计算机系统对生产过程实现自动控制可以分解为以下四个过程：

1）生产过程的被控参量(过程信号)通过测量环节转化为相应的电量或电参数，再由变送器或放大器变换成标准的电压或电流信号。

2）电压或电流信号经过A/D转换后变成计算机可以识别的数字信号，并将其转换为人们易于理解的工程量(测量值)。

3）计算机根据测量值与给定值的偏差，按一定的控制算法输出控制信号。

4）控制信号作用于执行机构，通过调节物料流量或能量的大小来实现对生产过程的调节。

以上这4个过程是周期性的。

二、计算机控制系统的任务和特点

1. 计算机控制系统的任务

下面以生产过程控制系统为例来说明计算机控制系统的任务，因为它比较集中地体现了计算机控制系统的各种功能。如图0-3所示，计算机控制系统借助传感器从生产过程中收集信息，对生产过程被控对象进行监视并提供控制信号。收集的信息在不同层次上进行分析计算，得出对生产装置提供的调节量并驱动执行机构动作来完成自动控制，或者为生产管理人员、工程师和操作员提供所需要的信息。

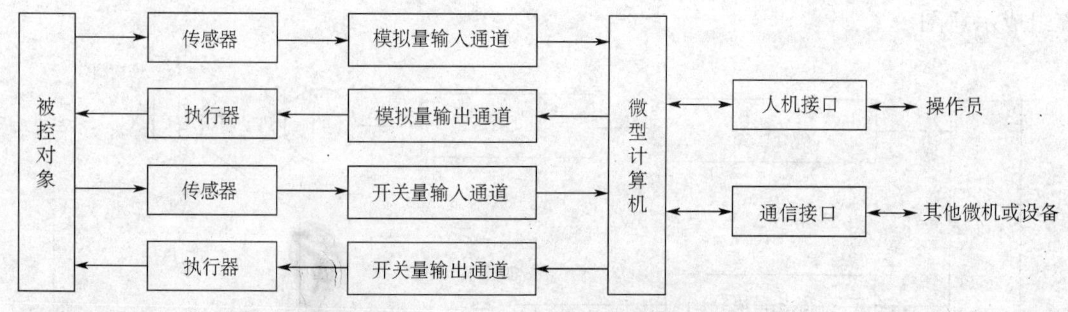

图0-3　某生产过程控制系统框图

由此可以看出，计算机控制系统应当完成下列任务：

(1) 检测　生产过程的参数大小是由传感器进行检测的。传感器产生与被测物理量(如温度、压力、流量、液位等)成比例(一般为正比)的电信号。

传感器信号在进入计算机系统的接口之前，首先要转换成一种标准形式，通常是把传感器的输出信号转换成4～20mA电流或1～5V电压。

另一类测量值是关于被控过程的状态信息。例如，阀门是否关闭，容器是否注满，泵是否打开等。这些信息是以开关量的形式提供给计算机的，通过继电器触点的开闭或 TTL 电平的高低来表示。

计算机也可以通过串行或并行通信口直接接收数字量信息。目前，很多传感器都带有微处理器(例如智能仪表)，可以直接给出数字量信息。

(2) 控制　对生产装置的控制通常是通过对阀门或伺服机构等执行机构进行调节，对泵和电动机进行控制来实现的。计算机可以产生一串脉冲去驱动执行机构执行所需要动作，可以通过继电器触点开合或产生某个电平的跳变去起动或停止某个电动机，也可通过 D/A 转换产生一个正比于某一设定值的电压或电流去驱动执行机构。执行机构在收到控制信号之后，通常还要反馈一个测量信号给计算机，以便检查控制命令是否被执行。

在工业过程控制系统中常用的控制方案有 3 种类型：直接数字控制、顺序控制和监督控制。大多数生产过程的控制需要其中一种或几种控制方案的组合。

(3) 人机交互　计算机控制系统必须为操作员提供关于被控过程和控制系统本身运行情况的全部信息，为操作员直观地进行操作提供各种手段，例如改变设定值、手动调节各种执行机构、在发生报警的情况下进行处理等。因此，它应当能显示各种信息和画面，打印各种记录，通过专用键盘对被控过程进行操作等。

此外，计算机控制系统还必须为管理人员和工程师提供各种信息，例如，生产装置每天的工作记录以及历史情况的记录、各种分析报表等，以便掌握生产过程的状况和作出改进生产状况的各种决策。

(4) 通信　现今的工业过程控制系统一般都采用分级分散式结构，即由多台计算机组成计算机网络，共同完成上述各种任务。因此，各级计算机之间必须能按时地交换信息。此外，有时生产过程控制系统还需要与其他计算机系统(例如,全厂的综合信息管理系统)进行数据通信。

2. 计算机控制系统的特点

计算机控制系统和一般常规控制系统相比，有如下突出特点：

1) 技术集成和系统复杂程度高。计算机控制系统是计算机、控制、通信、电子等多种高新技术的集成，是理论方法和应用技术的结合。由于信息量大、速度快和精度高，因此能实现复杂的控制算法，从而达到较高的控制质量。计算机控制系统实现了常规系统难以实现的多变量控制、智能控制、参数自整定等。

2) 实时性强。计算机控制系统是一个实时计算机系统，可以根据采集到的数据，立即采取相应的动作。例如，检测到化学反应罐的压力超限，可以立即打开减压阀，这样就避免了爆炸的危险。实时性是区别于普通计算机系统的关键特点，也是衡量计算机控制系统性能的一个重要指标。

3) 可靠性高和可维修性好。这两个因素决定系统的可用程度。由于采取有效的抗干扰、冗余、可靠性技术并引入系统自诊断功能，计算机控制系统的可靠性高且可维修性好。如有的工业控制计算机(简称工控机)一旦出现故障，能迅速指出故障点和处理办法，便于立即修复。

4) 环境适应性强。工业环境恶劣，要求工业控制机能适应高温、高湿、腐蚀、振动、冲击、灰尘等工业环境。一般的工业控制机有较高的电磁兼容性。

5) 控制的多功能性。计算机控制系统具有集中操作、实时控制、控制管理、生产管理等多种功能。

6）应用的灵活性。由于软件功能丰富、编程方便和硬件体积小、重量轻以及结构设计上的模块化、标准化，使系统配置上有很强的灵活性。例如，一些工控机有操作简易的结构化、组态化控制软件，硬件的可装配性、可扩充性也很好。

另外，技术更新快，信息综合性强，内涵丰富，操作便利等也都是计算机控制系统的一些特点。

三、计算机控制系统的组成

计算机控制系统和一般计算机系统一样，也是由硬件和软件两部分组成的，如图 0-4 所示。

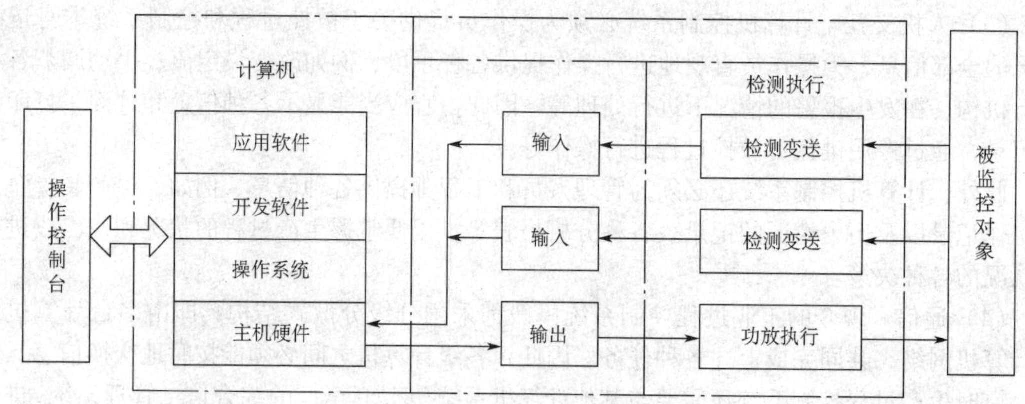

图 0-4 计算机控制系统组成原理简图

1. 计算机控制系统的硬件组成

计算机控制系统的硬件部分一般由计算机主机、过程通道、操作控制台、被监控对象(生产机械或生产过程)等部分组成。

（1）计算机主机 计算机主机由微处理器、内存储器及系统总线组成。它是整个计算机控制系统的核心，它的性能直接影响到系统的优劣。主机按照预先存放在内存中的程序指令，由过程输入通道不断地获取反映被控对象运行工况的信息，并按程序中规定的控制算法，或操作人员通过键盘输入的操作命令自动地进行信息处理、分析和计算，作出相应的控制决策，并通过过程输出通道向被控对象及时地发出控制命令，以实现对被控对象的自动控制。

目前，所采用的主机有单片机、可编程序控制器(PLC)和工业 PC(工控机)等。在实际应用中，应根据应用规模、控制目的和控制需要等选用性价比高的主机，如对于小型控制系统、智能仪表及智能化接口，尽量采用单片机模式；对于新产品开发或用量较大，为降低成本，也可采用单片机模式；对于中等规模的控制系统，为加快系统的开发速度，可以选用 PLC 或工控机，应用软件可自行开发；对于大型的生产过程控制系统，最好选用工控机、专用集散控制系统(DCS)或现场总线控制系统(FCS)，软件可自行开发或购买现成的组态软件。

如果控制现场环境比较好，对可靠性的要求又不是特别高，可以选择普通的个人计算机，否则还是选择工控机为宜。在主机的配置上，应以留有余地、满足需要为原则，不一定要选择最高档的配置。

（2）过程通道 过程通道是计算机主机与生产过程被控对象之间进行信息传递和变换的连接装置。根据信号传送方向，可分为输入通道和输出通道；根据传送信号的形式，又可分为模拟量通道和开关量通道。目前工业上使用最多的是板卡式过程通道，其次是远程 I/O 模块。

1）模拟量输入通道。在计算机控制系统中，为了实现对生产过程、周围环境或其他设备的测量和控制，首先必须对各种模拟量参数，如温度、压力、流量、成分、液位、速度、距离等进行采集，为此，要用传感器和变送器将采集量变成标准的电信号，通过滤波放大、经 A/D 转换器变换成计算机能接受的数字量。

2）模拟量输出通道。目前工业生产中使用的执行机构，其控制信号基本上是模拟的电压或电流信号。因此计算机输出的数字信号必须经 D/A 转换器变为模拟量后，才能去控制执行机构。当控制多个回路时，还需要使用多路开关进行切换。

3）开关量输入通道。开关量输入通道的任务主要是将现场输入的开关信号经转换、保护、滤波、隔离等措施转换成计算机能够接受的逻辑信号。

开关量输入通道在控制系统中主要起以下作用：定时记录生产过程中某些设备的状态，例如电动机是否在运转、阀门是否开启等；对生产过程中某些设备的状态进行检查，以便发现问题进行处理。

4）开关量输出通道。对于只有“0”和“1”两种工作状态的执行机构或器件，用计算机控制系统输出开关量来控制它们，例如控制电动机的起动和停止、信号指示灯的亮和灭、电磁阀的打开与关闭、继电器的接通与断开、步进电机的运行等。开关量输出通道的任务就是把计算机输出的开关信号传送给这些执行机构或器件。

5）执行机构。在计算机控制系统中，必须将经过采集、转换、处理的被控参量（或状态）与给定值（或事先安排好的动作顺序）进行比较，然后根据偏差来控制有关输出部件，从而达到自动调节被控量（或状态）的目的。

6）I/O 接口。由于外部设备和被控对象是不能直接由计算机主机控制的，必须由“接口”来传送相应的信息和命令。I/O 接口是主机和通道以及外部设备进行信息交换的纽带。接口电路有并行接口、串行接口、脉冲接口和直接数据传送接口等。绝大多数 I/O 接口都是可编程的，它们的工作方式可以通过编程设置。

由上可知，过程通道由各种硬件设备组成，它们起着信息变换和传递的作用，配合相应的输入、输出控制程序，使计算机和被控对象之间能进行信息交换，从而实现对生产机械和生产过程的控制。

（3）操作控制台 操作控制台是操作员与计算机控制系统之间进行联系的纽带，如图 0-5 所示。通过操作控制台，操作人员可及时了解被控过程的运行状态、运行参数、报警信号等，进行必要的人为干预，发出各种控制命令或紧急处理某些事件，实现相应的控制目标，还能通过它输入程序和修改有关参数。

为实现上述功能，操作控制台一般应包括以下几部分：

1）信息显示。采用状态指示和报警指示的指示灯和声光报警器、LED、LCD 或 CRT 显示器，显示所需内容和报警信号。在显示数据较少、系统功耗小的简易系统中，更多的是采

图 0-5　计算机操作控制台

用 LCD；而在规模比较大，要求比较高的复杂控制系统中，可以选用 CRT 显示器。因为 CRT 显示器不仅可以显示数据表格，而且可以显示各种图形，如控制系统流程图、参数变化趋势图、调节回路指示图等。清晰美观的显示，不是简单地为了改善控制系统外观，而是为了便于操作人员工作，提高系统的性能。

2）信息存储。信息存储主要采用打印机、记录仪、存储设备等输出设备。存储设备有磁盘驱动器、光盘驱动器、可移动存储设备、磁带机等，主要用于存储程序和数据。

3）工作方式选择。采用各种开关，如按钮、扳键等，实现工作方式的选择，例如电源开关、数据及地址选择开关、操作方式(如自动、手动)选择开关等。通过这些开关，可以完成对计算机的启动、暂停，对系统的启动、暂停，对参数或数据的修改，对工作方式、算法、控制方式进行选择等功能。

4）信息输入。采用输入设备，有键盘、扫描仪、纸带读入机和卡片读入机等，主要用于输入程序和数据。操作键盘一般应包括数字键及功能键。数字键主要用来向主机输入数据或修改控制系统的参数。通过功能键可向主机申请中断服务，使计算机进入功能键所代表的功能服务程序，如起动、复位、打印、显示等功能服务程序。

计算机控制系统的复杂程度不同，其硬件组成差别很大，可根据实际情况进行选择。

2. 计算机控制系统的软件组成

计算机控制系统的硬件是完成控制任务的设备基础，而计算机的操作系统和各种应用程序是执行控制任务的关键，统称为软件。计算机控制系统的软件程序不仅决定其硬件功能的发挥，而且也决定了控制系统的控制品质和操作管理水平。计算机只有在配备了所需的各种软件后，才能构成完整的控制系统。在计算机控制系统中，许多功能都是通过软件来加以实现的，即在基本不改变系统硬件的情况下，只需修改计算机中的程序便可实现不同的控制功能。

软件通常由系统软件和应用软件组成。

（1）系统软件　系统软件是计算机运行操作的基础，用于管理、调度、操作计算机的各种资源，实现对系统的监控和诊断，提供各种开发支持的程序。

系统软件包括操作系统、监控管理程序、故障诊断程序、数据库管理系统、通信网络软件以及各种语言的汇编、解释与编译程序等。

操作系统提供了程序运行的环境，是计算机控制系统信息的指挥者和协调者，并具有数据处理、硬件管理等功能，如 DOS、Windows 98/2000/XP、UNIX 等。

用于开发控制系统应用软件的是各种语言的汇编、解释和编译程序，包括面向机器的汇编语言（如 Masm），面向过程语言（如 C），面向对象语言（如 Visual C ++、Visual Basic 等），监控组态软件（如 Kingview、MCGS、FIX 等），虚拟仪器软件（如 LabVIEW、LabWindows/CVI 等），数字信号处理软件 Matlab，各种数据库软件等。

考虑到目前工业自动化企业工控机上普遍使用 Windows 操作系统，对工控软件要求具有良好的人机界面和丰富的监视画面，在使用上操作简捷，能在较短的时间开发出功能完善的控制软件，因此当前控制软件的开发普遍采用面向对象语言、监控组态软件及虚拟仪器软件等。

系统软件通常由计算机厂商和专门软件公司研制，可以从市场上购置。计算机控制系统的设计人员一般没有必要自行研制系统软件，它们只是作为开发应用软件的工具。但是需要了解和学会使用系统软件，才能更好地开发应用软件。

（2）应用软件　应用软件是计算机在系统软件支持下实现各种应用功能的专用程序。应用软件是软件公司或用户为解决某类应用问题而专门研制的软件，主要包括科学和工程计算软件、文字处理软件、数据处理软件、图形软件、图像处理软件、应用数据库软件、事务管理软件、辅助类软件和控制类软件等。计算机控制系统软件属于应用软件，主要实现企业对生产过程的实时控制和管理以及企业整体生产的管理控制。

计算机控制类应用软件是控制系统设计人员根据某一具体生产过程的控制对象、控制要求、控制任务，为实现高效、可靠、灵活的控制而自行编制的各种控制和管理程序。其性能优劣直接影响控制系统的控制品质和管理水平。

控制对象的差异性使对应用软件的要求也有很大的差别。一般在工业控制系统中，针对每个控制对象，为完成相应的控制任务，都要求配置相应的专门控制软件，才能使整个系统实现预定的功能。

计算机控制系统的应用软件一般包括过程输入和输出接口程序、控制程序、人机接口程序、显示程序、打印程序、报警和故障诊断程序、通信和网络程序等。

控制类应用软件的编写涉及生产工艺、控制理论、控制设备等相关领域的知识，一般由控制系统设计人员根据不同的控制对象和不同的控制任务自行编制或根据具体情况在商品化软件的基础上自行组态。

软件技术对于计算机控制系统的重要性，表明了计算机技术在现代控制系统中的重要地位，但不能认为，掌握了计算机技术就等于掌握了控制技术。这是因为，其一，计算机软件永远不可能全部取代控制系统的硬件；其二，不懂得控制系统的基本原理不可能正确地组建控制系统。一个专门的程序设计者，可以熟练而又巧妙地编制算法复杂的运算程序，但若不懂控制技术则根本无法编制控制程序。控制程序是专业程序编制人员无法编写的，而必须由精通控制技术的工程人员来编写。

四、计算机控制系统的典型结构

工业控制计算机系统与所控制的生产过程的复杂程度密切相关，不同的控制对象和不同的控制要求，有不同的控制方案。下面从应用特点、控制目的出发介绍几种典型的结构。

1. 数据采集系统

计算机数据采集系统(Computer Data Acquisition System,DAS)如图0-6所示，系统对生产过程或控制对象的大量参数作巡回检测、处理、分析、记录以及参数的超限报警。对大量参数的积累和实时分析，可以达到对生产过程进行各种趋势分析。这是计算机应用于工业生产过程最早和最简单的一类系统。

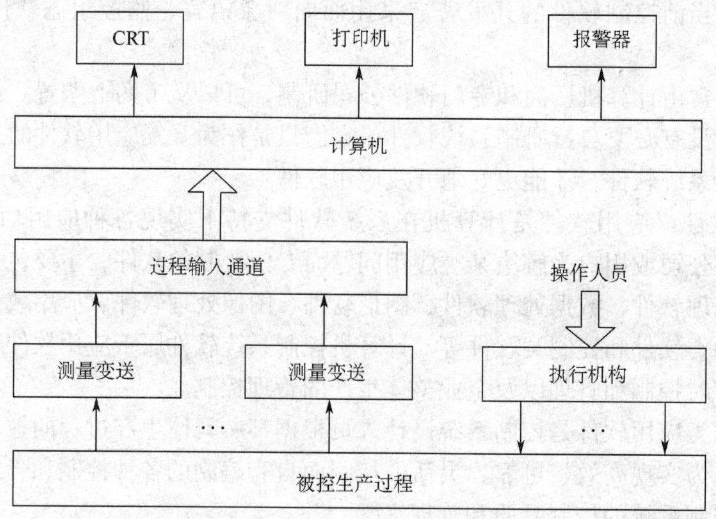

图0-6 计算机数据采集系统

过程参数经测量变送器、过程输入通道，定时地被送入计算机，由计算机对来自现场的数据进行分析和处理后，根据一定的控制规律或管理方法进行计算，然后通过CRT或打印机输出操作指导信息供操作人员参考。

数据采集系统的输出不直接作用于生产过程的执行机构，不直接影响生产过程的进行。它的输出只作用于有关的外部设备和人机接口，为操作人员的分析、判断提供信息的显示和报道。这是一种开环控制系统，仅对生产过程进行监视，不对生产过程进行自动控制。

2. 直接数字控制系统

直接数字控制系统(Direct Digital Control System,DDC)如图0-7所示，计算机通过过程输入通道对控制对象的多个参数作巡回检测，根据测得的参数按照一定的控制算法运算后获得控制信号量，经过过程输出通道作用到执行机构，从而实现对被控参数进行自动调节，使被控参数稳定在给定值上。

直接数字控制系统与模拟调节系统有很大的相似性，直接数字控制系统以计算机取代多台模拟调节器的功能。由于计算机具有很强的计算功能和逻辑功能，因此可以实现各种复杂规律控制。

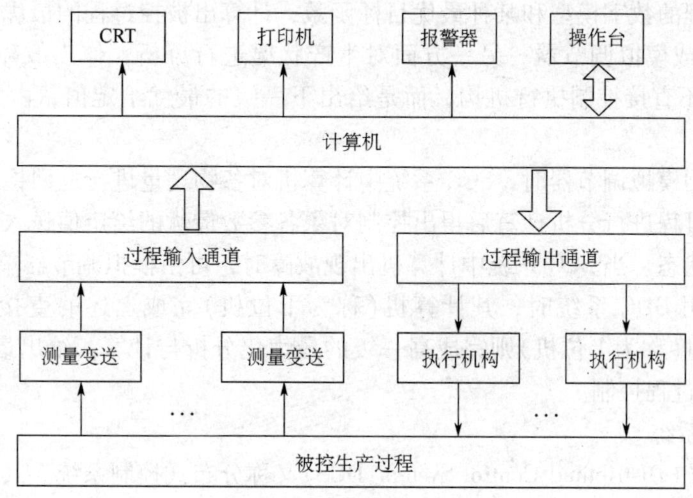

图 0-7　计算机直接数字控制系统

DDC 系统是闭环控制系统。它对被控制变量和其他参数进行巡回检测，与设定值比较后求得偏差，然后按事先规定的控制策略，如比例、积分、微分规律进行控制运算，最后发出控制信号，通过接口直接操纵执行机构对被控制对象进行控制。这种控制方式在工业生产中应用最普遍。

3. 监督控制系统

在 DDC 系统中是用计算机代替模拟调节器进行控制，对生产过程产生直接影响的被控参数给定值是预先设定的，并存入计算机的内存中，这个给定值不能根据生产工艺信息的变化及时修改，故 DDC 系统无法使生产过程处于最优工况。

计算机监督控制系统(Supervisory Computer Control System,SCC)如图 0-8 所示，是计算机和调节器的混合系统。它通常采用两级控制形式。

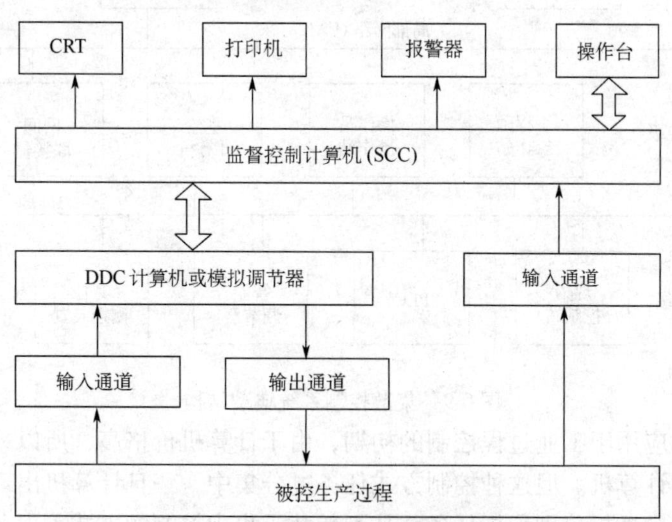

图 0-8　计算机监督控制系统

所谓监督控制，指的是根据原始的生产工艺数据和现场采集到的生产工况信息，一方面按照描述被控过程的数字模型和某种最优目标函数，计算出被控过程的最优给定值，输出给下一级 DDC 系统或模拟调节器；另一方面对生产状况进行分析，作出故障的诊断与预报。所以 SCC 系统并不直接控制执行机构，而是给出下一级的最优给定值，由它们去控制执行机构。

当下一级采用模拟调节器时，SCC 系统中计算机对各物理量进行巡回检测，并按一定的数学模型对生产过程进行分析计算后得出控制对象各参数最优的给定值送入模拟调节器，使工况保持在最优状态。当 SCC 系统中计算机出现故障时，可由模拟调节器单独完成操作。

当下一级采用 DDC 系统时，其计算机(称为下位机)完成上述的直接数字控制功能，SCC 系统中计算机(称为上位机)则完成高一级的最优化分析与计算，给出最优化的给定值，送给 DDC 级执行过程控制。

4. 集散控制系统

集散控制系统(Distributed Control System, DCS)又称分布式控制系统。其基本思想是集中操作管理，分散控制。由于控制分散，就可以做到“危险分散”，从而使整个系统的可靠性大大提高。

集散系统本质上是一种基于计算机网络的分层式的计算机监控系统，它的体系结构特点是层次化，把不同层次的多种监测控制和计划管理功能有机地、层次分明地组织起来，使系统的性能大为提高。分布式系统适用于大型、复杂的控制过程，在我国许多大型石油化工企业就是依赖各种形式的集散控制系统保证它们的生产高质量地连续不断地进行的。

一般把分布式控制系统分成 3 个层次，如图 0-9 所示，每一层有一台或多台计算机，同一层次的计算机以及不同层次的计算机都通过网络进行通信，相互协调，构成一个严密的整体。

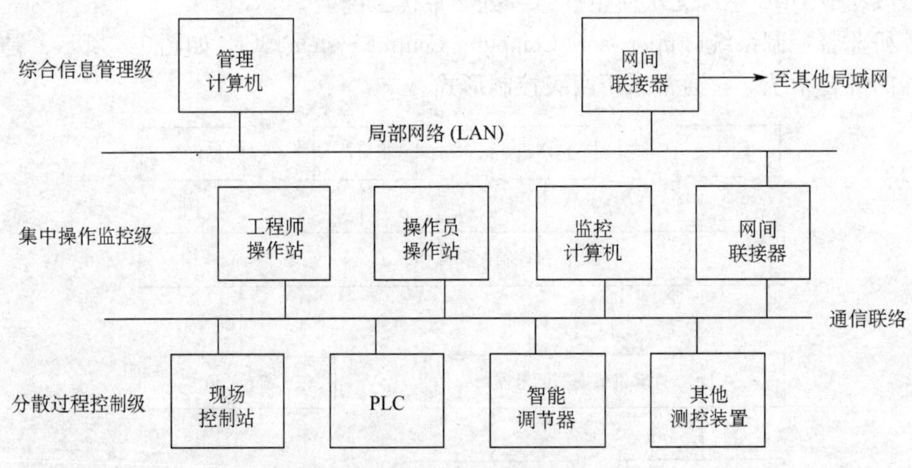

图 0-9 集散控制系统典型结构

在计算机控制应用于工业过程控制的初期，由于计算机价格高，所以采用的是集中控制方式，以充分利用计算机。但这种控制方式任务过分集中，一旦计算机出现故障，就要影响全局。DCS 由若干台微机分别承担任务，从而代替了集中控制的方式，由于分散了控制，也就分散了危险，因此系统的可靠性大大提高；并且 DCS 是积木式结构，构成灵活，易于扩展；采用 CRT 显示技术和智能操作台，操作、监视方便；采用数据通信技术，处理信息量大；与计算机集中控制方式相比，电缆和敷缆成本较低，便于施工。

5. 现场总线控制系统

计算机技术、通信技术和计算机网络技术的发展，推动着工业自动化系统体系结构的变革，模拟和数字混合的集散控制系统逐渐发展为全数字系统，由此产生了工业控制系统用的现场总线。现场总线控制系统(Fieldbus Control System, FCS)是20世纪80年代中期继DCS之后兴起的新一代工业控制系统。它将当今网络通信与管理的概念引入工业控制领域，被称为“21世纪控制系统结构体系”。它是一个开放式的互联网络，既可以与同层网络互联，也可以与不同层的网络互联；在现场设备中，以微处理器为核心的现场智能设备可方便地进行设备互联、互操作，其结构如图0-10所示。

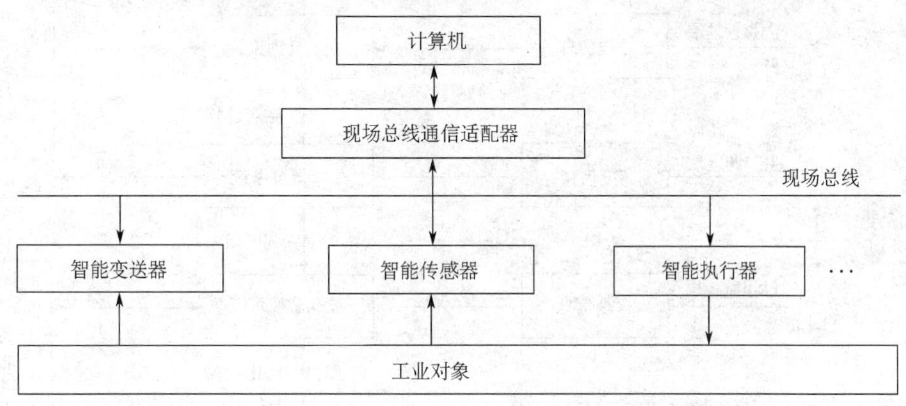

图0-10　现场总线控制系统

从控制的角度看，FCS有以下两个显著特点：

1）信号传输实现了全数字化。传统的4～20mA模拟信号制被双向数字通信现场总线信号制所代替。FCS把通信线一直延伸到生产现场中的生产设备，构成用于现场设备和现场仪表互连的现场通信网络。它全数字化的信号传输极大地提高了信号转换的精度和可靠性，避免了传统系统中模拟信号传输过程中难于避免的信号衰减、精度下降、干扰信号易于进入等问题，提高了信号传输的精度和可靠性。

2）实现了控制的彻底分散。FCS通过把控制功能分散到现场设备和仪表中，使现场设备和仪表成了具有综合功能的智能设备和智能仪表，它们经过统一组态，可以构成各种所需的控制系统，从而实现彻底的分散控制。

6. 计算机集成制造系统

随着工业生产过程规模的日益复杂与大型化，现代化工业要求计算机系统不仅要完成直接面向过程的控制和优化任务，而且要在获取生产全部过程尽可能多的信息基础上，进行整个生产过程的综合管理、指挥调度和经营管理。由于自动化技术、计算机技术、数据通信等技术的发展，已完全可以满足上述要求，能实现这些功能的系统称为计算机集成制造系统(Computer Integrated Manufacture System, CIMS)。当CIMS用于工业流程时，简称为流程CIMS或CIPS(Computer Integrated Processing System)。工业流程计算机集成制造系统按其功能可以自下而上地分为若干层，如过程直接控制层、过程优化监控层、生产调度层、企业管理层和经营决策层等，其结构如图0-11所示。

从图0-11中可以看到，这类系统除了常见的过程直接控制、先进控制与过程优化功能之外，还具有生产管理、收集经济信息、计划调度和产品订货、销售、运输等非传统控制的诸多功能。因此，计算机集成制造系统所要解决的不再是局部最优问题，而是一个工厂、一个企业，至一个区域的总目标或总任务的全局多目标最优，即企业综合自动化问题。最优化的目标函数包括产量最高、质量最好、原料和能耗最小、成本最低、可靠性最高、对环境污染最小等指标。它反映了技术、经济、环境等多方面的综合性要求，是工业过程自动化及计算机控制系统发展的一个方向。

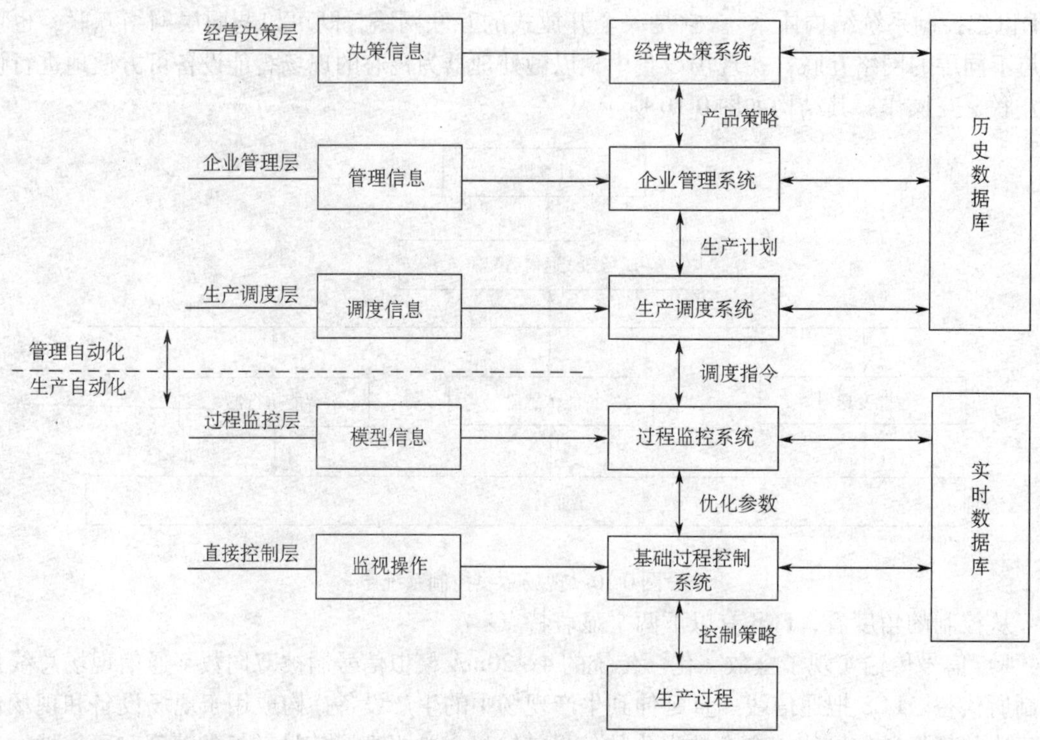

图 0-11　工业流程计算机集成制造系统

五、计算机控制技术的发展

随着微电子技术、计算机技术、信息技术、自动控制理论和通信技术的飞速发展，极大地推动了计算机控制技术的进步。计算机控制系统已成为当前自动控制系统的主流，并且随着相关技术和工艺水平的发展，也在日益发展，具有很强的生命力和很好的应用前景。在不久的将来，绝大多数的自动控制系统都会采用计算机控制系统。

要发展计算机控制技术，必须广泛深入地研究生产过程知识、检测与转换技术、计算机技术、控制理论和通信技术等领域内容，作为从事计算机控制的技术人员必须了解和掌握计算机控制系统的发展趋势。

1. 计算机控制技术的发展历程

计算机的出现使科学技术产生了一场深刻的革命，同时也将自动控制推向了一个新水平。纵观工业控制的发展，可将其归结为过程控制技术、自动检测技术、自动化仪表技术与计算机网络技术的交叉发展和相互渗透。

第一阶段是20世纪50年代以前的人工控制阶段(基地式仪表控制系统)。在这个阶段，企业的生产规模小，设备陈旧，采用的是安装在生产现场、只具备简单测控功能的基地式气动仪表，其信号仅在本仪表内使用，不能传送给其他的仪表或系统，即各测控仪表处于封闭的状态，无法与外界沟通信息，操作人员只能通过对生产现场的巡视，才可以了解生产过程的状况。必要的调节主要依靠最简单的测量仪表并由人工操作。

第二个阶段是20世纪60年代的模拟式仪表控制阶段(电动单元组合式仪表控制系统)。随着企业的生产规模进一步扩大，操作人员需要综合掌握多点的运行参数和信息，需要同时按多点的信息实行操作控制，因此出现了气动、电动单元组合式仪表，形成了仪表集中控制室，如图0-12所示。生产现场的各种参数通过统一的模拟信号送往集中控制室。操作人员可在控制室内观察生产现场的状况，可以把各单元仪表的信号按需要组合成复杂控制系统。

图0-12 某厂仪表集中控制室

第三个阶段是20世纪70年代的计算机集中控制阶段。人们在测量领域、模拟和逻辑控制领域率先使用了数字计算机，从而产生了计算机集中控制，如图0-13所示。这时可利用

图0-13 某厂计算机集中控制室

一台计算机控制数十个以至上百个回路，部分取代了传统的控制室仪表，但是因当时电子器件与计算机本身的可靠性较差，计算机的参与使得控制集中了，“危险”也随之被集中。

第四个阶段是20世纪80年代的集散式控制阶段(即分布式控制系统)。它以微处理器为核心，由一个CPU控制多个回路，控制功能相对分散，同时通过高速数据通道把各个分散点的信息集中起来，进行集中的监视和操作，并实现复杂的控制和优化算法。

2. 计算机控制技术的发展特点

计算机控制技术的发展具有以下几个特点：

(1) 智能化　现代的检测和控制系统，或多或少地趋向于智能化这个特点。所谓智能，是指能随外界条件的变化，具有确定正确行动的能力，即具有一定的思维能力以及推理、决策能力，而智能化的仪表或系统，可以在个别的部件上，也可以在局部或整体系统上使之具有智能的特征。例如智能化的测试仪表，它能在被测参数变化时自动选择测量方案，进行自校正、自补偿、自检、自诊断等，以获取最佳测试结果。为了更有效地利用被测量，在检测时往往要附加一些分析与控制的功能，因而采用实时动态建模技术、在线识别技术，以获得实时最优控制、自适应控制等功能。有的系统则直接运用人工智能、专家系统技术设计智能控制器。它是通过对误差及其变化率的检测，判断被调节参量的现状和变化趋势，根据专家系统中知识库、决策控制模式和控制策略，进而取得优良的控制性能，解决常规控制不易解决的问题。

在以微机为核心的一般检测与控制系统中，软件的功能也可实现初级的智能检测与控制功能，若进而采用智能计算机、系统工程、知识库以及人工智能工程，就可以实现更为高级的智能化。

(2) 综合化与集成化　电子测量仪器、自动化仪表、自动化测试系统、数据采集和控制系统在过去是分属各学科和领域各自独立发展。由于生产自动化的要求，使他们在发展中相互靠近，功能互相覆盖，差异逐渐缩小，体现为一种“信息流”综合管理与控制系统。其综合的目的是为了提高人们对生产过程全面的监视、检测、控制与管理等多方面的能力。

20世纪80年代中期以来，计算机集成制造系统(CIMS)日渐成为制造工业的热点。其原因不仅在于CIMS具有提高生产率、缩短生产周期以及提高产品质量等一系列极有吸引力的优点，也不完全在于看到一些大公司采用了CIMS取得了显著的经济效益，最为根本的原因还在于CIMS是在新的生产组织原理和概念指导下形成的一种新型生产模式。CIMS将成为21世纪占主导地位的新型生产方式。

(3) 系统化与标准化　现代检测与控制的任务，更多地涉及系统的特征。所谓系统，是指若干个相互间具有内在关联的要素，构成的一个整体，由它来完成规定的功能，以达到某个给定的目的。因而在系统内部，若要设立多台微机，则这些微机往往不是互不相干的，而是要构成相互联系的整体，这就形成了各种多微机的系统。即使使用单独微机进行集中控制，也要通过标准总线和各个部件进行通信。例如，作为采集检测与控制用的前端机或仪表，它需要与生产设备的主机、辅助机组合成一体，相互建立通信联系，有时还需要一个车间、一个工区乃至一个自动化工厂作为系统的整体。由此发展了集散式、分布式数据采集和控制，以适应开放系统、复杂工程及大系统的需要。在研究集散与分布式控制系统时要涉及数据通信、计算机网络技术及系统分层递阶控制技术等应用知识。在向系统化发展的同时，还需要涉及系统部件接口的标准化、系列化和模块化，用户只需选用符合标准的产品，而不必再考虑能否与现有系统连接，能否与现有系统进行数据通信等问题。

（4）微型化与大型化　嵌入式系统也是计算机控制技术的一个发展方向。所谓嵌入式系统，是指计算机控制系统与被监控对象是一体的，即计算机控制系统是嵌入在被监控对象之中的。微处理芯片技术、液晶显示技术、大容量电子存储器件技术的发展为嵌入式系统的开发提供了可靠的保证。另外，家用电器以及一些特殊场合（例如人体）的应用也对计算机控制系统的微型化提出了要求。

与微型化相反的一个方向是大型化。大型化的特点：一是控制系统监控的参量非常多，可以达到数万个甚至数十万个；二是控制的地域非常宽广，面积可达数十平方千米，距离可达上万千米。由于大型化的需求以及计算机网络技术的日渐成熟，基于计算机网络的计算机控制系统越来越多。

（5）多媒体化与网络化　多媒体技术正在迅速地从家庭、办公室向计算机控制技术应用的各个领域扩散。通过应用多媒体技术，不仅使得操作人员能够获取丰富的现场信号，同时，还使得原本枯燥乏味的工作变得有趣起来。随着气味合成技术的日渐成熟，在不久的将来，操作人员就能够坐在操作室里“嗅”到现场的气味（如果有必要的话）。

坐在办公室里能够轻松地遥控或监测上万千米以外的现场，已经不是什么梦想。因特网技术已经越来越多地应用于计算机控制技术中。当一个人出门在外时，通过他手中的便携式计算机，经过因特网甚至直接利用移动电话，监控家中的电冰箱、微波炉或热水器也是指日可待的事情。

随着计算机技术和网络技术的迅猛发展，各种层次的计算机网络在控制系统中的应用越来越广泛，规模也越来越大，从而使传统意义上的回路控制系统所具有的特点在系统网络化过程中发生了根本变化，并最终逐步实现了控制系统的网络化。

习题与思考题

0.1　闭环控制与开环控制有什么不同？

0.2　对计算机控制系统有哪些基本要求？

0.3　什么是实时计算机系统？在计算机控制系统中实时性体现在哪几个方面？

0.4　什么是智能控制？有哪几种形式的智能控制系统？

0.5　计算机控制系统的发展趋势是什么？

项目一

计算机控制系统开发软件的使用

项目背景

在一个计算机控制系统中，除了硬件(计算机、传感器、执行机构等)外，软件也是一个非常重要的部分。控制系统的硬件电路确定之后，其主要功能将依赖于软件来实现。对同一个硬件电路，配以不同的软件，它能实现的功能也就不同，而且有些硬件电路功能常可以用软件来实现。研制一个复杂的计算机控制系统，软件研制的工作量往往大于硬件，可以这样认为，计算机控制系统设计，很大程度上是软件设计，因此，设计人员必须掌握软件设计的基本方法和编程技术。

本书选取计算机控制领域常用的监控组态软件 Kingview 和面向对象语言 Visual Basic 作为控制系统开发软件。

随着计算机软件技术的发展，计算机控制系统的组态软件技术的发展也非常迅速，特别是图形界面技术、面向对象编程技术(OOP)、组件技术(COM)的出现，使原来单调、呆板、操作繁琐的人机界面变得面目一新。目前，除了一些小型的应用需要开发者自己编写应用程序外，大中型的应用，最明智的办法应该是选择一个合适的监控组态软件。

组态软件 Kingview(即组态王)是目前国内具有自主知识产权、市场占有率相对较高的组态软件，其应用领域几乎囊括了大多数行业的工业控制。

Visual Basic(简称 VB)是微软公司推出的一种可视化的、面向对象的结构化高级程序设计语言，是当今世界上应用最广泛的编程语言之一，也被公认为是编程效率最高的一种编程语言。无论是开发功能强大、性能可靠的商务软件，还是编写能处理实际问题的实用小程序，VB 都是最快速、最简便的语言。它简单易学、容易掌握，软件界面设计非常便捷，编程工作量较小，开发周期短，特别适合非计算机专业的工程技术人员掌握和使用，因此，在计算机控制领域，VB 是众多软件开发技术人员选择的工具之一。

学习目标

1）掌握监控组态软件 Kingview 6.5 的集成开发环境和设计应用程序的步骤。

2）掌握面向对象语言 Visual Basic 6.0 的集成开发环境和设计应用程序的步骤。

实训任务

利用监控组态软件 Kingview 和面向对象语言 Visual Basic 编写程序，完成下面的任务：

1）一个整数从零开始每隔 1 秒加 1，累加值显示在画面的文本框中。

2）当该数累加至 10 时，画面中指示灯变换颜色，停止累加。

3）单击画面中“关闭”按钮，结束程序运行。

实训操作

一、监控组态软件 Kingview 的使用

1. 建立新工程项目

组态王软件包由工程管理器、工程浏览器、画面运行系统和信息窗口等四部分组成。工程浏览器内嵌画面开发系统，即组态王开发系统。工程浏览器和画面运行系统是各自独立的 Windows 应用程序，均可单独使用，两者之间又相互依存。在工程浏览器的画面开发系统中设计开发的画面应用程序，必须在画面运行系统运行环境中才能运行。

运行组态王程序，出现组态王工程管理器画面，如图 1-1 所示。

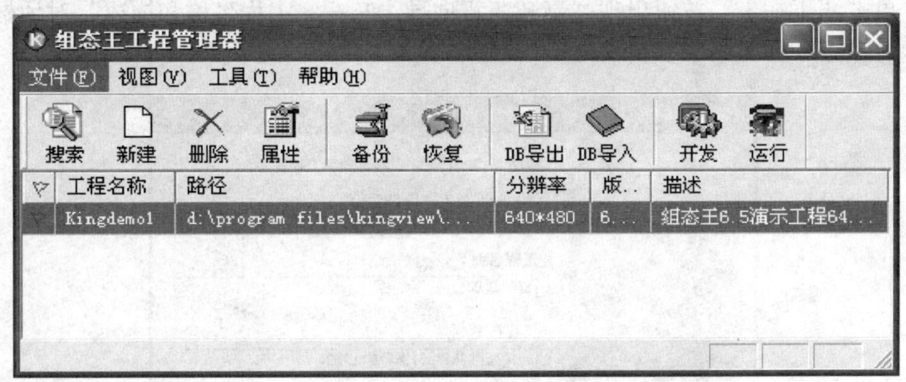

图 1-1　组态王工程管理器

组态王工程管理器的主要作用就是为用户集中管理本机上的所有组态王工程。其主要功能包括：新建和删除工程、搜索指定路径下的所有组态王工程、对工程重命名、修改工程属性、工程的备份和恢复、数据词典的导入导出、切换到组态王开发或运行环境等。

在组态王中，设计者开发的每一个应用系统称为一个工程，每个工程必须在一个独立的目录中，不同的工程不能共用一个目录。工程目录也称为工程路径。在每个工程路径下，组态王为此项目生成了一些重要的数据文件，这些数据文件一般是不允许修改的。我们每建立一个新的应用程序时，都必须先为这个应用程序指定工程路径，以便于组态王根据工程路径对不同的应用程序分别进行不同的自动管理。

为建立一个新工程，请执行以下操作：

1）在工程管理器中选择菜单“文件\新建工程”或单击快捷工具栏“新建”按钮，出现“新建工程向导之一——欢迎使用本向导”对话框。

2）单击“下一步”按钮出现“新建工程向导之二——选择工程所在路径”对话框。选择或指定工程所在路径，如图1-2所示。如果需要更改工程路径，单击“浏览”按钮。如果路径或文件夹不存在，请创建。

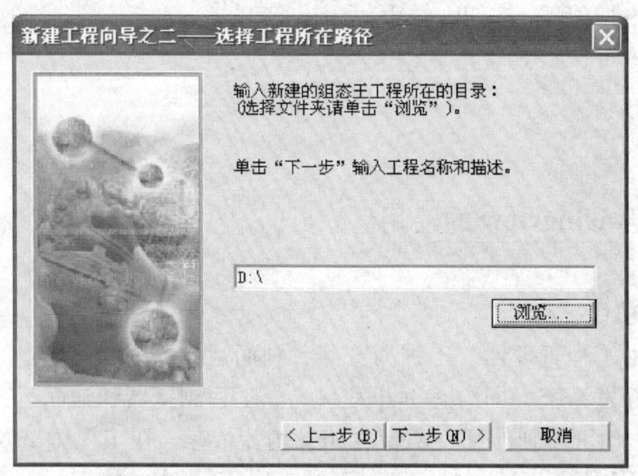

图1-2　选择工程所在路径对话框

3）单击“下一步”按钮出现“新建工程向导之三——工程名称和描述”对话框，如图1-3所示。

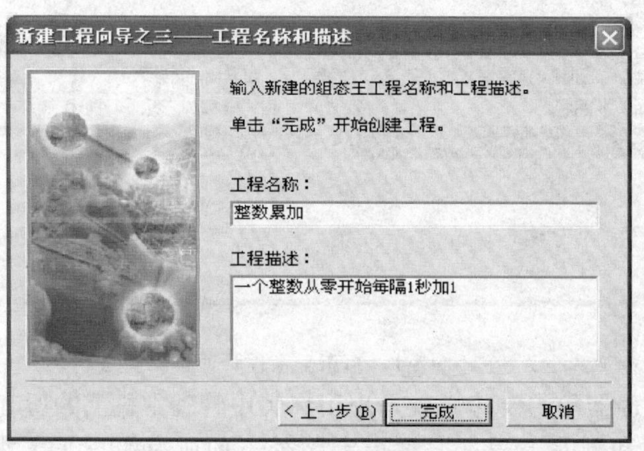

图1-3　输入工程名称对话框

在对话框中输入工程名称：“整数累加”（必需填写,可以任意指定）；在工程描述中输入：“一个整数从零开始每隔1s加1”（可选）。

4）单击“完成”，新工程建立。单击“是”按钮，确认将新建的工程设为组态王当前工程，此时组态王工程管理器中出现新建的工程，如图1-4所示。

在组态王中，工程名称是唯一的，不能重名，工程名称和工程路径是一一对应的。

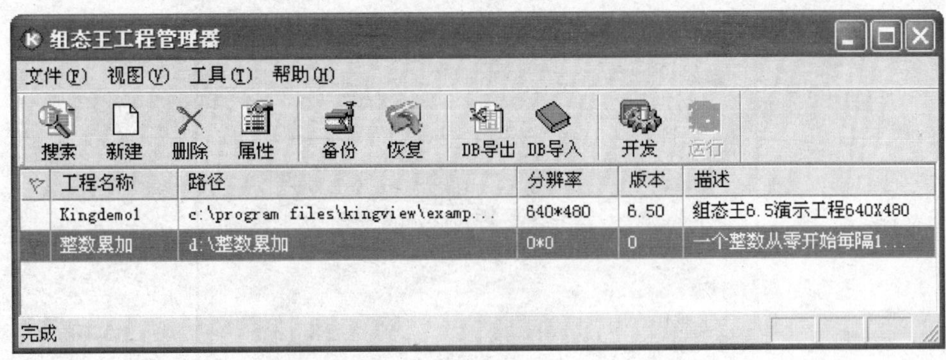

图 1-4　新工程建立

5）双击新建的工程名，出现加密狗[⊖]未找到“提示”对话框，选择“忽略”，出现演示方式“提示”对话框，单击“确定”按钮，进入“工程浏览器”对话框，如图 1-5 所示。

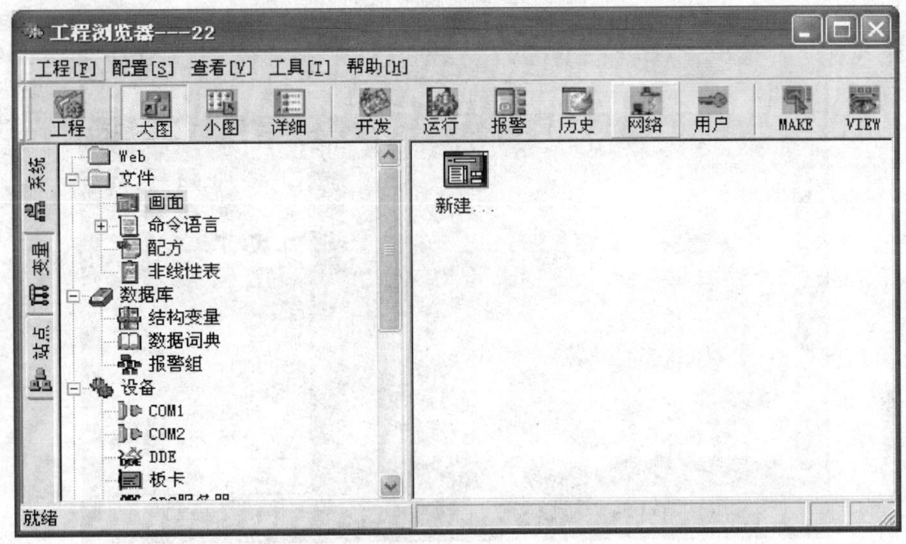

图 1-5　工程浏览器

工程浏览器是组态王软件的核心部分和管理开发系统。它将画面制作系统中已设计的图形画面、命令语言、设备驱动程序管理、配方管理、数据报告等工程资源进行集中管理，并在一个窗口中进行树形结构排列。

2. 制作图形画面

画面开发系统是应用程序的集成开发环境，工程人员在这个环境中进行系统开发。

在工程浏览器左侧树形菜单中选择“文件\画面”，在右侧视图中双击“新建”，出现“画面属性”对话框，输入画面名称“整数累加”，设置画面位置、大小等，如图 1-6 所示。然后单击“确定”按钮，进入组态王画面开发系统，此时工具箱自动加载，如图 1-7 所示。

⊖ 每套正版组态王软件均配置了“加密狗”，在实际工业监控中，将“加密狗”安装在计算机并口上，则组态王运行时，没有时间限制。

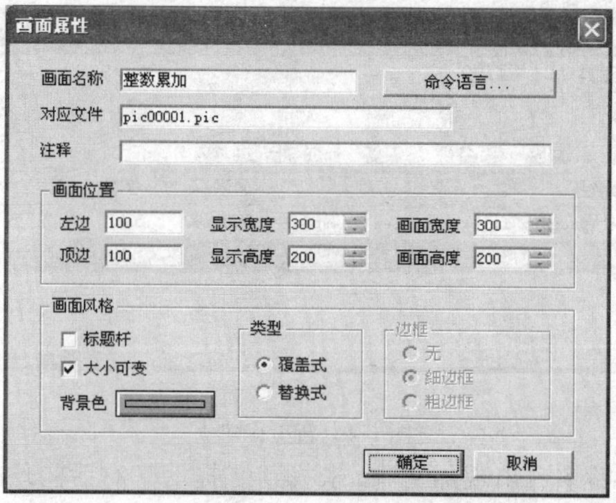

图 1-6 “画面属性”对话框

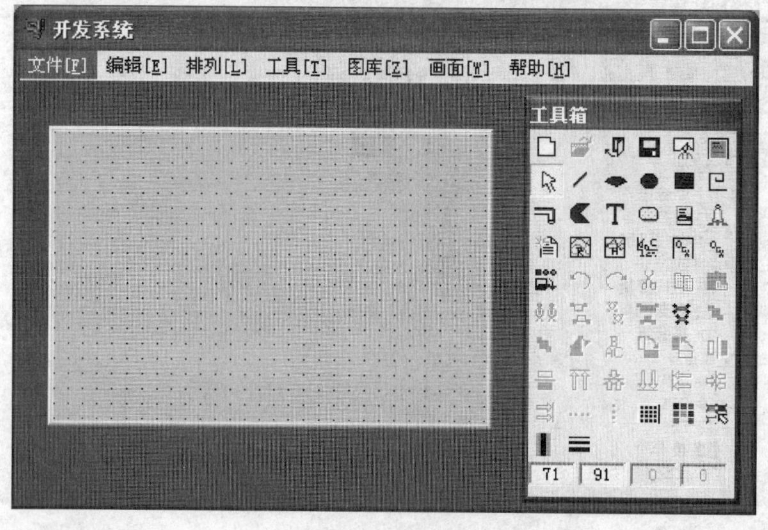

图 1-7 开发系统

组态王画面开发系统是应用程序的集成开发环境。工程人员在这个环境中完成界面的设计、动画连接等工作。画面开发系统具有先进完善的图形生成功能；数据库中有多种数据类型，能合理地抽象控制对象的特性，对数据变量的报警、趋势曲线、过程记录、安全防范等重要功能有简单的操作办法。利用组态王丰富的图库，用户可以大大减少设计界面的时间，从整体上提高工控软件的质量。

绘制图素的主要工具放在图形编辑工具箱中，各基本工具的使用方法与“画笔”类似。

1）用鼠标单击工具箱中的文本工具按钮“T”，然后将鼠标移动到画面上适当位置并单击，用户便可以在画面中输入文字“000”。输入完毕后，单击鼠标，文字输入完成。

若需要对输入的文字进行修改，则可以首先选中该文本，单击鼠标右键，在弹出的菜单中单击“字符串替换”菜单项，弹出“字符串替换”对话框，输入要修改的文字。

2）为图形画面添加 1 个指示灯对象。在开发系统中执行菜单“图库\打开图库”命令，进入“图库管理器”窗口，选择指示灯库中的一个图形对象。如图 1-8 所示，双击选择的指示灯图形，此时图库管理器消失，显示“开发系统”画面窗口，在开发系统画面空白处单击并拖动鼠标，则画面中出现选择的指示灯图形，可以通过鼠标拖动图形边上的箭头来放大或缩小图形。

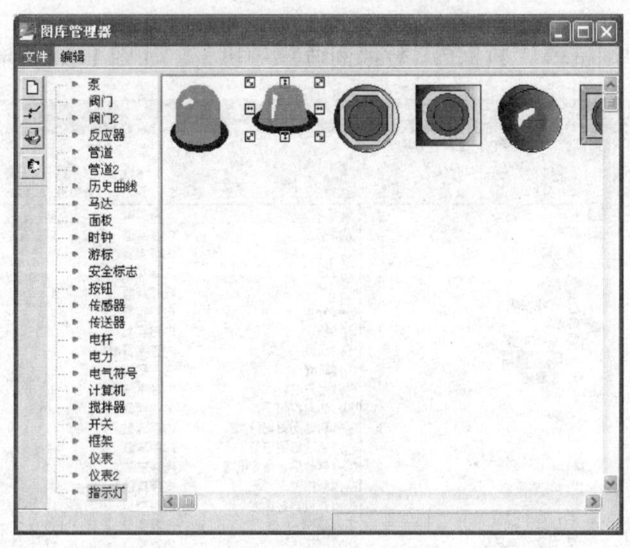

图 1-8　图库管理器

图库管理器内存放的是组态软件的各种图素（称为图库精灵），用户选择需要的图库精灵就可以设计自己需要的界面。使用图库管理器有 3 个方面好处：①降低人工设计界面的难度，缩短开发周期；②用图库开发的软件将具有统一的外观；③利用图库的开放性，工程人员可以生成自己的图库精灵。

图库精灵中大部分都有连接向导或是精灵外观设置，可将精灵和数据词典中的变量联系起来，但是也有一些精灵没有动画连接，只能作为普通图片使用。将图库精灵加载到画面上之后，双击精灵可弹出连接向导，每种精灵有各自的连接向导，一般是将组态王的变量连接到精灵中，还有对精灵外观的设置。

3）在工具箱中选择“按钮”控件添加到画面中，然后选中该按钮，单击鼠标右键，选择“字符串替换”，将按钮“文本”改为“关闭”，如图 1-9 所示。

图 1-9　图形画面

注意：建立仪表、文本、按钮等对象和变量的动画连接后，才可对这些对象进行各种属性设置。

用组态王系统开发的应用程序是以“画面”为程序单位的，每一个“画面”对应于程序实际运行时的一个 Windows 窗口。

用户可以为每个应用程序建立数目不限的画面，在每个画面上生成互相关联的静态或动态图形对象。“组态王”提供类型丰富的绘图工具，还提供按钮、实时趋势曲线、历史趋势曲线、报警窗口等复杂的图形对象。

组态王采用面向对象的编程技术，使用户可以方便地建立图形界面。用户构图时可以像搭积木那样利用系统提供的图形对象完成画面的生成工作。

3. 定义变量

定义变量在工程浏览器“数据库\数据词典”中进行，如图 1-10 所示。

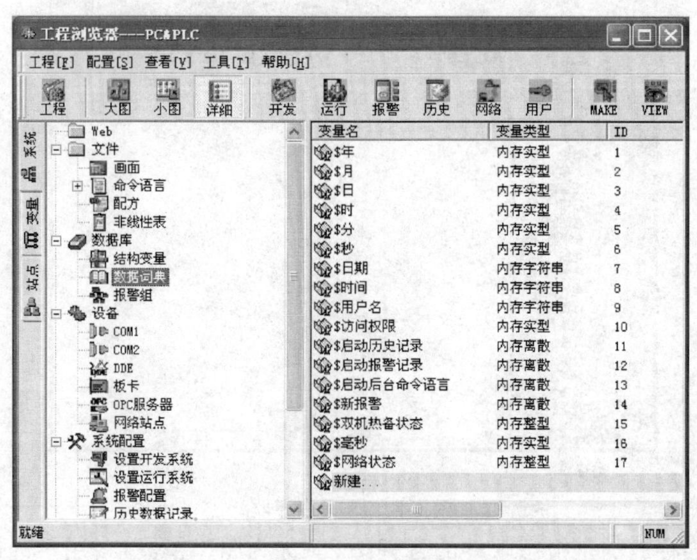

图 1-10 数据词典

数据库是组态王最核心的部分。在组态王运行时，工业现场的生产状况要以动画的形式反映在屏幕上，同时工程人员在计算机前发布的指令也要迅速送达生产现场，所有这一切都是以实时数据库为中介环节，数据库是联系上位机和下位机的桥梁。

在数据库中存放的是变量的当前值，变量包括系统变量和用户定义的变量。变量的集合形象地称为“数据词典”，数据词典记录了所有用户可使用的数据变量的详细信息。

在工程浏览器的左侧树形菜单中选择“数据库\数据词典”，在右侧双击“新建”，弹出“定义变量”对话框。

（1）定义 1 个内存整型变量　变量名设为“num”，变量类型选“内存整数”，初始值设为“0”，最小值设为“0”，最大值设为“1000”，如图 1-11 所示。

定义完成后，单击“确定”按钮，则在数据词典中增加 1 个内存整型变量 num。

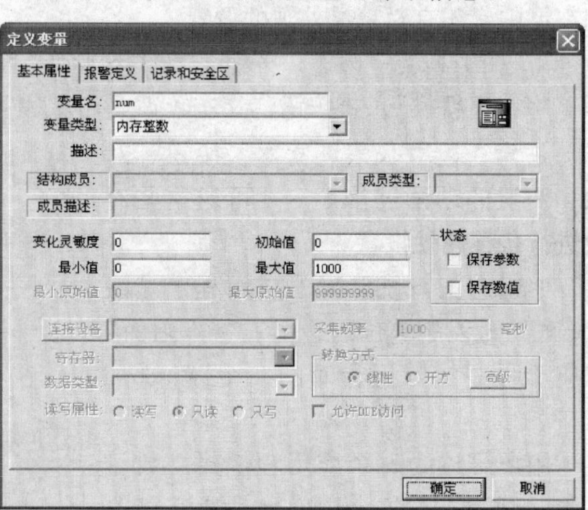

图 1-11 定义内存整数变量 num

（2）定义 1 个内存离散变量　变量名设为“deng”，变量类型选“内存离散”，初始值选“关”，如图 1-12 所示。

定义完成后，单击“确定”按钮，则在数据词典中增加 1 个内存离散变量 deng。

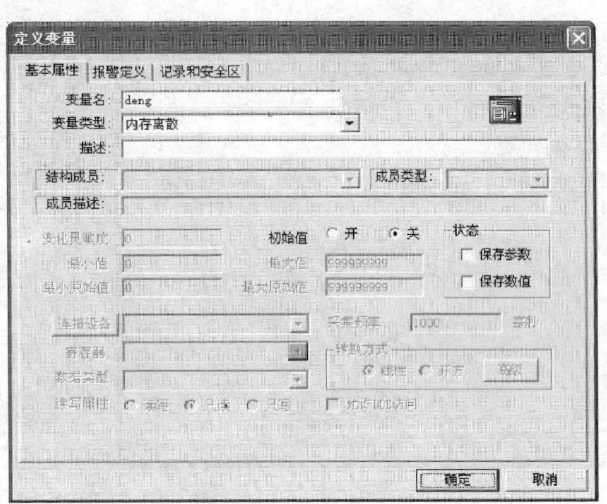

图 1-12　定义内存离散变量

每一个变量都要采取如上方法进行定义，只有经过定义以后的变量，才能被系统中动画连接、命令语言编程等引用。变量定义完成后，下面的任务是使画面上的图素运动起来，实现一个动画效果的监控系统。

4. 建立动画连接

以上绘制的画面是静态的，要逼真地显示系统的运行状况，必须将图素和数据库中已设定的相应变量联系起来，即让画面“动”起来。将画面中的图形对象与数据库中的对应变量建立联系的过程称为“动画连接”。“动画连接”就是建立画面的图素与数据库变量的对应关系。这样，工业现场的数据如温度发生变化时，通过驱动程序，将引起实时数据库中变量的变化。如果画面上有一个图素，比如指针，若规定了它的偏转角度与这个变量相关，你就会看到指针随工业现场数据的变化量同步偏转。

进入开发系统，双击画面中图形对象，将定义好的变量与相应对象连接起来。

1）建立显示文本对象“000”的动画连接。双击画面中文本对象“000”，出现“动画连接”对话框，单击“模拟值输出”按钮，则弹出“模拟值输出连接”对话框，将其中的表达式设置为“\\本站点\\num”（可以直接输入,也可以单击表达式文本框右边的“?”按钮，选择已定义好的变量名“num”,单击“确定”按钮,文本框中出现“\\本站点\\num”表达式），整数位数设为“3”，小数位数为“0”，单击“确定”按钮返回到“动画连接”对话框，再次单击“确定”按钮，动画连接设置完成，如图 1-13 所示。

2）建立指示灯对象的动画连接。双击画面中指示灯对象，出现“指示灯向导”对话框，将变量名设定为“\\本站点\\deng”（可以直接输入,也可以单击变量名文本框右边的“?”按钮,选择已定义好的变量名“deng”）如图 1-14 所示。将正常色设置为绿色，报警色设置为红色。设置完毕后单击“确定”按钮，则“指示灯”对象动画连接完成。

3）建立按钮对象的动画连接。双击“关闭”按钮对象，出现“动画连接”对话框，如图 1-15 所示。单击命令语言连接中的“弹起时”按钮，出

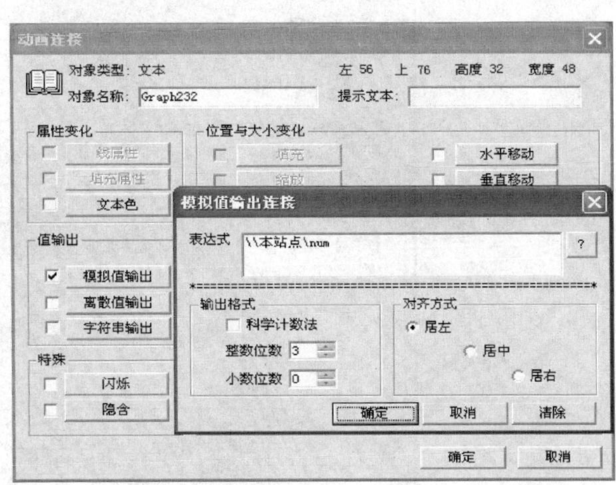

图 1-13　文本对象“000”的动画连接设置

现“命令语言”窗口，在编辑栏中输入以下命令：“exit(0);”。

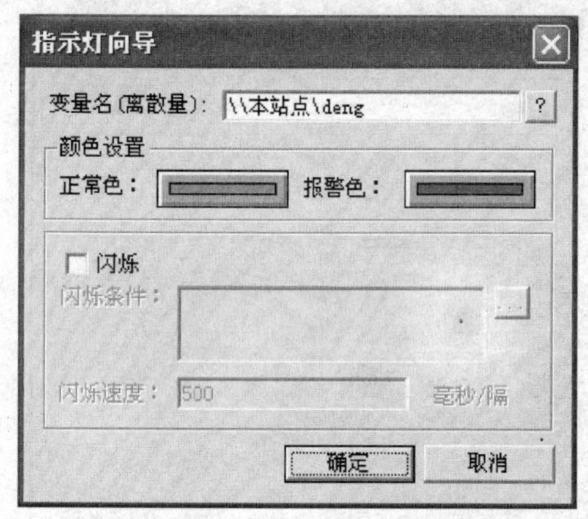

图 1-14 “指示灯”对象的动画连接设置

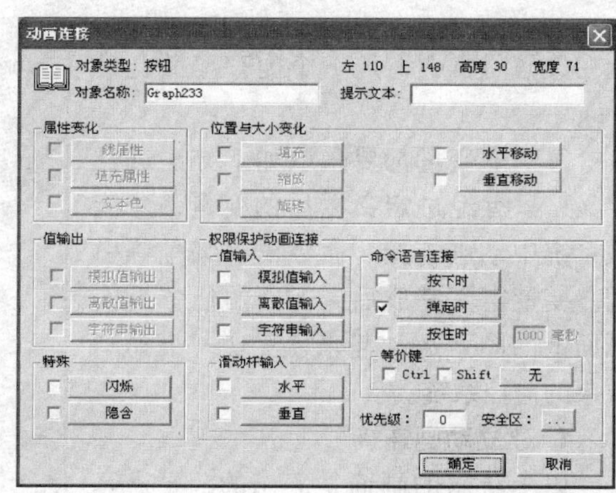

图 1-15 “关闭”按钮的动画连接设置

单击“确定”按钮，返回到“动画连接”对话框，再单击“确定”按钮，则按钮的动画连接完成。程序运行时，单击“关闭”按钮，程序停止运行并退出。

5. 命令语言编程

组态王除了在建立动画连接时支持连接表达式，还允许用户定义命令语言来驱动应用程序，极大地增强了应用程序的灵活性。

命令语言的句法和C语言非常类似，是C的一个子集，具有完备的词法语法查错功能和丰富的运算符、数学函数、字符串函数、控件函数、SQL函数和系统函数。各种命令语言通过“应用程序命令语言”对话框编辑输入，在组态王运行系统中被编译执行。

在工程浏览器左侧树形菜单中双击命令语言“应用程序命令语言”项，出现“应用程序命令语言”编辑对话框，单击“运行时”，将循环执行时间设定为1000ms，然后在命令语言编辑框中输入控制程序，如图1-16所示。然后单击“确定”按钮，完成命令语言的输入。

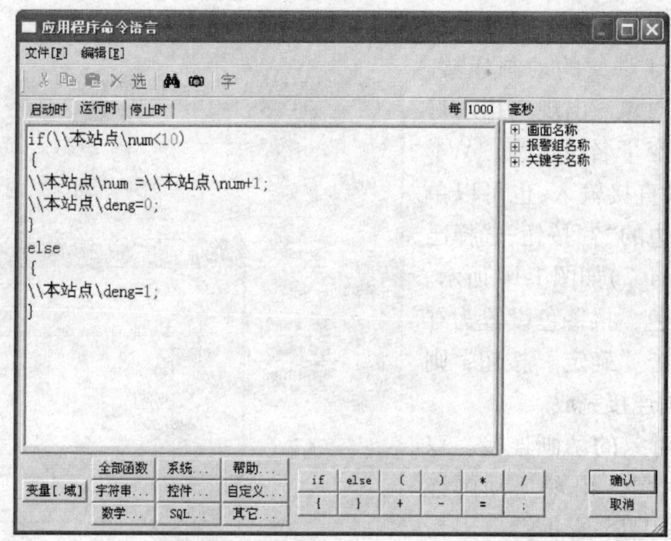

图 1-16 编写命令语言

注意：命令输入要求在语句的尾部加分号。输入程序时，各种符号如括号、分号等应在英文输入法状态下输入。

6. 程序运行

一般而言，在组态设计上只进行一次设计是很难开发出令人满意的界面的，所以在使用组态软件开发后，必须经过反复的调试修改之后才能达到理想的效果。在完成设计后，就可以与实际的设备通信，实现需要的监控要求。

1）画面存储。画面设计完成后，在开发系统“文件”菜单中执行“全部存”命令，将设计的画面和程序全部存储。

注意：在开发系统中，对画面所做的任何更改必须存储，这样才有效，即在画面运行系统中才能运行我们所做的工作。

2）配置主画面。在工程浏览器中，单击快捷工具栏上的“运行”按钮，出现“运行系统设置”对话框，如图1-17所示。单击“主画面配置”选项卡，选中制作的图形画面名称“整数累加”，单击“确定”按钮即将其配置成主画面。

将图形画面“整数累加”设为有效，目的是启动组态王画面运行程序TouchView后，直接进入“整数累加”画面，无需再进行画面选择。

3）程序运行。在工程浏览器中，单击快捷工具栏上的“VIEW”按钮或在开发系统中执行“文件\切换到view”命令，启动运行系统。

画面中文本对象中的数字开始累加，累加到10时停止累加，指示灯颜色变化，如图1-18所示。单击“关闭”按钮，程序退出。

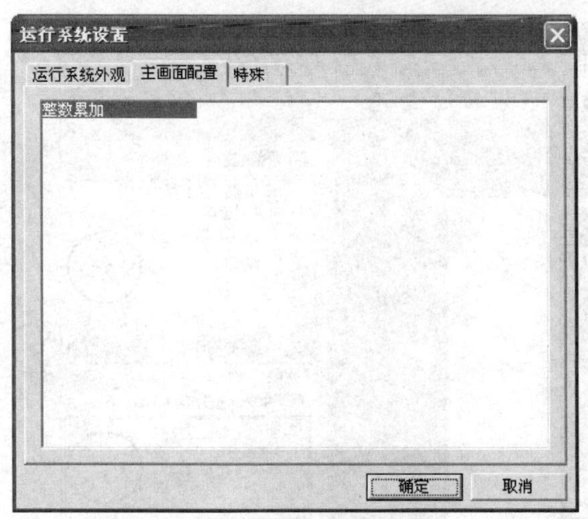

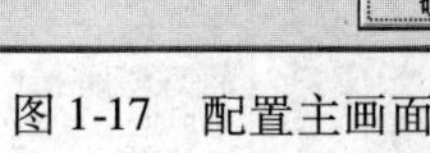

图1-17　配置主画面

图1-18　程序运行画面

如果有异常，应将系统退回到工程浏览器或组态王开发系统，作相应的修改，直到系统工作完全正常。

如果系统有多画面，在运行过程中，若要切换到其他画面，则单击菜单条中“画面”中的“打开”按钮，在出现的“打开画面”对话框中，选择想要显示的画面名称，单击“确定”按钮，则画面就切换到选择的画面。

在应用工程的开发环境中建立的图形画面只有在运行系统(TouchView)中才能运行。运行系统从控制设备中采集数据，并保存在实时数据库中。它还负责把数据的变化以动画的方式形象地表示出来，同时可以完成变量报警、操作记录、趋势曲线等监视功能，并生成历史数据文件。

二、面向对象语言 Visual Basic 的使用

1. 建立新工程项目

Visual Basic (VB) 使用“工程”来管理每一个应用程序要使用的所有文件，每建立一个新程序，就要新建一个工程。一个工程由窗体、标准模块、自定义控件及应用所需的环境设置组成。

运行 VB 6.0 程序，出现“新建工程”对话框，如图 1-19 所示。

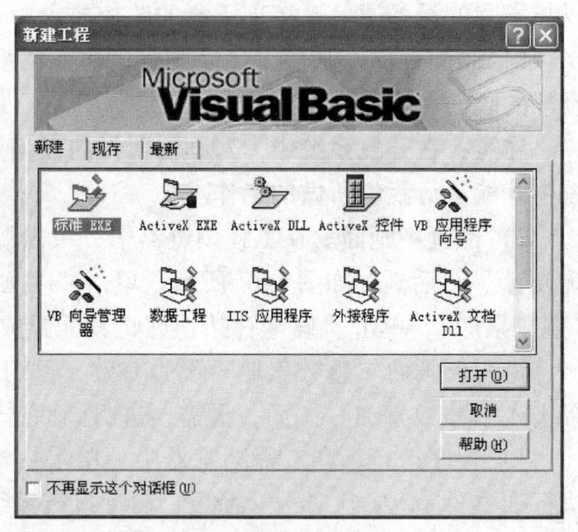

图 1-19 “新建工程”对话框

选择“标准 EXE”，单击“打开”按钮，进入 VB 工程集成开发环境。VB 6.0 集成开发环境主要由以下元素组成：工具箱窗口、工程窗口、属性窗口、窗体布局窗口、对象窗口以及代码窗口等。如图 1-20 所示，对象窗口中自动出现一个名为 Form1 的空白窗体。

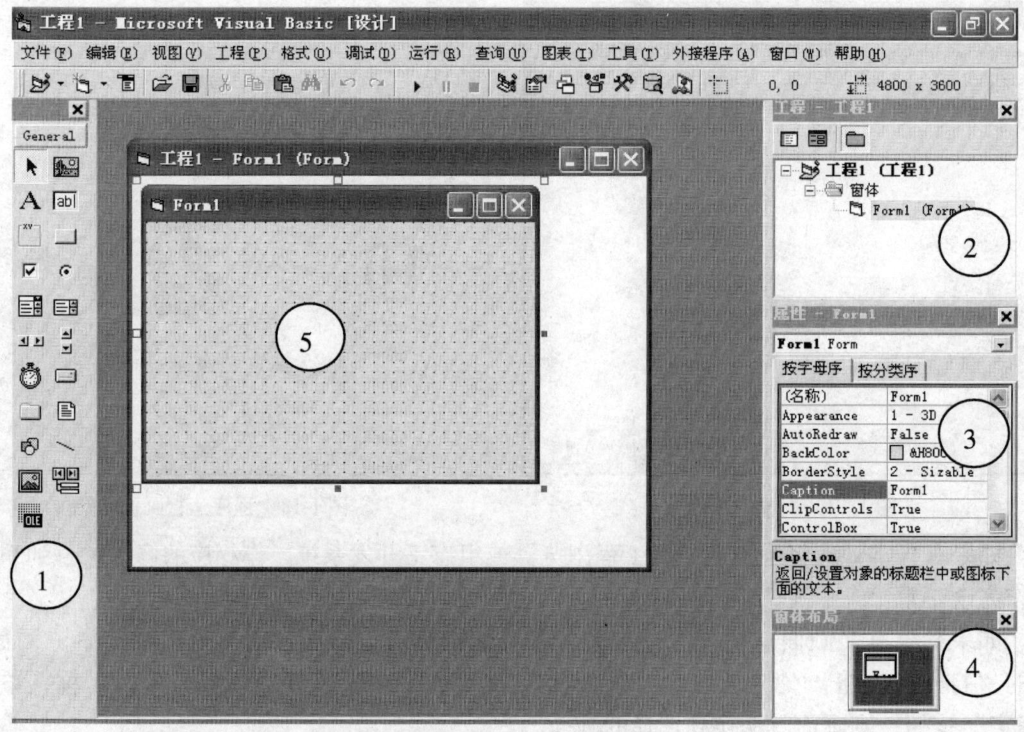

图 1-20 VB 6.0 集成开发环境

1—工具箱窗口 2—工程窗口 3—属性窗口 4—窗体布局窗口 5—对象窗口

2. 设计程序界面

向空白窗体添加各种控件，以完成预定的各种功能。我们开始一个项目的设计时，VB的工具箱中会有许多默认的控件让设计者予选用。如图1-21所示，这些原本就出现在工具箱中的控件是内置控件，提供了一些基本的系统设计组件给设计者。不过，功能比较特别的控件就不会出现在其中，如用来设计串口通信功能的控件MSComm就不在其中。

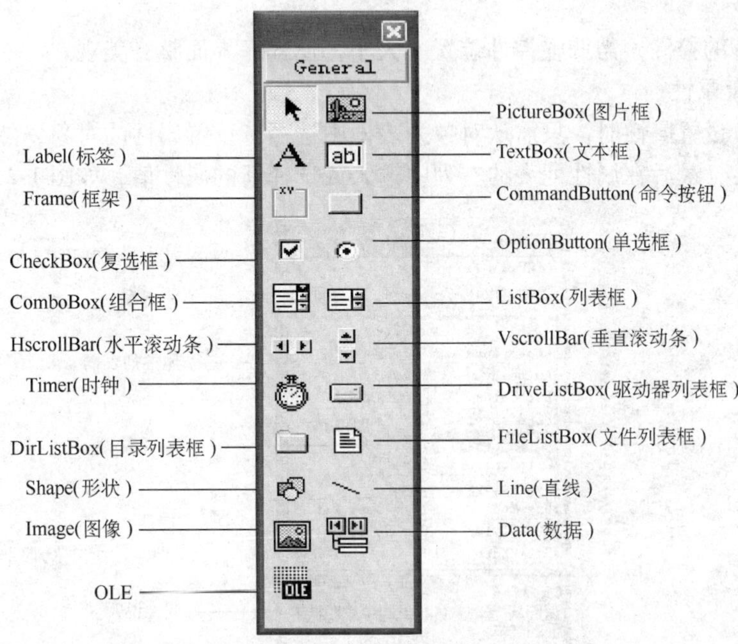

图1-21 工具箱

本项目中，程序画面中应有文本框(TextBox)、时钟(Timer,形似"钟表")、指示灯(Shape)、按钮(CommandButton)等4个控件，如图1-22所示。

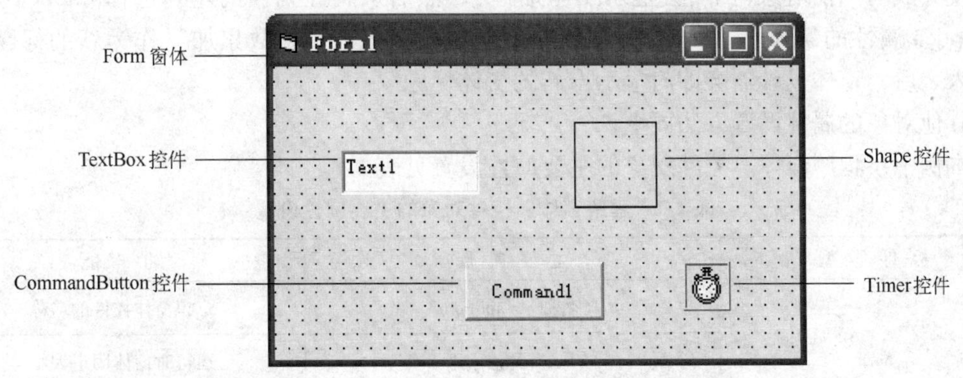

图1-22 添加控件后的程序窗体

（1）添加文本框控件 单击工具箱中的文本框控件图标，把鼠标移到空白窗体某位置，鼠标指针会变为十字形，再在窗体上想要放置控件的位置单击并拖动，当拖动过程中形成的矩形框大小与想要的控件大小差不多时，释放鼠标左键，窗体上就会出现文本框控件，同时鼠标指针恢复为箭头形。

（2）添加时钟控件　单击工具箱中的时钟控件图标，将其添加到程序窗体上。其功能是提供时钟周期(1s)，实现数字按一定时间间隔累加的功能。

（3）添加形状控件　单击工具箱中的形状控件图标，将其添加到程序窗体上。其功能是作为指示灯用。

（4）添加按钮控件　单击工具箱中的按钮控件，将其添加到程序窗体上。其功能是执行关闭程序命令。

添加完所有的控件，需调整控件位置、大小，使程序界面整齐美观。

3. 设置对象属性

从属性窗口设置属性时，只需从对象列表框中选择待设置属性的对象，然后从属性列表的左列选择属性，最后在属性列表的右列中输入或选择新的属性值，如图 1-23 所示。

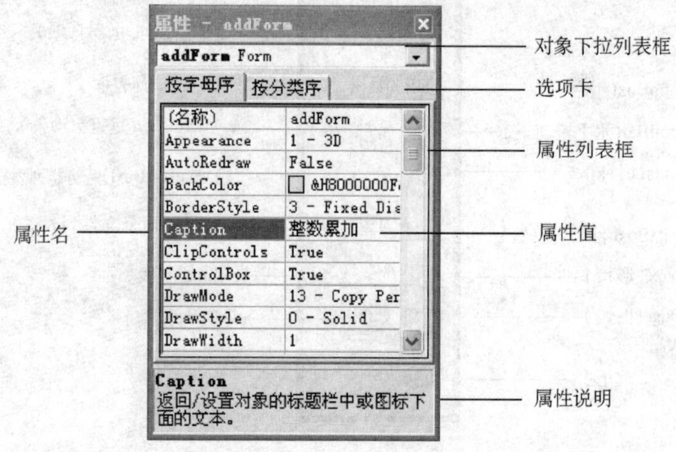

图 1-23　属性设置窗口

例如：要设置窗体的 Caption 属性，首先从属性列表框选择窗体或从窗体设计器中单击窗体使其成为当前对象(四周会显示小矩形框)，然后从属性列表的左列选择 Caption 属性，将 Caption 属性的默认值“Form1”删除并重新输入字符串“整数累加”作为新的标题。重新输入之后，窗体设计器会即时显示出新的窗体标题。

其他对象的属性设置方法同上。

本例中，程序窗体、控件对象的主要属性设置见表 1-1。

表 1-1　程序窗体、控件对象的主要属性设置

控件类型	主要属性	功能
Form	(名称) = addForm	标识窗体控件的名称
	BorderStyle = 3	运行时窗体固定大小
	Caption = 整数累加	窗体标题栏显示程序名称
TextBox	(名称) = Textadd	标识文本框控件的名称
	Alignment = 1 – Center	运行时数字在文本框中间显示
	Text = 空	显示累加数

（续）

控件类型	主要属性	功　能
Shape	（名称）= Alarm	标识形状控件的名称
	Shape = 3 – Circle	圆形，作为信号指示灯
	FillStyle = 0 – Solid	填充样式，实线
	FillColor = &H0080FF80&	初始为绿色（直接选择颜色）
Timer	（名称）= Timer1	标识时钟控件的名称
	Interval = 1000	时间间隔 1000ms
CommandButton	（名称）= Cmdquit	标识按钮控件的名称
	Caption = 关闭	关闭程序命令

设置完控件属性的程序界面如图 1-24 所示。

4. 编写程序代码

此时，单击窗体上的命令按钮并不能执行任何操作。为了使命令按钮能够完成所要求的功能，必须为其编写程序代码，以便通过代码的执行来完成指定的功能。

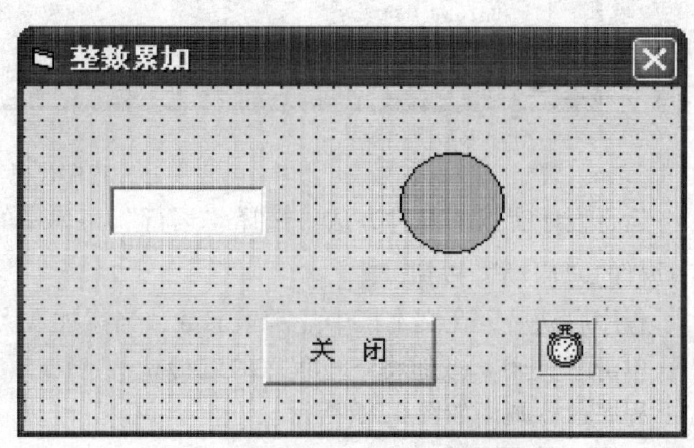

图 1-24　设置完控件属性后的程序窗体

VB 将应用程序的代码划分成称为“过程”的小代码块。事件所对应的过程将显示在代码窗口的正文部分中。默认设置时，同一代码窗口中将显示全部过程的代码，每个过程之间的代码会用一条横线隔开。

例如：为“关闭”按钮的 Click 事件编写事件过程。当单击“关闭”按钮时将触发 Click 事件，并执行 Click 事件过程中的代码。虽然我们还未编写任何代码，但是代码窗口的正文部分已经出现以下两条语句：

```
Private Sub Cmdquit _ Click( )
End Sub
```

创建命令按钮时，VB 已经为其建立了默认的事件过程。这个过程没有任何操作，仅由第一行的过程声明语句和最后一行的过程结束语句构成。过程声明中，关键字 Sub 表示过程的开始，后面紧跟的是过程名字。

对于 Cmdquit _ Click 事件过程，相关联的对象为“关闭”按钮，事件为 Click。当程序运行时，如果单击“关闭”按钮，那么系统将寻找相应的 Cmdquit _ Click 事件过程，并执行事件过程中的代码。现在，我们需要做的就是在该事件过程中添加语句。

在 VB 的代码窗口输入程序（注释部分可以不输入），设计的参考代码如图 1-25 所示。

5. 运行应用程序

设计完程序的界面、编写好程序代码后，就可以运行程序了。

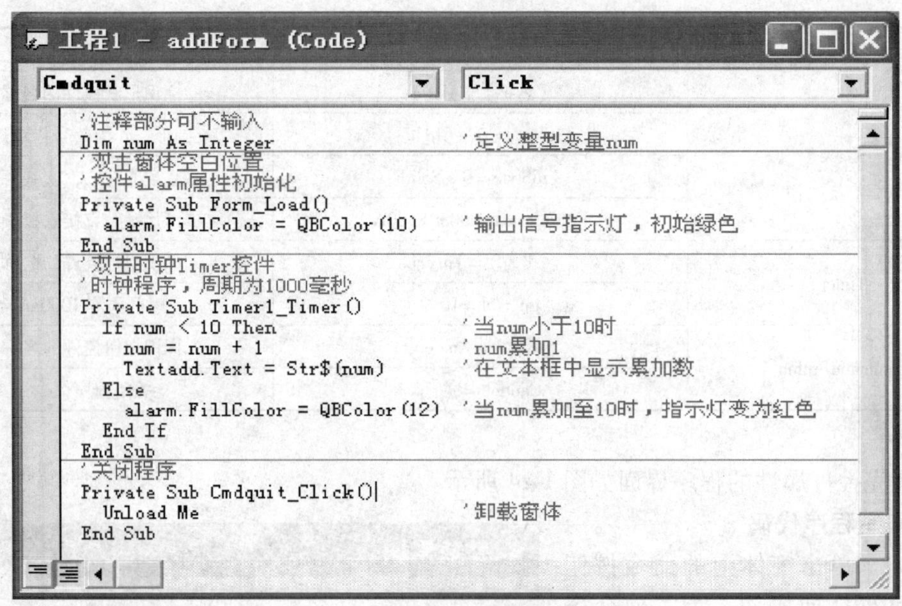

图 1-25　程序代码

运行程序有以下几种方法：选择“运行”菜单中的“启动”命令；按 F5 键；单击标准工具栏的“启动”按钮 。

程序启动后，在文本框中显示累加数，当累加数大于等于 10 时，信号灯变为红色。

单击“关闭”按钮将终止程序的运行。

程序运行画面如图 1-26 所示。

6. 保存应用程序

当应用程序编写完毕后，就应该将其保存起来。事实上，编程过程中经常进行保存是一个很好的习惯，这样可以避免由于系统崩溃或机器掉电而导致的数据丢失。

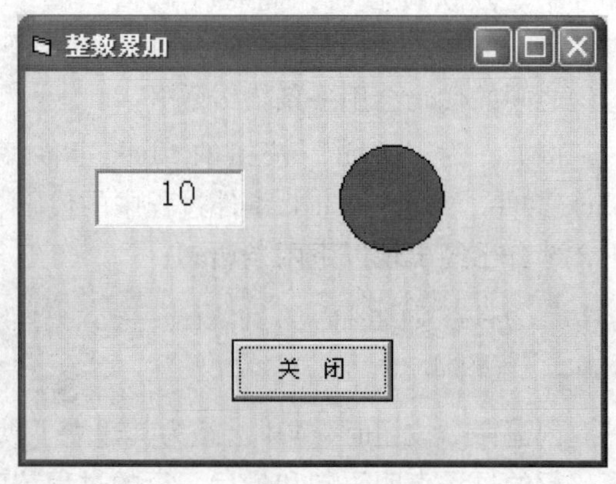

图 1-26　程序运行画面

要保存应用程序，请单击标准工具栏中的“保存工程”按钮。如果工程尚未保存过，那么系统首先显示“文件另存为”对话框，提示编程人员确定用于保存窗体的文件名。确定窗体文件的名字之后，单击“保存”按钮，将显示“工程另存为”对话框，提示编程人员确定用于保存工程的文件名。确定工程文件的名字之后，单击“保存”按钮即可保存与应用程序有关的所有文件。

将应用程序以文件形式保存到磁盘中后，需要时可以单击标准工具栏中的“打开工程”按钮来打开。

VB 把用来构造一个应用程序的所有相关文件称为一个工程(Project)，其中包括工程文件(.vbp)、窗体文件(.frm)、标准模块文件(.bas)等。

7. 编译形成可执行文件

前面执行应用程序时是选择“运行”菜单中的“启动”命令来执行的，这种执行是解释执行，解释执行只能在 VB 开发环境中进行，不能脱离开发环境。为了使应用程序能脱离开发环境而直接在 Windows 环境下运行，就必须将应用程序编译成可执行文件(. exe 文件)。

编译方法是：选择“文件”菜单中的“生成工程 1. exe”命令(这里的“工程 1”是工程名)，弹出“生成工程”对话框时，选定保存位置，输入可执行文件的名字，单击“确定”按钮即可在指定位置建立一个“. exe”可执行文件。

巩固与提高

1）当数字累加至 10 时，画面中指示灯变为红色，开始递减，每隔 1s 减 1。

2）当数字递减至 0 时，画面中指示灯变为绿色，开始递增，每隔 1s 加 1。

上述过程循环进行。

知识链接一　监控组态软件概述

随着工业自动化水平的迅速提高，计算机在工业领域的应用日益广泛，人们对工业自动化的要求越来越高，种类繁多的控制设备和过程监控装置在工业领域的应用，使得传统的工业控制软件已无法满足用户的各种需求。在开发传统的工业控制软件时，当被控对象一旦有变动，就必须修改其控制系统的源程序，导致其开发周期变长；已开发成功的工控软件又由于每个控制项目的不同而使其重复使用率很低，导致它的价格非常昂贵，在修改工控软件的源程序时，倘若原来的编程人员因工作变动而离去时，则必须由其他人员或新手进行源程序的修改，因而更是难度很大。

通用工业自动化组态软件的出现为解决上述实际工程问题提供了一种崭新的方法，因为它能够很好地解决传统工业控制软件存在的大部分问题，使用户能根据自己的控制对象和控制目的任意组态，完成最终的自动化控制工程。

1. 组态软件的含义

组态(configuration)有设置、配置等含义，是指在软件领域内，操作人员根据应用对象及控制任务的要求，配置用户应用软件的过程(包括对象的定义、制作和编辑，对象状态特征属性参数的设定等)，即使用软件工具对计算机及软件的各种资源进行配置，达到让计算机或软件按照预先的设置自动执行特定任务、满足使用者要求的目的，也就是把组态软件视为“应用程序生成器”。

“组态”的概念是伴随着 DCS 的出现才开始被广大的生产过程自动化技术人员所熟知的。由于每一套 DCS 都是比较通用的控制系统，可以应用到很多的领域中，为了使用户在不需要编写代码的情况下便可生成适合自己需求的应用系统，每个 DCS 厂商在 DCS 中都预装了系统软件和应用软件。而其中的应用软件，实际上就是组态软件，但一直没有人给出明确的定义，只是将使用这种应用软件设计生成目标应用系统的过程称为“组态”或“做组态”。

在工业控制中，组态一般是指通过对软件采用非编程的操作方式，主要有参数填写、图形连接和文件生成等，使得软件乃至整个系统具有某种指定的功能。由于用户对计算机控制系统的要求千差万别(包括流程画面、系统结构、报表格式、报警要求等)，而开发商又不可能专门为每个用户去进行开发。所以，只能事先开发好一套具有一定通用性的软件开发平台，生产(或者选择)若干种规格的硬件模块(如 I/O 模块、通信模块、现场控制模块)，然后再根据用户的要求在软件开发平台上进行二次开发，以及进行硬件模块的连接。这种软件的二次开发工作就称为组态。相应的软件开发平台就称为控制组态软件，简称组态软件。“组态”一词既可以用作名词也可以用作动词。计算机控制系统在完成组态之前只是一些硬件和软件的集合体，只有通过组态，才能使其成为一个具体的满足生产过程需要的应用系统。

2. 组态软件的特点

通用组态软件具有以下主要特点：

(1) 强大的界面显示组态功能　目前，工控组态软件大都运行于 Windows 环境下，充分利用 Windows 的图形功能完善、界面美观、可视化的 IE 风格界面、丰富的工具栏等特点，操作人员可以直接进入开发状态，节省时间。丰富的图形控件和工况图库，提供了大量的工业设备图符、仪表图符，还提供趋势图、历史曲线、组数据分析图等，既提供所需的组件，又是界面制作向导。提供给用户丰富的作图工具，可随心所欲地绘制出各种工业界面，并可任意编辑，从而将开发人员从繁重的界面设计中解放出来，丰富的动画连接方式，如隐含、闪烁、移动等，使界面生动、直观。画面丰富多彩，为设备的正常运行、操作人员的集中监控提供了极大的方便。

(2) 通用性　每个用户根据工程实际情况，利用通用组态软件提供的底层设备(PLC、智能仪表、智能模块、板卡、变频器等)的 I/O 驱动、开放式的数据库和界面制作工具，就能完成一个具有动画效果、能进行实时数据处理、能保存历史数据、具有多媒体功能和网络功能的工程，不受行业限制。

(3) 方便性　自动化工程技术人员在组态软件中只需填写一些事先设计的表格，再利用图形功能就把被控对象(如反应罐、温度计、锅炉、趋势曲线、报表等)形象地画出来，通过内部数据变量连接把被控对象的属性与 I/O 设备的实时数据进行逻辑连接。当由组态软件生成的应用系统投入运行后，与被控对象相连的 I/O 设备数据发生变化会直接带动被控对象的属性变化，同时在界面上显示。若要对应用系统进行修改，也十分方便，这就是组态软件的方便性。

(4) 封装性　通用组态软件所能完成的功能都用一种方便用户使用的方法包装起来，对于用户，不需掌握太多的编程语言技术(甚至不需要编程技术)，就能很好地完成一个复杂工程所要求的所有功能，因此易学易用。

(5) 功能多样　组态软件提供工业标准数学模型库和控制功能库，组态模式灵活，能满足用户所需的控制要求和现场要求。各种功能模块，完成实时监控、产生功能报表、显示历史曲线、实时曲线、提供报警等功能，使系统具有良好的人机界面，易于操作。系统既可适用于单机集中式控制、DCS 分布式控制，也可以是带远程通信能力的远程控制系统。

组态控制技术是计算机控制技术发展的结果，采用组态控制技术的计算机控制系统最大的特点是从硬件到软件开发都具有组态性，设计者的主要任务是分析控制对象，在平台基础上按照使用说明进行系统级第二次开发即可构成针对不同控制对象的控制系统，免去了程序代码、图形图表、通信协议、数字统计等诸多具体内容细节的设计和调试，因此系统的可靠性和开发速率提高了，开发难度却下降了。组态软件的可视化和图形化管理功能也为生产管理与维护提供了方便。

由于组态软件都是由专门的软件开发人员按照软件工程的规范来开发的，使用前又经过了比较长时间的工程运行考验，其质量是有充分保证的。因此，只要开发成本允许，采用组态软件是一种比较稳妥、快速和可靠的办法。

3. 常见的组态方式

下面介绍几种常见的组态方式。由于目前有关组态方式的术语还未能统一，因此，本书中所用的术语可能会与一些组态软件所用的有所不同。

(1) 系统组态　系统组态又称为系统管理组态(或系统生成)，这是整个组态工作中的第一步，也是最重要的一步。系统组态的主要工作是对系统的结构以及构成系统的基本要素进行定义。以 DCS 的系统组态为例，硬件配置的定义包括：选择什么样的网络层次和类型(如宽带、载波带)，选择什么样的工程师站、操作员站和现场控制站(I/O 控制站)以及其具体的配置，选择什么样的 I/O 模块(如类型、编号、地址、是否为冗余等)以及其具体的配置。有的 DCS 的系统组态可以做得非常详细。例如，机柜、机柜中的电源、电缆与其他部件，各类部件在机柜中的槽位，打印机以及各站使用的软件等，都可以在系统组态中进行定义。系统组态的过程一般都是用图形加填表的方式。

(2) 控制组态　控制组态又称为控制回路组态，这同样是一种非常重要的组态。为了确保生产工艺的实现，一个计算机控制系统要完成各种复杂的控制任务。例如，各种操作的顺序动作控制，各个变量之间的逻辑控制以及对各个关键参量采用各种控制(如 PID、前馈、串级、解耦,甚至是更为复杂的多变量预控制、自适应控制)。因此，有必要生成相应的应用程序来实现这些控制。

由于控制问题往往比较复杂，组态软件提供的各种模块不一定能够满足现场的需要，这就需要用户作进一步的开发，即自己建立符合需要的控制模块。因此，组态软件应该能够给用户提供相应的开发手段。通常可以有两种方法：一是用户自己用高级语言来实现，然后再嵌入系统中；二是由组态软件提供脚本语言。

(3) 画面组态　它的任务是为计算机控制系统提供一个方便操作员使用的人机界面。显示组态的工作主要包括两个方面：一是画出一幅(或多幅)能够反映被控过程概貌的图形，二是将图形中的某些要素(例如,数字、高度、颜色)与现场的变量相联系(又称为数据连接或动画连接)，当现场的参数发生变化时，就可以及时地在显示器上显示出来，或者是通过在屏幕上改变参数来控制现场的执行机构。

现在的组态软件都会为用户提供丰富的图形库。图形库中包含大量的图形元件，只需在图库中将相应的子图调出，再作少量修改即可。因此，即使是完全不会编程序的人也可以“绘制”出漂亮的图形来。图形又可以分为两种：一种是平面图形，另一种是三维图形。平面图形虽然视觉效果差一些，但占用内存少，运行速度快。

(4) 数据库组态　数据库组态包括实时数据库组态和历史数据库组态。实时数据库组态的内容包括：数据库各点(变量)的名称、类型、工位号、工程量转换系数上下限、线性化处理、报警限和报警特性等。历史数据库组态的内容包括定义各个进入历史库数据点的保存周期，有的组态软件将这部分工作放在了历史组态之中，还有的组态软件将数据点与 I/O 设备的连接放在数据库组态之中。

（5）报表组态　一般的计算机控制系统都会带有数据库。因此，可以很轻易地将生产过程形成的实时数据形成对管理工作十分重要的日报、周报或月报。报表组态包括：定义报表的数据项、统计项、报表的格式以及打印报表的时间等。

（6）报警组态　报警功能是计算机控制系统很重要的一项功能，它的作用就是当被控或被监视的某个参数达到一定数值的时候，以声音、光线、闪烁或打印机打印等方式发出报警信号，提醒操作人员注意并采取相应的措施。报警组态的内容包括：报警的级别、报警限、报警方式和报警处理方式的定义。有的组态软件没有专门的报警组态，而是将其放在控制组态或显示组态中顺便完成报警组态的任务。

（7）历史组态　由于计算机控制系统对实时数据采集的采样周期很短，形成的实时数据很多，这些实时数据不可能也没有必要全部保留，可以通过历史模块将浓缩实时数据形成有用的历史记录。历史组态的作用就是定义历史模块的参数，形成各种浓缩算法。

（8）环境组态　由于组态工作十分重要，如果处理不好，就会使计算机控制系统无法正常工作，甚至会造成系统瘫痪。因此，应当严格限制组态的人员。一般的做法是：设置不同的环境，例如，过程工程师环境、软件工程师环境以及操作员环境等。只有在过程工程师环境和软件工程师环境中才可以进行组态，而操作员环境就只能进行简单的操作。为此，还引出了环境组态的概念。所谓环境组态，是指通过定义软件参数，建立相应的环境。不同的环境拥有不同的资源，且环境是有密码保护的。还有一个办法就是：不在运行平台上组态，组态完成后再将运行的程序代码安装到运行平台中。

知识链接二　Visual Basic 与控制技术

1. Visual Basic 中对象的基本概念

作为一门面向对象的编程语言，对象构成了 VB 的基本概念，正确理解对象的含义与操作，才能真正进入 VB 面向对象的编程世界。

（1）对象和类　在面向对象的程序设计中，“对象”是系统中的基本运行实体。对象是具有特殊属性(数据)和行为方式(方法)的实体。对象可以是真实世界的事物，如一个人或一台计算机，也可以是概念性的事物，如工程进程或工资单；对象可以是应用程序的一部分，如控件或窗体，也可以是整个应用程序。在 VB 中，对象分为两类，一类由系统设计，可以直接使用或对其进行操作，如工具箱中的控件、窗体、菜单等；另一类由用户自定义。作为一种 Windows 应用程序的编程语言，VB 中系统内置的对象可以被用户直接操作和使用，因而编程人员可以在编程之初就完全按照自己的意图进行窗体设计，可视性和直观性非常强。随着发展到 6.0 版本，VB 为广大用户提供了更多更高级的对象与先进的特性，以满足软件开发人员的不同需求。开发人员所要做的只是选取自己所需的对象，并确定它们在窗体中的大小和位置就可以了。

将带有相似属性和行为的事物组合在一起，可以称为一个“类”，如人类、鸟类等。一个属于某种类的特定对象称为该类的一个实例。在面向对象的概念中，“类”用于指一组相似的对象，例如，VB 工具箱中的命令按钮代表 CommandButton 类，每次向 VB 中的窗体添加命令按钮时，就会创建一个 CommandButton 类的实例。

类具有继承性、封装性、多态性和抽象性。

（2）对象的属性　属性是描述对象特性的集合，是用来表示对象的状态。对象的属性都有属性值，改变属性值就相当于改变了对象的特性。VB 为每一类对象都规定了若干属性，也就是一个对象区别于另一个对象的标志，比如窗体的标题、背景颜色、高度和字体等，属性名如 Caption、Backcolor、Height 和 Font 等。把这些属性集合起来，放在 VB 专门的属性表中，即属性窗口。

属性设置可以在设计阶段在属性窗口中设置，也可在运行时通过程序代码来设置。

通过程序代码设置属性的格式是：object. property = expression，例如：

```
Form1. Caption = "学籍管理"          '设置窗体名称
CmdOK. Top = 200                    '设置命令按钮的 Top 属性
```

（3）对象的方法　方法指的是控制对象动作行为的方式，是对象本身内含的函数或过程。方法决定了对象可以执行的动作，是一个简单的不必知道细节的无法改变的事件，但不称作事件。同样，方法也不是随意的，某些对象有一些特定的方法。

编程人员并不需要了解方法的具体实施细节，只需按自己的需要运用它们就可以了。采用方法来控制对象，实际上就是执行这些对象内部的函数或过程，如 Unload forml 是用来卸载 form1 窗体的。至于究竟是如何做到卸载的功能，我们不知道，也无需知道。

在 VB 中，方法的调用形式是：object. method，例如：FirstForm. Print "欢迎使用 Visual Basic "，myform. Show，MyPicture. Cls 等。

（4）对象的事件　事件是发生在对象上的动作。VB 应用程序是事件驱动的，也就是说，只有在事件发生时，应用程序才会运行。如果没有事件发生，那么整个程序就处于停滞状态。如果说属性决定了对象的特性，方法决定了对象的行为，那么事件就决定了对象之间联系的方式。

VB 中，事件就是能被对象识别的动作，如单击、双击、移动鼠标、装入窗体等都是事件。VB 中的每个对象都有一个预定义的事件集，不同的对象有不同的事件集。例如，窗体能够识别单击(Click)和双击(DblClick)事件，而命令按钮只能识别单击事件，不能识别双击事件。

每个对象对每个可以识别的事件都有一个事件过程。当事件过程不同时，对事件作出的反应也就不同。VB 编程的核心就是为每个要处理的事件编写相应的事件过程，以便在用户或系统触发相应的事件时执行指定的操作。

虽然每个对象所能识别的事件很多，但是用户不必也不可能为所有的事件编写事件过程，当用户觉得程序中不需要对某个事件进行额外处理时，就可以不去理会它，这时 Windows 系统会以默认方式来处理事件，例如，命令按钮最常用到的是单击(Click)事件，对其他事件基本上都可以置之不理。使用 VB 的奥妙之处就在于，只有当用户要以特定的方式响应某个事件时，才需要编写相应的事件过程。

程序运行过程中，当事件由用户或系统触发时，对象就会对该事件作出响应。响应某个事件后执行的操作是通过一段代码来实现的，这段代码称为事件过程。例如：

```
Private Sub Command1 _ Click( )
Form1. BackColor = vbBlue
End Sub
```

运行时，用鼠标单击命令按钮 Command1，就会执行该事件过程，将窗体的背景颜色设置成蓝色。

2. 利用 VB 实现串口通信

VB 是一般程序设计人员在 Windows 环境下最常用的串口编程语言。利用 VB 开发串口通信程序主要有两种方法：一是使用 MSComm 串口控件；二是调用 Windows API 函数。

在实践中，使用 VB 串口控件实现通信的方法比调用 API 动态链接库的方法更加方便、快捷，而且用较少的代码可以实现相同的功能，从而使编程效率大大提高，也减少了因编程不当而导致的系统不稳定。

（1）MSComm 控件　MSComm 控件全称为 Microsoft Communications Control，是 Microsoft 公司提供的串行通信编程 ActiveX 控件。它既可以用来提供简单的串行端口通信功能，也可以用来创建功能完备的、事件驱动的高级通信工具。

MSComm 控件在串口编程时非常方便，程序员不必花时间去了解较为复杂的 API 函数，而且在 VB、Visual C ++（VC ++）、Delphi 等语言中均可使用。使用它可以建立与串行端口的连接，通过串行端口连接到其他通信设备（例如调制解调器），发出命令、交换数据、监视和响应串行连接中发生的事件和错误。利用它可以进行诸如拨打电话号码、监视串行端口的输入数据乃至创建功能完备的终端程序等。

（2）MSComm 控件处理通信的方式　MSComm 控件通过串行端口传输和接收数据，为应用程序提供串行通信功能。

它提供下列两种处理通信的方式：

1）事件驱动方式。事件驱动通信是处理串行端口交互作用的一种非常有效的方法。在许多情况下，在事件发生时程序会希望得到通知。例如，在串口接收缓冲区中有一个字符到达或一个变化发生时，程序都可以利用 MSComm 控件的 OnComm 事件捕获并处理这些通信事件；OnComm 事件还可以检查和处理通信错误。所有通信事件和通信错误的列表，参阅 CommEvent 属性。

在程序设计中，可以在 OnComm 事件处理函数中加入自己的处理代码，一旦事件发生即可自动执行该段程序。这种方法的优点是程序响应及时，可靠性高。

2）查询方式。在程序的每个关键功能之后，可以通过检查 CommEvent 属性的值来查询事件和错误。如果应用程序较小，并且是自保持的，这种方法可能是更可取的。例如，如果写一个简单的电话拨号程序，则没有必要对每接收一个字符都产生事件，因为唯一等待接收的字符是调制解调器的“OK”响应。

轮询方式的进行可用计时器或 Do…Loop 程序实现。查询方式实质上还是事件驱动，但在有些情况下，这种方式显得更为便捷。

（3）MSComm 控件的常用属性

1）CommPort 属性。设置并返回通信端口号，设置为 1 即为 COM1 口。**注意：必须在打开端口之前设置 CommPort 属性。**

2）Input。返回并删除接收缓冲区中的数据流。InputLen 属性确定被 Input 属性读取的字符数。

3）InputLen。设置并返回 Input 属性从接收缓冲区读取的字符数。设置 InputLen 为 0，则 Input 属性读取缓冲区中全部的内容。

4）InputMode 属性。设置或返回接收数据的数据类型。设置为 0，以文本方式取回传入的数据；设置为 1，以二进制方式取回传入的数据。

5）Output 属性向发送缓冲区写数据。Output 属性可以传输文本数据或二进制数据。

6）PortOpen 属性设置或返回通信端口的状态。设置为 True 时打开串口，设置为 False 时关闭串口。当应用程序终止时，MSComm 控件自动关闭串行端口。

7）Rthreshold 属性设置并返回要接收的字符数。当接收缓冲区中的字符数大于等于该值时，将产生 OnComm 事件。

8）SThreshold 属性 OnComm 事件发生之前，设置并返回发送缓冲区中允许的最小字符数。

9）Setting 属性以字符串形式设置波特率、奇偶校验、数据位、停止位等串口通信参数。

10）OutBufferSize 属性设置或返回传输缓冲区大小。

11）CommEvent 属性捕捉并检查通信事件和错误的值。

（4）MSComm 控件的事件　根据应用程序的用途和功能，在连接到其他设备过程中，以及接收或发送数据过程中，可能需要监视并响应一些事件和错误。

可以使用 OnComm 事件和 CommEvent 属性捕捉并检查通信事件和错误的值。

CommEvent 属性返回最近的通信事件或错误，该属性在设计时无效，在运行时为只读。

在发生通信事件或错误时，将触发 OnComm 事件，CommEvent 属性的值将被改变。因此，在发生 OnComm 事件的时候，如果有必要，可以检查 CommEvent 属性的值。由于通信（特别是通过电话线的通信）是不可预料的，捕捉这些事件和错误将有助于使应用程序对这些情况作出相应的反应。

MSComm 控件把 17 个事件归并为 1 个事件 OnComm，用属性 CommEvent 的 17 个值来区分不同的触发时机。

通过事件的引发，借由 CommEvent 属性值的数值便可明确了解所发生的错误或事件，而程序中通常就以常数定义作为判断，一旦 OnComm 事件发生，连带地会引入 CommEvent 参数，用户可以在每一个相关的 Case 语句之后编写程序代码来处理特定的错误或事件。

3. 利用 VB 实现数据采集

VB 对于硬件读写、中断控制或 DMA 的控制功能较弱，无法直接实现数据采集功能。另外，Windows 环境下的数据采集开发环境比 DOS 下的数据采集开发环境实现起来要复杂得多，这主要是 Windows 自身分时性及动态内存分配造成。因此通过 VB 实现数据采集，一般需要编写 DLL 和 ActiveX 控件，然后通过 VB 的 API 功能调用和控件调用，实现模拟量输入/输出、数字量输入/输出以及计数等功能。

就 VB 应用来说，一般厂商都为他们的数据采集卡提供了丰富的 DLL 函数和 ActiveX 控件，以灵活的实现各种数据采集功能。因此通过厂商所提供的 DLL 和 ActiveX 控件，我们所写的控制程序代码就经过层层的转译，一直到达 DAQ 卡上的缓存器，而检测程序代码则通过相反的管道将状态返回到我们所写的程序里。

在 VB 的程序中，如果使用 DLL 的方式通信，这些额外的 DLL 必须事先告诉 VB 编译器，以便 VB 知道如何建立和 DLL 的连接管道。通常这些 DLL 被声明在模块中，接着在程序里，当需要调用到某一个厂商提供的函数时，只要输入函数的名称，该函数中所需的参数也会和一般的 VB 函数一样显示出来，供程序员了解情况。通过以上的程序，当我们利用函数库中的函数和 DAQ 卡通信时，完全不必担心中间的流程，操作系统和函数库自然会帮我们作好中介的工作，程序也会按照设计的流程及函数执行。

使用 DLL 编程较灵活，但实现较复杂，尤其是对于中断触发的需求，需要设置多线程同步。使用控件则可以用很少的代码实现软件触发、中断触发和 DMA 的数据采集功能。例如：研华公司为其板卡、模块提供的 ActiveDAQ 控件是一套高效数据采集开发组件，可以方便地应用于 VB、VC ++ 、C、Delphi 以及各种支持 ActiveX 控件的组态软件中，通过控件的属性、事件、方法可以很方便地对控件进行编程，用来开发数据采集的各种功能，包括模拟量输入/输出(软件/中断/DMA)、数字量输入/输出、脉冲输入/输出等。

习题与思考题

1.1 计算机实时控制系统采用的操作系统有什么特点？

1.2 计算机程序设计语言有哪些种类？各有什么特点？

1.3 在工业控制领域采用组态软件有什么意义？

1.4 组态软件的基本构成是什么？有哪些功能？

1.5 工控领域常用的组态软件有哪些？各有什么特点？

1.6 阐述组态软件的产生与发展过程，其发展方向是什么？

1.7 在计算机控制系统中采用数据库的意义是什么？有哪几种数据库类型？

1.8 计算机控制系统中采用的现代软件技术有哪些？

1.9 计算机控制系统开发软件的最新进展是什么？

项目二

PC与PC串口通信

项目背景

目前计算机的串口通信应用十分广泛，串口已成为计算机的必需部件和接口之一。串行接口技术简单成熟，性能可靠，价格低廉，所要求的软硬件环境或条件都很低，广泛应用于计算机控制相关领域，同时也广泛应用于调制解调器(Modem)、串行打印机、各种监控模块、PLC、摄像头云台、数控机床、单片机及相关智能设备。在计算机控制系统中，主控机一般采用工控机，通过串口与监控模块相连，监控模块再连接相应的传感器和执行器，如此形成一个简单的双层结构的计算机监控系统。图2-1所示是一套计算机系统。

图2-1 计算机系统

当两台计算机串口设备通信距离较近时，可以直接连接，最简单的情况，在通信中只需3根线(发送线、接收线、信号地线)便可实现全双工异步串行通信。

本项目通过两台PC串口三线连接，介绍串口通信的基本编程方法。

学习目标

1）认识计算机上的串行接口。

2）掌握PC与PC串口通信的线路连接方法。

3）了解“串口调试助手”程序的使用方法。

4）掌握PC与PC串口通信的Kingview、Visual Basic程序设计方法。

实训用软硬件

1. 设备清单

本项目用到的硬件和软件清单见表2-1。

表2-1 实训用软、硬件清单

序 号	名 称	数 量
1	PC(或IPC,安装Windows XP操作系统)	2
2	串口通信线(三线制)	1

（续）

序　号	名　称	数　量
3	ScomAssistant. exe(“串口调试助手”程序)	1
4	Kingview 6. 5	1
5	Visual Basic 6. 0	1

2. 硬件线路

当2台RS-232串口设备通信距离较近时(<15m)，可以用电缆线直接将2台设备的RS-232端口连接；若通信距离较远(>15m)时，则需附加调制解调器(Modem)。

在RS-232的应用中，很少严格按照RS-232标准。其主要原因是因为许多定义的信号在大多数的应用中并没有用上。在许多应用中，例如Modem，只用了9个信号(2条数据线、6条控制线、1条地线)，在其他一些应用中，可能只需要5个信号(2条数据线、2条握手线、1条地线)，还有一些应用，可能只需要数据线，而不需要握手线，即只需要3个信号线。因为在控制领域，在近距离通信时通常采用RS-232，所以这里只对近距离通信的线路连接进行讨论。

当通信距离较近时，通信双方不需要Modem，可以直接连接，这种情况下，只需使用少数几根信号线。最简单的情况，在通信中根本不需要RS-232的控制联络信号，只需3根线(发送线、接收线、信号地线)便可实现全双工异步串行通信。

在实际使用中常使用串口通信线将2个串口设备连接起来。串口线的制作方法非常简单：准备2个9针的串口接线端子(因为计算机上的串口为公头,因此连接线为母头)，准备3根导线(最好采用3芯屏蔽线)，按图2-2所示将导线焊接到接线端子上。

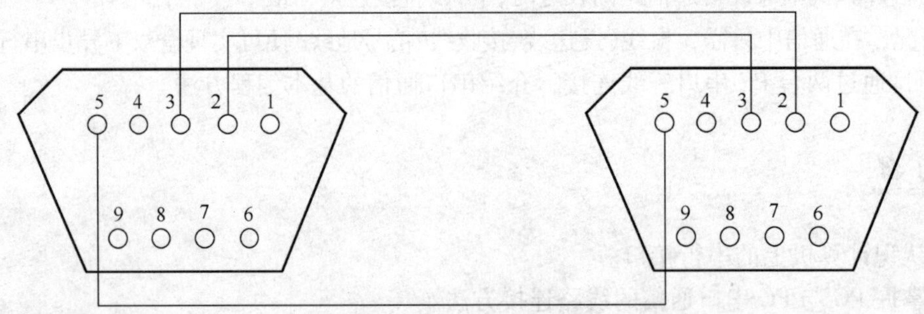

图2-2　串口通信线的制作

图2-2中的2号接收脚与3号发送脚交叉连接是因为在直连方式时，把通信双方都当做

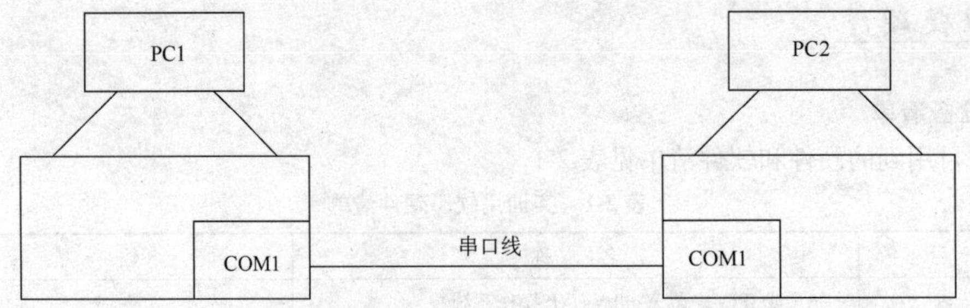

图2-3　PC与PC串口通信线路

数据终端设备看待，双方都可发也可收。在这种方式下，通信双方的任何一方，只要请求发送 RTS 有效和数据终端准备好 DTR 有效就能开始发送和接收。

在计算机通电前，按图 2-3 所示将 2 台 PC 的 COM1 口用串口线连接起来。

注意：连接串口线时，计算机严禁通电，否则极易烧毁串口。

实训任务

1）观察计算机后面板上的串口结构，通过“设备管理器”了解串口信息。

2）通过“串口调试助手”程序在 2 台计算机之间互传数据。

3）分别利用 Kingview 和 Visual Basic 编写程序实现 PC 与 PC 串口通信。任务要求：两台计算机互发字符并自动接收，如一台计算机输入字符串“我是第一组，收到请回话!”，单击“发送字符”命令，另一台计算机若收到，就输入字符串“收到，我是第 2 组!”，单击“发送字符”命令，信息返回到第一组的计算机。

实际上就是编写一个简单的双机聊天程序。

实训操作

一、认识 PC 上的串行接口

1. 观察计算机上串口位置和几何特征

在 PC 主机箱后面板上，有各种各样的接口，其中有两个 9 针的接头区，如图 2-4 所示，这就是 RS-232 串行通信端口。PC 上的串行接口有多个名称：232 口、串口、通信口、COM 口、异步口等。

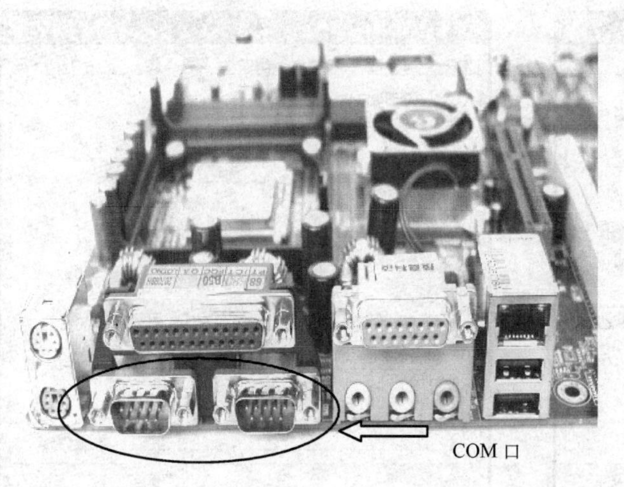

图 2-4 PC 上的串行端口

2. 查看串口设备信息

进入 Windows 操作系统，右键单击“我的电脑”，如图 2-5 所示。在“系统属性”对话框中选择“硬件”项，单击“设备管理器”按钮，出现“设备管理器”对话框。在列表中有端口 COM 和 LPT 设备信息，如图 2-6 所示。

图 2-5 “我的电脑”属性

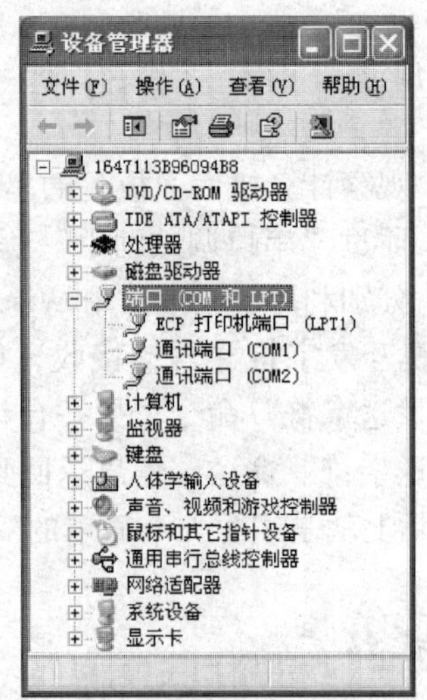

图 2-6 查看串口设备

选择“通讯端口(COM1)”，单击右键，选择“属性”，进入“通讯端口(COM1)属性”对话框，在这里可以查看端口的低级设置，也可查看其资源。

在“端口设置”选项卡中，可以看到默认的波特率和其他设置，如图 2-7 所示，这些设置可以在这里改变，也可以在应用程序中很方便地修改。

在“资源”选项卡中，可以看到，COM1 口的输入/输出范围(03F8 ~ 03FF)和中断请求号(04)，如图 2-8 所示。

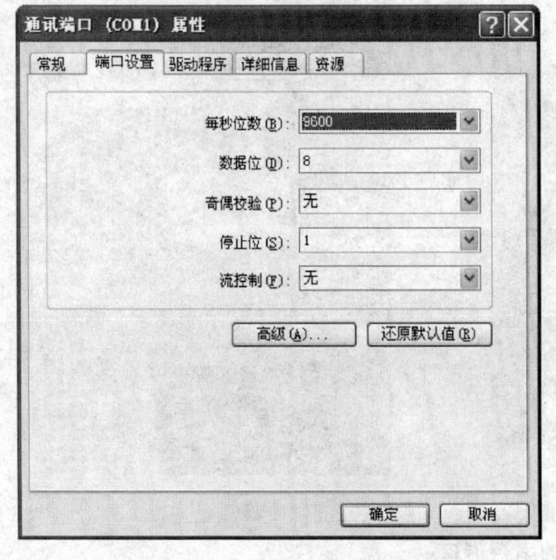

图 2-7 查看端口设置

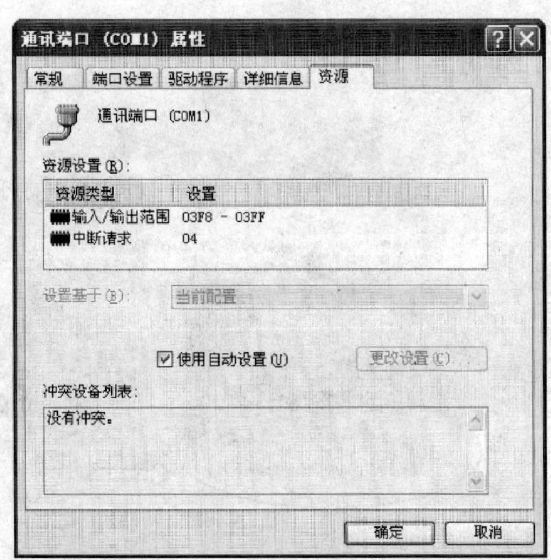

图 2-8 查看端口资源

二、PC与PC串口通信调试

在进行串口开发之前，一般要进行串口调试，经常使用的工具是“串口调试助手”程序。它是一个适用于Windows平台的串口监视、串口调试程序。它可以在线设置各种通信速率、通信端口等参数，既可以发送字符串命令，也可以发送文件，可以设置自动发送/手动发送方式，能以十六进制方式显示接收到的数据等，从而提高串口开发效率。

“串口调试助手”程序是串口开发设计人员必备的调试工具。

运行“串口调试助手”程序，首先设置串口号COM1、波特率4800、校验位NONE、数据位8、停止位1等参数(注意:2台计算机设置的参数必须一致)，单击“打开串口”按钮，如图2-9所示。

在发送数据区输入字符，比如“我是第一组，收到请回话!”，单击“手动发送”按钮，发送区的字符串通过COM1口发送出去；如果联网通信的另一台计算机收到字符，则返回字符串，如“收到，我是第2组!”。如果通信正常，该字符串将显示在接收区中。

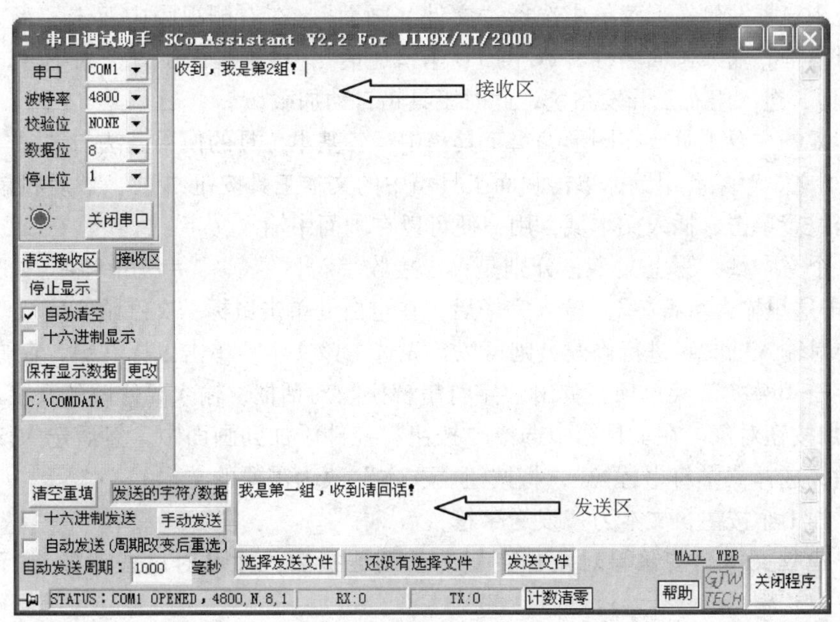

图2-9 “串口调试助手”程序

若选择了“手动发送”，每单击一次可以发送一次，若选中了“自动发送”，则每隔设定的发送周期内发送一次，直到去掉“自动发送”为止。还有一些特殊的字符，如回车换行，则直接敲入回车即可。

三、利用Kingview实现PC与PC串口通信

1. 建立新工程项目

运行组态王程序，出现组态王工程管理器画面。

为建立一个新工程，请执行以下操作。

1）在工程管理器中选择菜单“文件\新建工程”或单击快捷工具栏“新建”按钮，出现“新建工程向导之一——欢迎使用本向导”对话框。

2）单击“下一步”按钮出现“新建工程向导之二——选择工程所在路径”对话框。选择或指定工程所在路径。如果需要更改工程路径，单击“浏览”按钮。如果路径或文件夹不存在，请创建。

3）单击“下一步”按钮出现“新建工程向导之三——工程名称和描述”对话框。

在对话框中输入工程名称：“PC1&PC2”（必需,可以任意指定）；在工程描述中输入：“PC与PC串口通信(可选)”。

4）单击“完成”按钮，新工程建立，单击“是”按钮，确认将新建的工程设为组态王当前工程，此时组态王工程管理器中出现新建的工程。

5）双击新建的工程名，出现加密狗未找到“提示”对话框，选择“忽略”按钮，出现演示方式“提示”对话框，单击“确定”按钮，进入“工程浏览器”对话框。

2. 制作图形画面

在工程浏览器左侧树形菜单中选择“文件\画面”，在右侧视图中双击“新建”，出现画面属性对话框，输入画面名称“PC与PC串口通信”，设置画面位置、大小等，然后单击“确定”按钮，进入组态王开发系统，此时工具箱自动加载。

绘制图素的主要工具放在图形编辑工具箱中，各基本工具的使用方法与“画笔”类似。

1）添加文本对象。用鼠标单击画面工具箱中的文本工具按钮“T”，然后将鼠标移动到画面上适当位置单击，插入文本域，用户便可以在画面中输入文字。

插入4个文本域，写上文字，分别是：“接收字符区:”、“########”、“发送字符区:”、“点击这里输入字符…”。输入完毕后，在空白处单击鼠标，文字输入完成。

若需要对输入的文字进行修改，则可以首先选中该文本，单击鼠标右键，在弹出的菜单中单击“字符串替换”菜单项，弹出“字符串替换”对话框，输入要修改的文字。

2）添加按钮对象。在工具箱中选择“按钮”控件添加到画面中，然后选中该按钮，单击鼠标右键，选择“字符串替换”，将按钮“文本”改为需要的文本。

这里添加1个按钮，文本为“发送字符”。

注意：建立文本、按钮等对象和变量的动画连接后，才可对这些对象进行各种属性设置。

设计的图形画面如图2-10所示。

3. 定义串口设备

在组态王工程浏览器的左侧选择“设备\COM1”，在右侧双击“新建”，运行“设备配置向导”。

选择：智能模块→北京亚控→串口数据发送→串口，如图2-11所示。

1）单击“下一步”按钮，给要安装的设备指定唯一的逻辑名称，如PC1COM。

2）单击“下一步”按钮，选择串口号，如COM1。

3）单击“下一步”按钮，为要安装的设备指定地址，如0。

4）单击“下一步”按钮，不改变通信参数。

5）单击“下一步”按钮，显示所要安装的设备信息总结，请检查各项设置是否正确，确认无误后，单击“完成”按钮。

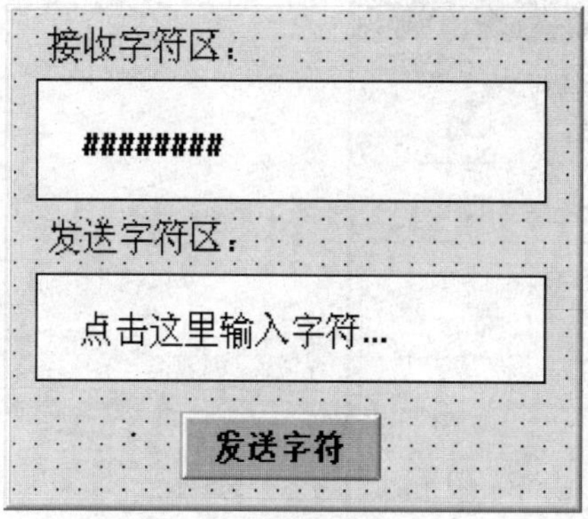

图 2-10　图形画面

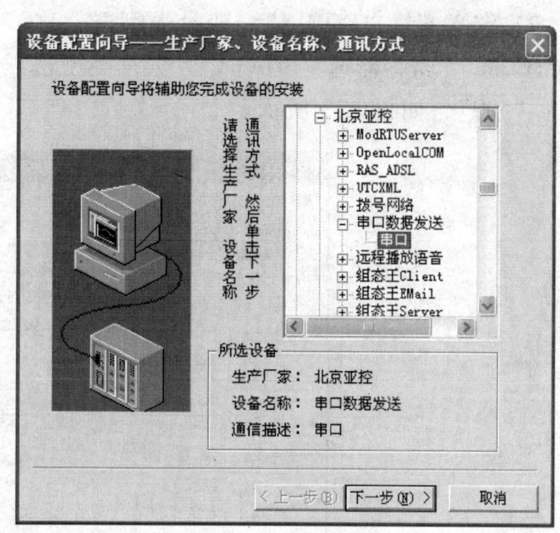

图 2-11　选择串口设备

设备定义完成后，您可以在工程浏览器“设备 \ COM1”的右侧看到逻辑名称为“PC1COM”的串口设备。

4. 定义变量

定义变量在工程浏览器“数据库 \ 数据词典”中进行。

在工程浏览器的左侧树形菜单中选择“数据库 \ 数据词典”，在右侧双击“新建”，弹出“定义变量”对话框。

1）定义变量“COMOUT”。变量类型选“I/O 字符串”，初始值设为“0”，连接设备选“PC1COM”，寄存器选“DSTR”，数据类型选“String”，读写属性选“只写”，采集频率设为“500”，如图 2-12 所示。

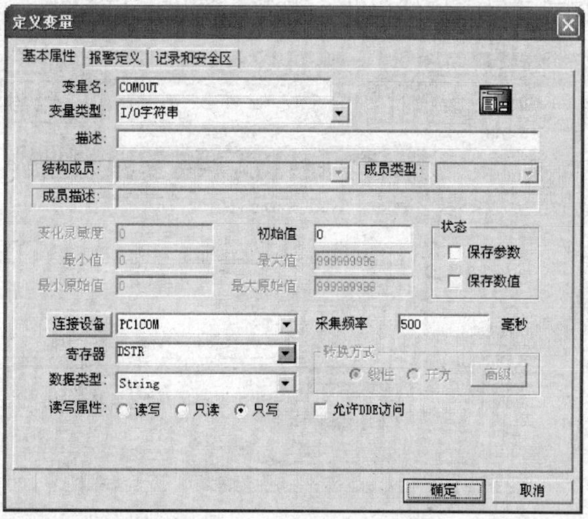

图 2-12　定义变量 COMOUT

定义完成后，单击“确定”按钮，则在数据词典中出现定义好的变量。

2）定义变量“COMIN”。变量类型选“I/O 字符串”，初始值设为“0”，连接设备选“PC1COM”，寄存器选“SDATA”，数据类型选“String”，读写属性选“只读”，采集频率设为“500”，如图 2-13 所示。

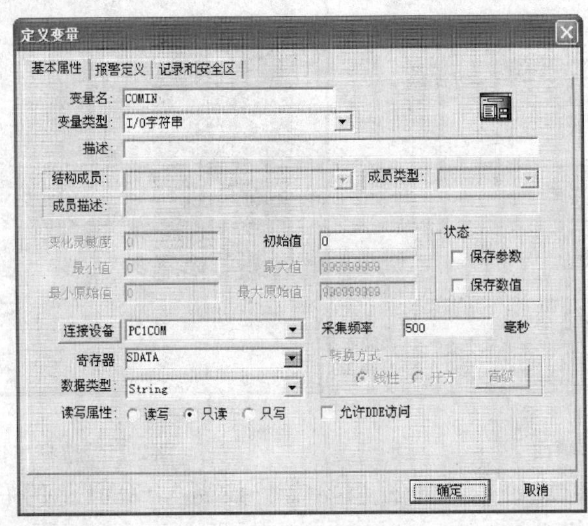

图 2-13 定义变量 COMIN

3）定义变量“OUTString”。变量类型选“内存字符串”，初始值设为“点击这里输入字符…”。

5. 建立动画连接

进入开发系统，双击画面中图形对象，将定义好的变量与相应的对象连接起来。

1）建立文本对象“点击这里输入字符…”的动画连接。双击画面中文本对象“点击这里输入字符…”，出现动画连接对话框，将“字符串输出”属性与变量“OUTString”连接，将“字符串输入”属性与变量“OUTString”连接，如图 2-14 所示。

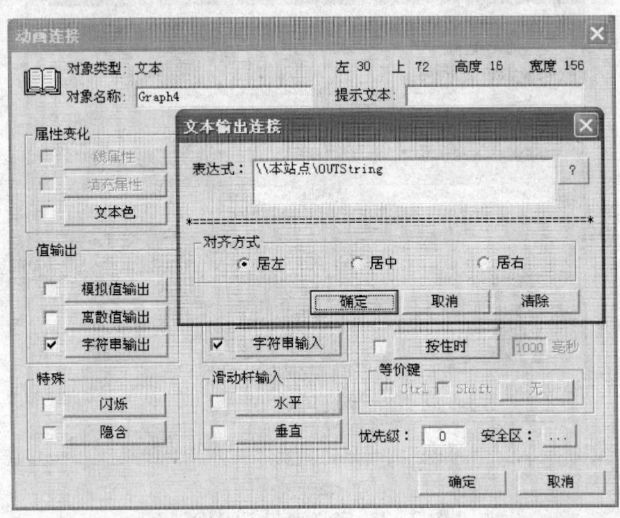

图 2-14 文本对象“点击这里输入字符…”动画连接

2）建立文本对象“########”的动画连接。双击画面中文本对象“########”，出现动画连接对话框，将“字符串输出”属性与变量“COMIN”连接。

3）建立按钮对象“发送字符”的动画连接。双击按钮对象“发送字符”，出现动画连接对话框，如图2-15所示。

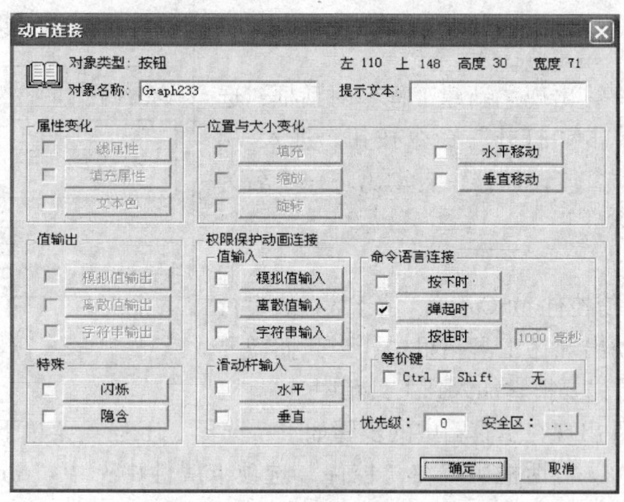

图2-15 “发送字符”按钮的动画连接

选择命令语言连接功能，单击“弹起时”按钮，在“命令语言”编辑栏中输入以下命令：“\\ 本站点 \ COMOUT = \\ 本站点 \ OUTString;”

6. 调试与运行

（1）存储 设计完成后，在开发系统“文件”菜单中执行“全部存”命令将设计的画面和程序全部存储；

注意：在开发系统中，对画面所做的任何改变，必须存储，所做的改变才有效！

（2）配置主画面 在工程浏览器中，单击快捷工具栏上“运行”配置命令按钮，在出现的“运行系统设置”对话框中。进入主画面配置选项，选中制作的图形画面名称“PC与PC串口通信”，如图2-16所示，单击“确定”按钮即将其配置成主画面。

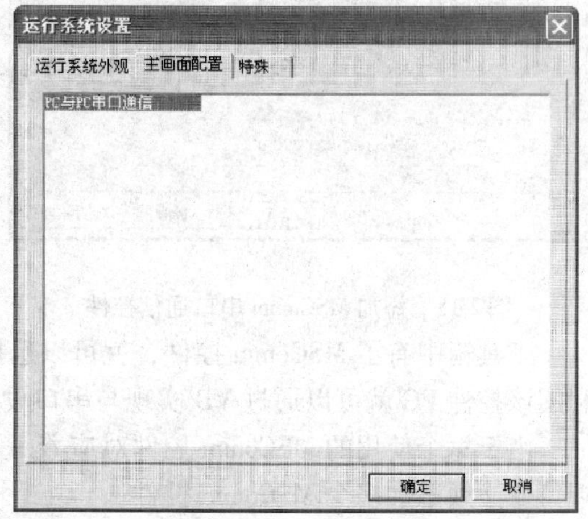

图2-16 配置主画面

（3）运行 在工程浏览器中，单击快捷工具栏上“VIEW”按钮或在开发系统中执行“文件/切换到 view”命令，启动运行系统。注：2台计算机同时运行本程序。

首先在一台计算机程序窗体中发送字符区输入要发送的字符，比如“我是第1组，收到请回话！”，单击“发送字符”按钮，发送区的字符串通过COM1口发送出去。如果联网通信的另一台计算机程序收到字符，则返回字符串，如“收到，我是第2组！”，如果通信正常该字符串将显示在接收区中。

程序运行画面如图 2-17 所示。

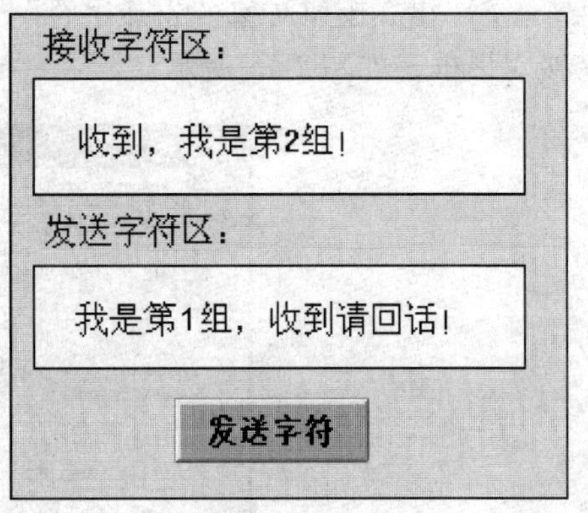

图 2-17 运行画面

四、利用 Visual Basic 实现 PC 与 PC 串口通信

1. 建立新工程

运行 VB6.0 程序，出现“新建工程”对话框，选择“标准 EXE”，单击“打开”命令按钮，进入 VB 工程集成开发环境，窗体设计器中自动出现一个名为“Form1”的空白窗体。

2. 程序界面设计

1）添加串口通信控件 MSComm。由于 VB 的串行通信组件并不会主动出现在工具箱里中，当我们需要 MSComm 控件时，首先要把它加入到工具箱中。

让 MSComm 控件出现在工具箱中的步骤如下：选择“工程”菜单下的“部件…”子菜单，在弹出的“部件”对话框中，在“控件”选项卡属性中选中“Microsoft Comm Control 6.0”复选框，如图 2-18 所示，单击“确定”按钮后，在工具箱中就出现了一个形似“电话”的图标，它就是 MSComm 控件，如图 2-19 所示。

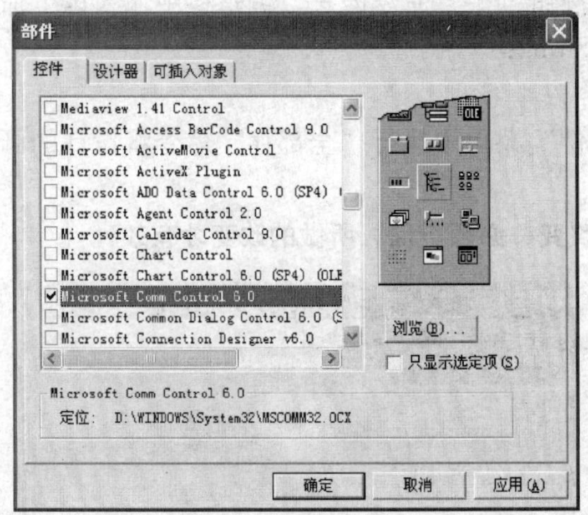

图 2-18 添加 MSComm 串口通信控件

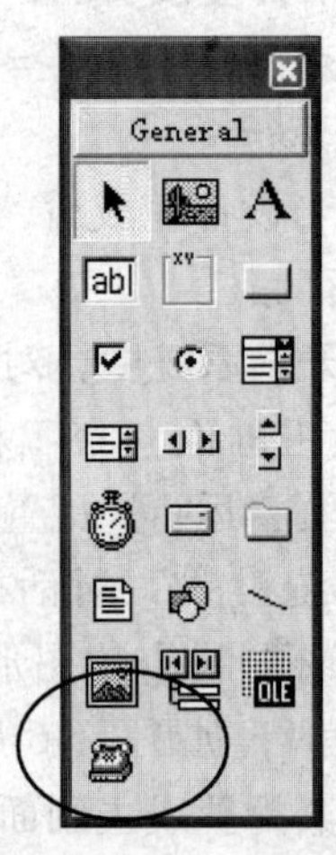

图 2-19 工具箱中的 MSComm 控件

工具箱中有了 MSComm 控件，就可以选择 MSComm 控件的图标后将其加到程序窗体上，利用该控件 PC 就可以通过 VB 实现与串口设备的串口通信了。

由于每个使用的 MSComm 控件对应着一个串行端口，如果应用程序需要访问多个串行端口，必须添加多个 MSComm 控件。

2）为了实现连续的自动接收，将工具箱中的 Timer 控件加到程序窗体上。

3）添加 2 个文本框控件——Text1 和 Text2，用于输入要发送的字符和显示要接收的字符。

4）添加 2 个标签控件——Label1 和 Label2，作为发送和接收字符区的标签。

5）添加 1 个按钮控件——Command1 执行发送字符命令。

3. 属性设置

从属性窗口设置属性时，只需从对象列表框中选择待设置属性的对象，然后从属性列表的左列选择属性，最后在属性列表的右列中输入或选择新的属性值。

程序窗体、控件对象的主要属性设置见表2-2。

表2-2　程序窗体、控件对象的主要属性设置

控件类型	主要属性	功　能
Form	(名称) = COMForm	窗体控件
	BorderStyle = 3	运行时窗体固定大小
	Caption = PC与PC串口通信	窗体标题栏显示程序名称
Label	(名称) = Label1	标签控件
	Caption = 显示接收字符区:	标签文本
Label	(名称) = Label2	标签控件
	Caption = 输入发送字符区:	标签文本
TextBox	(名称) = Textsend	文本框控件
	MultiLine = True	允许多行显示
	ScrollBars = 2 - Vertical	垂直滚动条可用
TextBox	(名称) = TextReceive	文本框控件
	MultiLine = True	允许多行显示
	ScrollBars = 2 - Vertical	垂直滚动条可用
CommandButton	(名称) = Cmdsend	按钮控件
	Caption = 发送字符	手动发送字符
MSComm	(名称) = MSComm1	串口通信控件
	其他属性在程序中设置	
Timer	(名称) = Timer1	时钟控件
	Enabled = True	时钟初始可用
	Interval = 500	设置发送周期(ms)

注：2台计算机中VB程序界面及属性设置应完全相同，尤其MSComm控件的InputMode、Settings属性值应相同。

程序设计界面如图2-20所示。

4. 程序代码设计

在Windows环境下，串口是系统资源的一部分。应用程序要使用串口进行通信，必须在使用之前向操作系统提出资源申请要求(打开串口)，通信完成后必须释放资源(关闭串口)。在Windows的系统函数中，均包含了支持通信中断的功能。

程序要实现自动发送或读取，在VB中有两个方式可以达到，一个是使用计时器控件(Timer)，该控件属性中的Interval可以控制计时器被启动的时间间隔，当时间间隔一到，便会执行原先放在计时器中的程序代码。另外一种则是使用DO…Loop不断地执行程序代码。这两种方式均可被利用来轮询事件是否发生，而当事件发生时，就去执行已设置好的程序代码。

图2-20　程序窗体

设计的参考代码如下：

```
'串口初始化
Private Sub Form _ Load( )
  MSComm1. CommPort = 1                              '设置通信端口号为 COM1
  MSComm1. Settings = "9600,n,8,1"                   '设置串口 1 参数
  MSComm1. InputMode = 0                             '接收文本型数据
  MSComm1. PortOpen = True                           '打开通信端口 1
End Sub
'把字符通过串口发送出去
Private Sub Cmdsend _ Click( )
  MSComm1. Output = Trim( Textsend. Text)             '发送指令
End Sub
'接收字符
Private Sub Timer1 _ Timer( )
  Dim buf $
  buf = Trim( MSComm1. Input)                        '将缓冲区内的数据读入 buf 变量中
  If Len( buf) < >0 Then                             '判断缓冲区内是否存在数据
    TextReceive. Text = TextReceive. Text + buf      '连接字符串
  End If
End Sub
```

5. 运行程序

程序设计、调试完毕，单击工具栏快捷按钮“启动”，运行程序。

注意：2 台计算机同时运行本程序。

首先在一台计算机程序窗体中发送字符区中输入要发送的字符，例如“我是第 1 组，收到请回话!”，单击“发送字符”按钮，发送区的字符串通过 COM1 口发送出去。如果联网通信的另一台计算机相应程序收到字符，则返回字符串，如“收到，我是第 2 组!”，如果通信正常该字符串将显示在接收区中。

程序运行画面如图 2-21 所示。

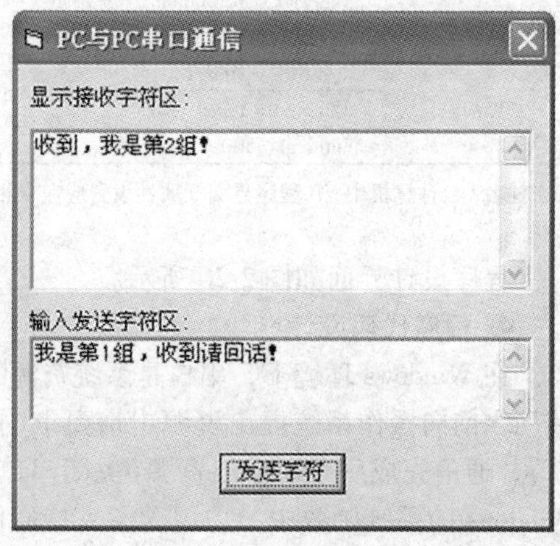

图 2-21 程序运行画面

巩固与提高

1）一台计算机使用串口 1(COM1)，另一台计算机使用串口 2(COM2)，将 2 台计算机通过串口线连接起来，分别使用“串口调试助手”程序和自己编写的程序实现 2 台计算机之间互传数据。

2）如果一台计算机上有 2 个 RS-232 串口，分别使用“串口调试助手”程序和自己编写的程序实现同一台计算机上 2 个串口(COM1 和 COM2)之间互传数据。

3）在接收字符区，当收到信息时，显示收到的日期、时间等信息，不同时间收到的信

息分行显示。

知识链接一　I/O 接口

微机接口技术是采用硬件与软件相结合的方法，使微处理器与外部设备进行最佳的匹配，实现 CPU 与外部设备之间的高效、可靠的信息交换的一门技术。

所谓接口就是微处理器与外部连接的部件，是 CPU 与外部设备进行消息交换的中转站。如：源程序或数据要通过接口从输入设备送入计算机；运算结果要通过接口向输出设备送出；控制命令通过接口发出；现场状态通过接口取进来等。

所谓标准接口，就是指明确定义了几何尺寸、信号功能、信号电平等的接口。有了标准接口，可以使不同类型、不同厂家生产的数据终端和数据通信设备之间方便地进行通信。

接口技术是工业实时控制和数据采集中非常重要的微机应用技术，它可实现 CPU 与存储器、I/O 设备、控制设备、测量设备、通信设备、A/D、D/A 转换器等的信息交换。

1. I/O 设备与 I/O 接口

（1）I/O 设备　外部设备是微机系统的重要组成部分。首先，任何计算机必须有一条接受程序和数据的通道，才能接收外界的信息来进行处理，这就必须有输入设备，如键盘、操纵杆、鼠标器、光笔、触摸屏、扫描仪等。而处理的结果还必须送给要求进行信息处理的人或设备，才能为人或设备所利用，这就必须有输出设备，如 CRT、打印机、绘图仪等。为了将计算机应用于数据采集、参数检测和实时控制等领域，必须向计算机输入反映测控对象状态和变化的信息，经过中央处理器处理后，再向控制对象输出控制信息。这些输入和输出信息的表现形式是千差万别，可能是开关量或数字量，也可能是各种不同性质的模拟量，如温度、湿度、压力、流量、长度、刚度和浓度等等，因此需要把各种传感器和执行机构与微处理器或微机连接起来。所有这些设备统称为外部设备或输入/输出设备，即 I/O 设备。

由于计算机的外围设备品种繁多，几乎都采用了机电传动设备，因此，CPU 在与 I/O 设备进行数据交换时存在以下问题：

1）速度不匹配。I/O 设备的工作速度一般要比 CPU 慢许多，而且由于种类不同，它们之间的速度差异也很大，例如硬盘的传输速度就要比打印机快很多。

2）时序不匹配。各个 I/O 设备都有自己的定时控制电路，以自己的速度传输数据，无法与 CPU 的时序取得统一。

3）信息格式不匹配。不同的 I/O 设备存储和处理信息的格式不同，例如可以分为串行和并行两种；也可以分为二进制格式、ASCII 编码和 BCD 编码等。

4）信息类型不匹配。不同 I/O 设备采用的信号类型不同，有些是数字信号，有些是模拟信号，因此所采用的处理方式也不同。

基于以上原因，I/O 设备一般不和微机内部直接相连，而是必须通过 I/O 接口与微机内部进行信息交换。接口的作用主要就是为了解决计算机与外部设备连接时存在的各种矛盾。

（2）I/O 接口与接口电路　接口技术是把由处理器、存储器等组成的基本系统与外部设备连接起来，从而实现计算机与外部设备通信的一门技术。处理器通过总线与接口电路连接，接口电路再与外部设备连接，因此 CPU 总是通过接口与外部设备发生联系。微机的应用是随着外部设备的不断更新和接口技术的不断发展而深入到各个领域的，因此接口技术是组成任何实用微机系统的关键技术，任何微机应用开发工作都离不开接口的设计、选用和连接。实际上，任何一个微机应用系统的研制和设计，主要就是微机接口的研制和设计，需要设计的硬件是一些接口电路，所要编写的软件是控制这些电路按要求工作的驱动程序。因此，微机接口技术是一种用软件和硬件综合来完成某一特定任务的技术，掌握微机接口技术已成为当代科技和工程技术人员应用微机必不可少的基本技能。

接口可以抽象地定义为一个部件(Unit)或一台设备(Device)与周围环境的理想分界面。这个假设的分界面切断该部件或设备与周围环境的一切联系，当一个组件或设备与外界环境进行任何信息传输时，必须通过这个假想的分界面，我们称这个分界面为接口(Interface)。为了使组件与组件之间以及设备之间进行有效和可靠的信息传输，必须选用和设计合适的接口电路。

接口是计算机系统中一个部件与另一些部件的相互联系，它是系统各部分之间进行信息交换的桥梁。我们知道，在计算机系统内各部件之间或计算机与外设之间，或一般的智能设备与智能设备之间的联系实际上都是部件与总线的联系，这样，接口又可定义为部件(此处部件所指小至单一元件、大至一个智能系统)与某一具体总线之间的一切联系，介于该部件与总线之间为实现这种联系所必需的全部电路称之为接口电路。接口电路的作用就是将来自外部设备的数据信号传送给 CPU，CPU 对数据进行适当的加工后再通过接口传回外部设备，所以接口的基本功能就是控制数据传送。

图 2-22 所示为几种常用接口。其中接口 1 为程序存储器 ROM 接口，接口 2 为数据存储器 RAM 接口，接口 3 为打印机接口，接口 4 为显示器接口，接口 5 为键盘接口，接口 6 为系统间接接口，RS-232C 为通用串行接口。

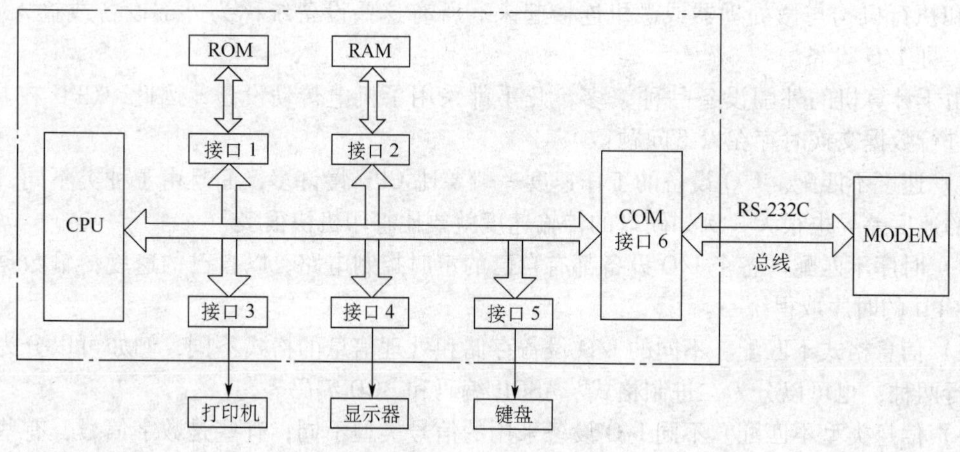

图 2-22　几种常用接口

2. 接口信息与接口地址

（1）接口信息　计算机系统与 I/O 设备之间交换信息通常需要以下一些接口信息。

1）数据信息。在计算机中数据一般有 8 位、16 位、32 位、64 位等，大致可以分为 3 种基本类型：数字量(常见的有键盘、打印机、显示器等)数据、模拟量(如温度、压力、声音等）数据和开关量（如电机起停控制、开关断开与闭合等）数据。计算机与外部设备之间的数据传送主要有并行传送（如打印机等）和串行传送（如键盘、异步通信口等）两种方式。

2）状态信息。状态信息反映了当前外设或接口本身所处的工作状态。计算机在I/O设备通信过程中，外部设备的数据是否准备好，外部设备是否已准备好接收数据等，都要通过一定的数据量来表示，才能实现计算机与外部设备之间的正确“握手”。常见的状态信息有READY、EMPTY、BUSY等。一般来说，不同的外部设备其状态信息的数量和类别有很大的差异。

3）控制信息。控制信息主要是指起动、停止外部设备之类的接口信息。CPU通过发送控制信息控制外设的工作。

数据、状态和控制信息是不同性质的接口信息，一般要用不同的端口地址分别传送，如图2-23所示。

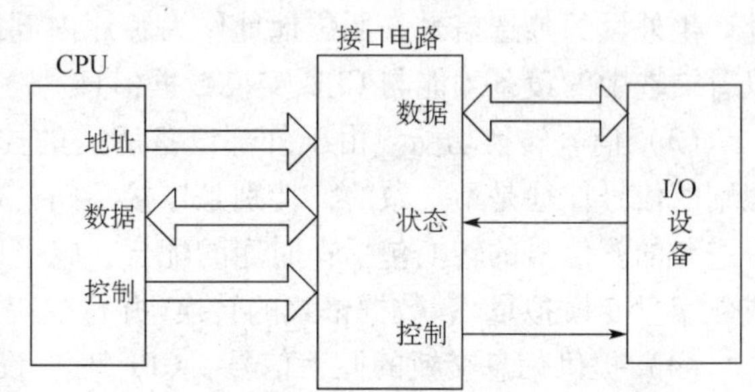

图2-23　接口信息传送端口

（2）接口地址　CPU要和I/O设备进行数据传送，在接口中就必须有一些寄存器或特定的硬件电路供CPU直接存取访问，这就是接口电路。为了区分不同的接口电路，也必须像存储器一样给它们编号，这就是接口电路的地址，这样CPU就可以象访问存储单元一样按地址访问这些接口电路，从而与外设发生联系。一个接口电路中根据需要可能有多个存储器，如数据寄存器、状态寄存器和命令寄存器等，为了区别，也给它们不同的地址，以便CPU能正确地找到它们。为了将这些地址和存储器地址相区别，称它们为接口地址。CPU通过这些地址向接口电路中的寄存器发送命令，读取状态和传送数据。

有时也将上述提到的接口中可被CPU直接访问的一些寄存器称为端口。一个接口常常有几个端口，如数据端口、状态端口、命令端口等，每个端口的地址叫端口地址，如何实现对这些接口地址、端口地址的访问，就是I/O的寻址问题。

在接口电路中，一般一个端口对应一个寄存器，也可以一个端口对应多个寄存器，此时由内部控制逻辑根据程序指定的I/O端口地址和数据标志位选择不同的寄存器进行读/写等操作。因此，CPU在访问这些寄存器时，只需指明它们的端口，不需指出是什么寄存器。我们在输入/输出程序中，也只看到端口，而看不到相应的具体寄存器。也就是说，访问端口就是访问接口电路中的寄存器。这些端口可以是输入端口，也可以是输出端口，还可以是双向端口。端口寄存器或部分端口线与I/O设备直接相连，完成数据、状态及控制信息的交换。这样，I/O操作实质上转化为对I/O端口的操作，即CPU所访问的是与I/O设备相关的端口，而不是I/O设备本身。对I/O端口的访问，则取决于I/O端口的编址方式，即I/O编址。常用的编址方式主要有两种，即I/O端口与存储器统一编址和I/O端口与存储器分开独立编址。

3. I/O接口的功能

接口的基本功能就是根据CPU的要求对外设进行管理与控制，实现信号逻辑及工作时序的转换，保证CPU与外设之间能进行可靠有效的信息交换。

具体来说，接口部件应该具有以下功能：

（1）数据缓冲功能　计算机的工作速度很快，过程通道和外部设备的工作速度相比则是比较慢的，为了避免因速度不一致而丢失数据，需要利用接口电路进行数据缓冲，协调两者的工作。接口电路设置有数据寄存器或者锁存器，以解决高速的主机与低速的外没之间的速度匹配问题。计算机工作时从寄存器取数据，而寄存器数据是由外部电路或计算机定时刷新，所以计算机的工作不受寄存器数据和外部电路影响。

（2）设备选择功能　一个接口往往会连接多个外部设备，而 CPU 在同一时间里只能与一台外设交换信息，因此需要通过接口的地址译码对外设进行寻址。一般来说，通过高位地址产生外设的片选信号，低位地址作为芯片内部寄存器或锁存器寻址，以选定所需的设备，只有被选中的设备才能与 CPU 交换数据信息。

（3）信号转换功能　由于外部设备所需的控制信号和所能提供的状态信号与计算机能识别的信号往往是不一致的，特别是连接不同公司生产的芯片时，进行信号之间的转换是不可避免的。信号的转换包括：时序的配合、电平的转换、信号类型的转换（模拟量变数字量或数字量变模拟量）、数据格式的转换（并行变串行或串行变并行）等。

（4）提供信息交换的握手信号　CPU 对外设的各种命令和数据都是以代码的形式发送到接口电路，再由接口电路解读后，形成一系列控制信号去控制外设。为了 CPU 与外设之间的联络，接口电路要提供寄存器或锁存器“空”、“满”、“准备好”、“忙”、“不忙”等状态信息，以便程序能够了解是否可以发送数据到外设或从外设读取数据。

（5）驱动功能　由于计算机总线的信号驱动能力有限，当要连接多台外部设备时，总线资源可能不够。利用接口电路可以提高总线的负载能力，使一个接口与多台外部设备相连接，充分利用计算机的硬件资源。

（6）中断管理功能　当外部设备需要及时得到计算机的服务时，特别是一些需要与 CPU 随机进行信息交换的外设，就要求接口设备具有中断控制管理功能。此时，接口为计算机（CPU）处理有关中断事务，如提出中断请求，中断优先级排队，提供中断向量等。这样既加快了计算机对外部的响应速度，又使 CPU 与外部设备能并行工作，从而提高了 CPU 的效率。

（7）可编程功能　所谓可编程，即可以用程序来改变接口的工作方式。目前大多数接口芯片是可编程的，这样在不改动硬件电路的情况下通过修改接口驱动程序就可以改变接口的工作方式，从而大大增强了接口的灵活性和适应性，使接口向智能化方向发展。

总之，I/O 接口的功能就是完成数据、地址和控制三总线的转换和连接任务。当然并非所有接口电路都同时具备以上功能，需根据完成的任务而定。

4. 接口的分类

（1）按接口的功能划分

1）人机对话接口。这类接口主要为操作者与计算机之间的信息交换服务，如键盘接口、显示器接口、图形设备接口和语音输入输出接口等。

2）过程控制接口（I/O 接口）。这类接口是为实现对生产过程进行检测与控制的接口。它一般包括传感器接口和控制接口两部分，前者输入各种外界信息，以实现对生产过程的检测，后者输出经计算机处理后的控制信号，以实现对生产过程的控制。所以过程接口是计算机应用于控制系统的关键部分。

3）通用外设接口（标准接口）。这类接口是通用外设（如打印机、磁盘机、绘图仪等）与计算机之间的接口。

图 2-24 是某型号个人计算机的外设接口图。

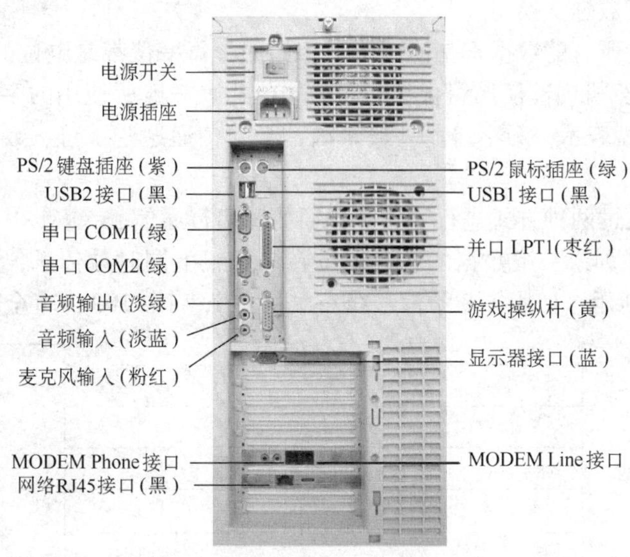

图 2-24 个人计算机的外设接口图

（2）按接口与总线的关系划分 接口是某一部件与总线的联系，它与总线密切相关。

1）元件级接口。元件级接口是计算机系统内部某一具体元件如存储器、定时器、中断控制器等与内部总线之间的联系。元件级接口是接口电路的基本部分，任何接口都必须涉及元件级接口，因为它是实现各种接口电路的基础。元件级接口电路比较简单，特别是现代LSI 接口芯片均与 CPU 兼容，只需外加译码器电路等即可直接与 CPU 相连。

2）插板级接口。插板级接口又称系统内接口，它是系统某一部分与系统内总线之间的一切联系。如键盘接口、显示器接口、打印机接口、磁盘驱动器接口等，这种接口都比较复杂。

3）系统间接口。系统间接口又称通信接口，是计算机系统与另外一系统或智能设备之间的联系，因这种联系不外乎就是数据的通信联系，故常称之为通信接口。数据信息都是通过总线传输的，因此通信接口是一种总线与另一种总线之间的接口，即计算机系统总线与通信总线之间的接口。如 RS-232C 接口、IEEE-488 接口、USB 接口等。

此外，按照信息的流向可以将接口分为输入接口和输出接口，按照接口与外设交换信息的方式可以将接口分为并行接口和串行接口等。

知识链接二 串行通信的基本概念

1. 通信与通信方式

什么是通信？简单地说，通信就是两个人之间的沟通，也可以说是两个设备之间的数据交换。人类之间的通信使用了诸如电话、书信等工具进行，而设备之间的通信则是使用电信号。最常见的信号传递就是使用电压的改变来达到表示不同状态的目的。以计算机为例，高电位代表了一种状态，而低电位代表了另一种状态，在组合了很多电位状态后就形成了两种设备之间的数据交换。

最简单的信息传送方式，应该就是使用一条信号线路来传送电压的变化而达到传送信息的目的，只要准备沟通的双方事先定义好什么样的状态代表什么样的意思，那么通过这一条线就可以让双方进行数据交换。

在计算机内部，所有的数据都是使用位来存储的，每一位都是电位的一个状态(计算机中以0、1表示)。计算机内部使用组合在一起的8位代表一般所使用的字符、数字及一些符号，例如01000001就表示一个字符。一般来说，必须传递这些字符、数字或符号才能算是数据交换。

数据传输可以通过两种方式进行——并行通信和串行通信。

(1) 并行通信　如果一组数据的各数据位在多条线上同时被传送，这种传输被称为并行通信，如图2-25所示，使用了8条信号线一次将一个字符11001101全部传送完毕。

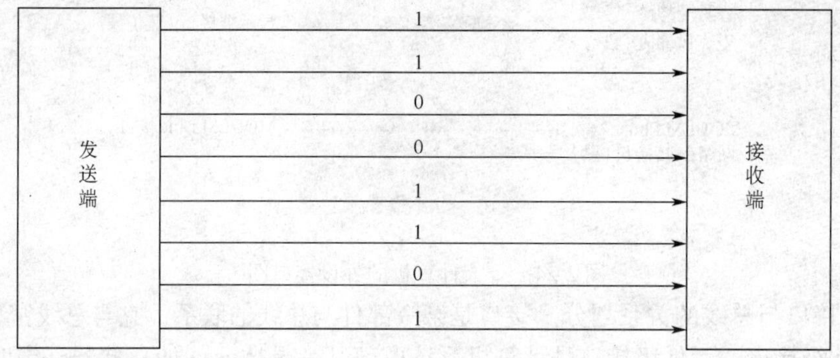

图2-25　并行通信

并行数据传送的特点是：各数据位同时传送，传送速度快、效率高，多用在实时、快速的场合，例如打印机端口就是一个典型的例子。

并行传送的数据宽度可以是1~128位，甚至更宽，但是有多少数据位就需要多少根数据线，因此传送的成本高。在集成电路芯片的内部、同一插件板上各部件之间、同一机箱内各插件板之间的数据传送都是并行的。

并行数据传送只适用于近距离的通信，通常小于30m。

(2) 串行通信　串行通信是指通信的发送方和接收方之间数据信息的传输是在单根数据线上，以每次一个二进制的0、1为最小单位逐位进行传输，如图2-26所示。

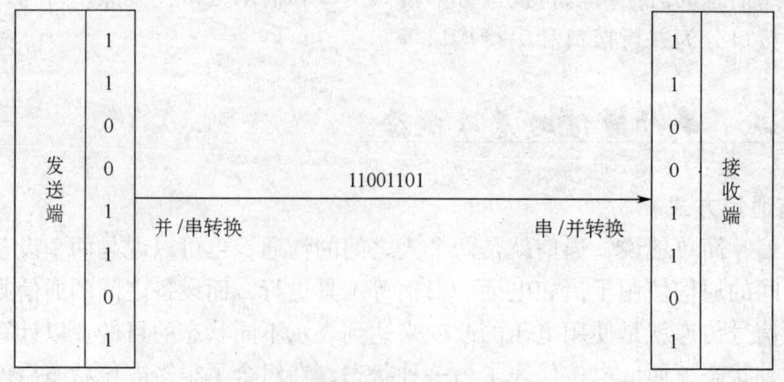

图2-26　串行通信

串行数据传送的特点是：数据传送按位顺序进行，最少只需要一根传输线即可完成，节省传输线。与并行通信相比，串行通信还有较为显著的优点：传输距离长，可以从几米到几千米；在长距离内串行数据传送速率会比并行数据传送速率快；串行通信的通信时钟频率容易提高；串行通信的抗干扰能力很强，其信号间的互相干扰完全可以忽略。但是串行通信传送速度比并行通信慢得多，并行通信时间为T，则串行时间为NT(N为数据宽度)。

正是由于串行通信的接线少、成本低，因此它在数据采集和控制系统中得到了广泛的应用，产品也多种多样。

2. 串行通信的工作模式

通过单线传输信息是串行数据通信的基础。数据通常是在二个站(点对点)之间进行传送，按照数据流的方向可分成三种传送模式：单工、半双工和全双工。

(1) 单工形式　单工形式的数据传送是单向的。通信双方中，一方固定为发送端，另一方则固定为接收端。信息只能沿一个方向传送，使用一根传输线，如图2-27所示。

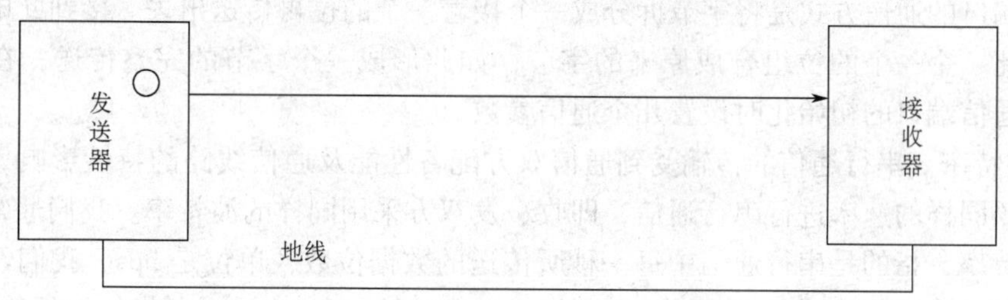

图2-27　单工形式

单工形式一般用在只向一个方向传送数据的场合。例如计算机与打印机之间的通信是单工形式，因为只有计算机向打印机传送数据，而没有反向的数据传送。还有在某些通信信道中，如单工无线发送等。

(2) 半双工形式　半双工通信使用同一根传输线，既可发送数据又可接收数据，但不能同时发送和接收。在任何时刻只能由其中的一方发送数据，另一方接收数据。因此半双工形式既可以使用一条数据线，也可以使用两条数据线，如图2-28所示。

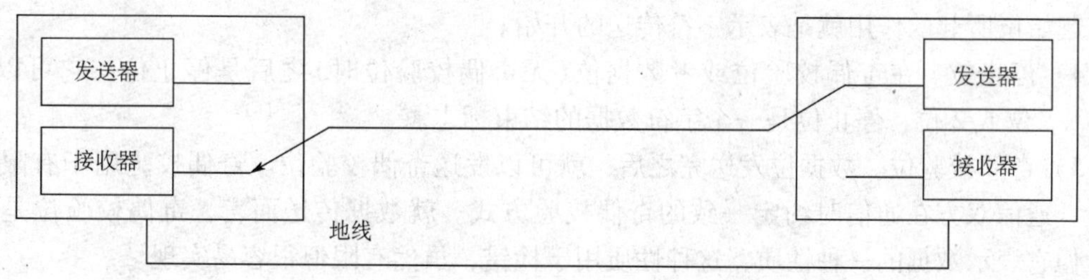

图2-28　半双工形式

半双工通信中每端需有一个收/发切换电子开关，通过开关切换来决定数据向哪个方向传输。因为有切换，所以会产生时间延迟，信息传输效率低一些。但是对于像打印机这样单方向传输的外围设备，用半双工方式就能满足要求了，不必采用全双工方式，可省一根传输线。

(3) 全双工形式　全双工数据通信分别由两根可以在两个不同的站点同时发送和接收

的传输线进行传送，通信双方都能在同一时刻进行发送和接收操作，如图 2-29 所示。

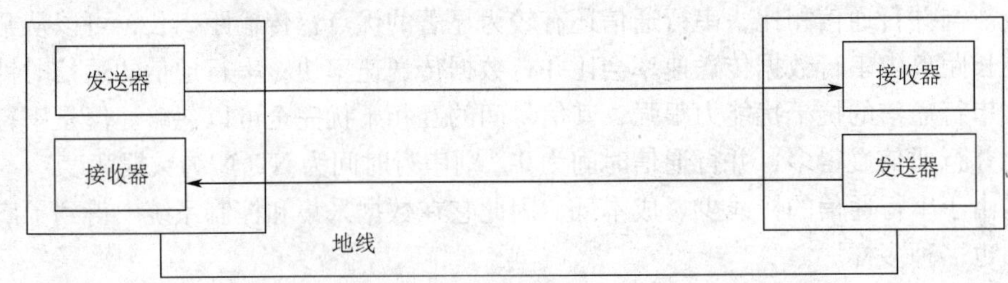

图 2-29　全双工形式

在全双工形式中，每一端都有发送器和接收器，有两条传送线，可在交互式应用和远程控制系统中使用，信息传输效率较高。

3. 串口通信参数

串行端口的通信方式是将字节拆分成一个接着一个的位再传送出去。接到此电位信号的一方再将此一个一个的位组合成原来的字节，如此形成一个字节的完整传送，在数据传送时，应在通信端口的初始化时设置几个通信参数。

1）波特率。串行通信的传输受到通信双方配备性能及通信线路的特性影响，收、发双方必须按照同样的速率进行串行通信，即收、发双方采用同样的波特率。我们通常将传输速度称为波特率，指的是串行通信中每一秒所传送的数据位数，单位是 bps。我们经常可以看到仪器或 Modem 的规格书上都写着 19200bit/s、38400bit/s，……，所指的就是传输速度。

例如：在某异步串行通信中，每传送一个字符需要 8 位，如果采用波特率 4800bit/s 进行传送，则每秒可以传送 600 个字符。

2）数据位。当接收设备收到起始位后，紧接着就会收到数据位，数据位的个数可以是 5、6、7 或 8 位数据。在字符数据传送的过程中，数据位从最低有效位开始传送。

3）起始位。在通信线上，没有数据传送时处于逻辑“1”状态。当发送设备要发送一个字符数据时，首先发出一个逻辑“0”信号，这个逻辑低电平就是起始位。起始位通过通信线传向接收设备，当接收设备检测到这个逻辑低电平后，就开始准备接收数据位信号。因此，起始位所起的作用就是表示字符传送的开始。

4）停止位。在奇偶校验位或者数据位（无奇偶校验位时）之后是停止位。它可以是 1 位、1.5 位或 2 位，停止位是一个字符数据的结束标志。

5）奇偶校验位。数据位发送完之后，就可以发送奇偶校验位。奇偶校验用于有限差错检验，通信双方在通信时约定一致的奇偶校验方式。就数据传送而言，奇偶校验位是冗余位，但它表示数据的一种性质，这种性质用于检错，虽然有限但很容易实现。

知识链接三　RS-232C 接口标准

1. 概述

RS-232C 是美国电子工业协会 EIA（Electronic Industry Association）于 1962 年公布，并于 1969 年修订的串行接口标准。它已经成为国际上通用的标准。

RS-232C 标准（协议）的全称是 EIA-RS-232C 标准，其中 RS（recommended standard）代表

推荐标准，232 是标识号，C 代表 RS-232 的最新一次修改(1969)，它适合于数据传输速率在 0 ~ 20000bit/s 范围内的通信。这个标准对串行通信接口的有关问题，如信号电平、信号线功能、电气特性、机械特性等都作了明确规定。

目前 RS-232C 已成为数据终端设备(Data Terminal Equipment,简称 DTE,如计算机)和数据通信设备(Data Communication Equipment,简称 DCE,如 Modem)的接口标准。

目前 RS-232C 是 PC 与通信工业中应用最广泛的一种串行接口，在 IBM PC 上的 COM1、COM2 接口，就是 RS-232C 接口。

利用 RS-232C 串行通信接口可实现两台个人计算机的点对点的通信；通过 RS-232C 口可与其他外设(如打印机、逻辑分析仪、智能调节仪、PLC 等)近距离串行连接；通过 RS-232C 口连接调制解调器可远距离地与其他计算机通信；将 RS-232C 接口转换为 RS-422 或 RS-485 接口，可实现一台个人计算机与多台现场设备之间的通信。

2. RS-232C 接口连接器

由于 RS-232C 并未定义连接器的物理特性，因此，出现了 DB-25 和 DB-9 各种类型的连接器，其引脚的定义也各不相同。现在计算机上一般只提供 DB-9 连接器，都为公头。相应的连接线上的串口连接器也有公头和母头之分，如图 2-30 所示。

作为多功能 I/O 卡或主板上提供的 COM1 和 COM2 两个串行接口的 DB-9 连接器，它只提供异步通信的 9 个信号针脚，见图 2-31，各针脚的信号功能描述见表 2-3。

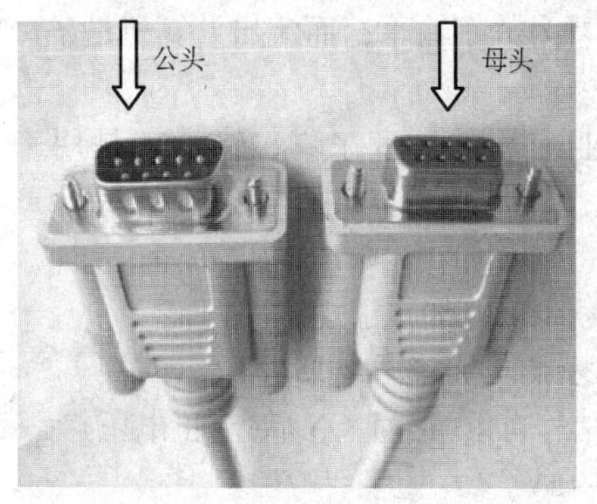

图 2-30 公头与母头串口连接器

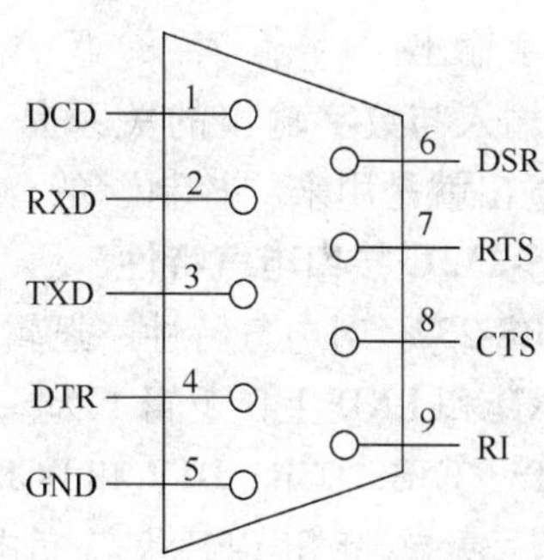

图 2-31 DB-9 串口连接器

表 2-3 9 针串行口的针脚功能

针脚	符号	通信方向	功能
1	DCD	计算机→调制解调器	载波信号检测。用来表示 DCE 已经接收到满足要求的载波信号，已经接通通信链路，告知 DTE 准备接收数据
2	RXD	计算机←调制解调器	接收数据。接收 DCE 发送的串行数据
3	TXD	计算机→调制解调器	发送数据。将串行数据发送到 DCE。在不发送数据时，TXD 保持逻辑“1”
4	DTR	计算机→调制解调器	数据终端准备好。当该信号有效时，表示 DTE 准备发送数据至 DCE，可以使用
5	GND	计算机＝调制解调器	信号地线。为其他信号线提供参考电位

（续）

针　脚	符　号	通信方向	功　能
6	DSR	计算机←调制解调器	数据装置准备好。当该信号有效时，表示 DCE 已经与通信的信道接通，可以使用
7	RTS	计算机→调制解调器	请求发送。该信号用来表示 DTE 请求向 DCE 发送信号。当 DTE 欲发送数据时，将该信号置为有效，向 DCE 提出发送请求
8	CTS	计算机←调制解调器	清除发送。该信号是 DCE 对 RTS 的响应信号。当 DCE 已经准备好接收 DTE 发送的数据时，将该信号置为有效，通知 DTE 可以通过 TXD 发送数据
9	RI	计算机←调制解调器	振铃信号指示。当 Modem（DCE）收到交换台送来的振铃呼叫信号时，该信号被置为有效，通知 DTE 对方已经被呼叫

RS-232C 的每一支脚都有它的作用，也有信号流动的方向。原来的 RS-232C 是设计用来连接调制解调器作传输之用的，因此它的脚位意义通常也和调制解调器传输有关。

从功能来看，全部信号线分为三类，即数据线（TXD、RXD）、地线（GND）和联络控制线（DSR、DTR、RI、DCD、RTS、CTS）。

可以从表 2-3 了解到硬件线路上的方向。另外值得一提的是，如果从计算机的角度来看这些脚位的通信状况的话，流进计算机端的，可以看为数字输入；而流出计算机端的，则可以看为数字输出。

数字输入与数字输出的关系是什么呢？从工业应用的角度来看，输入就是用来“监测”，而输出就是用来“控制”的。

3. RS-232C 接口电气特性

EIA-RS-232C 对电气特性、逻辑电平和各种信号线功能都作了规定。

在 TXD 和 RXD 上：逻辑 1 为 －3V ~ －15V；逻辑 0 为 +3 ~ +15V。

在 RTS、CTS、DSR、DTR 和 DCD 等控制线上：信号有效（接通，ON 状态，正电压）为 +3V ~ +15V；信号无效（断开，OFF 状态，负电压）为 －3V ~ －15V。

以上规定说明了 RS-232C 标准对逻辑电平的定义。

对于数据（信息码）：逻辑“1”的电平低于 －3V，逻辑“0”的电平高于 +3V。

对于控制信号：接通状态（ON）即信号有效的电平高于 +3V，断开状态（OFF）即信号无效的电平低于 －3V，也就是当传输电平的绝对值大于 3V 时，电路可以有效地检查出来，介于 －3 ~ +3V 之间的电压无意义，低于 －15V 或高于 +15V 的电压也认为无意义，因此，实际工作时，应保证电平在 －15 ~ －3V 和 3 ~ 15V 区间之内。

习题与思考题

2.1　为什么计算机控制系统一定要配置 I/O 接口？

2.2　接口的基本结构是什么？各部分的作用是什么？

2.3　计算机控制系统中，I/O 接口的控制方式和实现方式各有哪几种？

2.4　什么是并行通信？什么是串行通信？它们各有什么优缺点？

2.5 异步串行通信接口的基本任务有哪些？

2.6 在实际应用系统中，为什么串行通信比并行通信要多？

2.7 什么是握手信号？实现发送方和接收方的握手有哪几种方式？

2.8 组态王设备管理中的逻辑设备有哪些？各有什么特点？如何使用？

2.9 VB串口通信控件MSComm处理通信的方式有哪两种？在具体编程时如何实现？

2.10 查阅文献资料，详细了解MSComm控件常用属性的使用方法。

项目三

PC 与智能仪器串口通信

项目背景

目前仪器仪表的智能化程度越来越高，大量的智能仪器都配备了 RS-232 通信接口，并提供了相应的通信协议，能够将测试、采集的数据传输给计算机等设备，以便进行大量数据的储存、处理、查询和分析。图 3-1 所示为某型号智能仪器。

图 3-1　某型号智能仪器

通常个人计算机(PC)或工控机(IPC)是智能仪器上位机的最佳选择，因为 PC 或 IPC 不仅能解决智能仪器(作为下位机)所不能解决的问题，如数值运算、曲线显示、数据查询、报表打印等，而且具有丰富和强大的软件开发工具环境。

学习目标

1）掌握 PC 与智能仪器串口通信的线路连接方法。

2）掌握 PC 与智能仪器串口通信的程序设计方法。

实训用软硬件

1. 设备清单

本项目用到的硬件和软件清单见表 3-1。

表 3-1　实训用软硬件清单

序号	名　称	数量
1	PC(或 IPC)	1
2	智能仪器(XMT-3000A 型,需配置 RS-232 通信、上下限控制继电器、DC24V 电源等模块)	1
3	串口通信线(三线制)	1
4	热电阻传感器(Cu50)	1
5	指示灯(DC24V)	2
6	ScomAssistant. exe(“串口调试助手”程序)	1
7	Kingview 6. 5	1
8	Visual Basic 6. 0	1

2. 硬件线路

观察所用计算机主机箱后 RS-232C 串口的数量、位置和几何特征，查看计算机与智能仪器的串口连接线及其端口。

在计算机与智能仪器通电前，按图 3-2 所示将传感器 Cu50、上下限报警指示灯与 XMT-3000A 智能仪器连接。

通过串口线将计算机与智能仪器连接起来：智能仪器的 14 端子(RXD)与计算机串口 COM1 的 3 脚(TXD)相连；智能仪器的 15 端子(TXD)与计算机串口 COM1 的 2 脚(RXD)相连；智能仪器的 16 端子(GND)与计算机串口 COM1 的 5 脚(GND)相连。

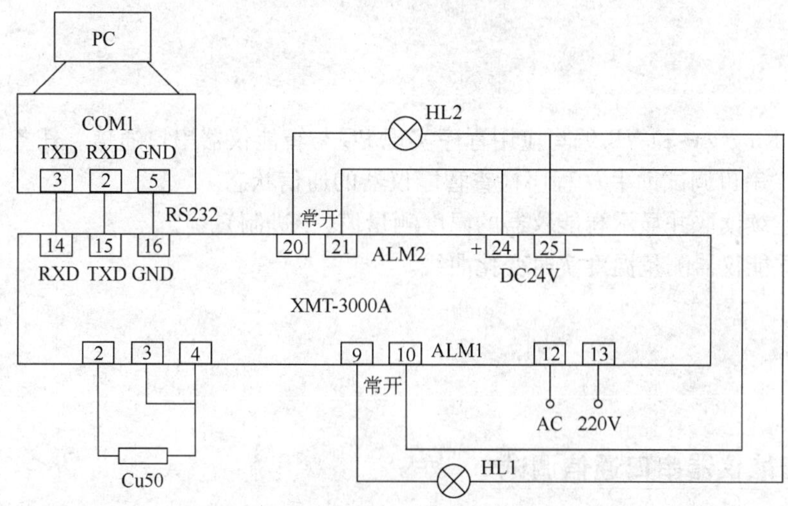

图 3-2 PC 与智能仪器串口通信线路

XMT-3000A 智能仪器有多种输入功能，一台仪表可以接热电偶(K、S、Wr、E、J、T、B、N)、热电阻(Pt100、Cu50)、电压(0～5V、1～5V)、电流(0～10mA、3～20mA)等不同的输入信号。XMT-3000A 智能仪器接热电阻输入时，采用三线制接线，消除了引线带来的误差；接热电偶输入时，仪表内部带有冷端补偿部件；接电压/电流输入时，对应显示的物理量程可任意设定。

特别注意：连接仪器与计算机串口线时，仪器与计算机严禁通电，否则极易烧毁串口。

3. XMT-3000A 智能仪器的参数设置

XMT-3000A 智能仪器在使用前应对其输入/输出参数进行正确设置，设置好的仪器才能投入正常使用。正确设置仪器参数后，仪器 PV 窗显示当前温度测量值。

请按表 3-2 设置仪器的主要参数。

表 3-2 仪器的主要参数设置

参 数	参 数 含 义	设 置 值
HiAL	上限绝对值报警值	30
LoAL	下限绝对值报警值	20
Sn	输入规格	20
diP	小数点位置	1
ALP	仪器功能定义	10
Addr	通信地址	2
bAud	通信波特率	4800

4. 温度测量与控制

1）正确设置仪器参数后，仪器 PV 窗显示当前温度测量值。

2）给传感器升温，当温度测量值大于上限报警值 30℃时，上限指示灯 HL2 亮，仪器 SV 窗显示上限报警信息。

3）给传感器降温，当温度测量值小于上限报警值 30℃，且大于下限报警值 20℃时，上限指示灯 HL2 和下限指示灯 HL1 均灭。

4）给传感器继续降温，当温度测量值小于下限报警值 20℃时，下限指示灯 HL1 亮，仪器 SV 窗下限报警信息。

实训任务

分别利用 Kingview 和 VB 编写应用程序实现 PC 与智能仪器串口通信。任务要求：

1）使用“串口调试助手”程序检查智能仪器的通信状态。

2）自动连续读取并显示智能仪器的温度测量值(十进制)。

3）显示智能仪器测量温度实时变化曲线。

实训操作

一、PC 与智能仪器串口通信调试

1. XMT-3000A 智能仪器的通信协议

在进行编程之前，首先必须了解 XMT-3000A 智能仪器的通信协议。请仔细阅读和领会。

XMT-3000A 智能仪器使用异步串行通信接口，共有两种通信方式：RS-232 和 RS-485。接口电平符合 RS-232C 或 RS-485 标准中的规定。数据格式为 1 个起始位，8 位数据，无校验位，2 个停止位。通信传输数据的波特率可调为 300～4800bit/s。

XMT 仪表采用多机通信协议，如果采用 RS-485 通信接口，则可将 1～64 台的仪表同时连接在一个通信接口上；若采用 RS-232C 通信接口时，一个通信接口只能连接 1 台仪表。

RS-485 接口通信距离长达 1km 以上，优于 RS-232C 通信接口。RS-485 只需两根线就能使多台 XMT 仪表与计算机进行通信。由于通信协议的限制，XMT 只能工作在半双工模式，所以 XMT 仪表推荐使用 RS-485 接口，以简化通信线路接线。

为使普通个人计算机作为上位机，可使用 RS-232C/RS-485 型通信接口转换器，将计算机上的 RS-232C 通信口转为 RS-485 通信口。

XMT 仪表采用十六进制数据格式表示各种指令代码及数据。

通信指令只有 2 条，1 条为读指令，1 条为写指令。

读指令格式为：地址代号 +52H + 参数代号。

返回：依次返回为测量值 PV、给定值 SV、输出值 MV + 报警状态、所读参数值。

写指令格式：地址指令 +43H + 参数代号 + 写入值的低位字节 + 写入值的高位字节。

返回：测量值 PV、给定值 SV、输出值 MV + 报警状态、被写入的参数值。

地址代号：为了在 1 个通信接口上连接多台 XMT 仪表，需要给每台 XMT 仪表编 1 个互不相同的代号，这一代号在本文约定称为通信地址代号(简称地址代号)。XMT 有效的地址为 0 ~ 63。所以 1 条通信线路上最多可连接 64 台 XMT 仪表。仪表的地址代号由参数 Addr 决定。

XMT 仪表通信协议规定，地址代号为两个字节，其数值范围(十六进制)是 80 ~ BFH，两个字节必须相同，数值为：仪表地址 + 80H。例如，仪表参数 Addr = 5(十六进制数为 05H)，(05 + 80)H = 85H，则该仪表的地址表示为：85H。

参数代号：仪表的参数用 1 个十六进制数的参数代号来表示。它在指令中表示要读/写的参数名。表 3-3 列出了 XMT 仪表可读/写的参数代号(部分)。

表 3-3　XMT 仪表可读/写的参数代号表

参数代号	参数名	含义	参数代号	参数名	含义
00H	SV	给定值	0BH	Sn	输入规格
01H	HIAL	上限报警值	0CH	dIP	小数点位置
02H	LoAL	下限报警值	0DH	dIL	下限显示值
03H	dHAL	正偏差报警	0EH	dIH	上限显示值
04H	dLAL	负偏差报警	15H	baud	通信波特率
05H	dF	回差	16H	Addr	通信地址
06H	CtrL	控制方式	17H	dL	数字滤波

返回的测量值数据每 2 个 8 位数据代表一个 16 位整形数，低位字节在前，高位字节在后，负温度值采用补码表示，热电偶或热电阻输入时其单位都是 0.1℃，回送的十六进制数据(2 个字节)先转换为十进制数据，然后将十进制数据除以 10 再显示出来。

上位机每次向仪表发一个指令，仪表返回一个数据。编写上位机软件时，注意每条有效指令，仪表在 0 ~ 0.36s 内作出应答，而上位机也必须等仪表返回指令后，才能发新的指令，否则将引起错误。

2. 使用“串口调试助手”程序发送指令和接收数据

打开“串口调试助手”程序，首先设置串口号 COM1、波特率 4800、校验位 NONE、数据位 8、停止位 2 等参数(注意:设置的参数必须与智能仪器设置的一致)，选择十六进制显示和十六进制发送方式，打开串口，如图 3-3 所示。

在“发送的字符/数据”文本框中输入读指令：“82 82 52 0C”，单击“手动发送”按钮，则 PC 向智能仪器发送一条指令，仪器返回一串数据，如：“3D 01 E7 03 64 00 01 00”，该串数据在返回信息框内显示(瞬时温度不同,返回数据不同)。

根据仪器返回数据，可知仪器的当前温度测量值为：“013D”（十六进制,低位字节在前,高位字节在后），十进制为________℃（请尝试转换）?

3. 使用“计算器”程序进行数制转换

打开 Windows 附件中“计算器”程序，在“查看”菜单下选择“科学型”。

选择“十六进制”，输入仪器当前温度测量值：“013D”（十六进制,0 在最前面不显示），如图 3-4 所示。

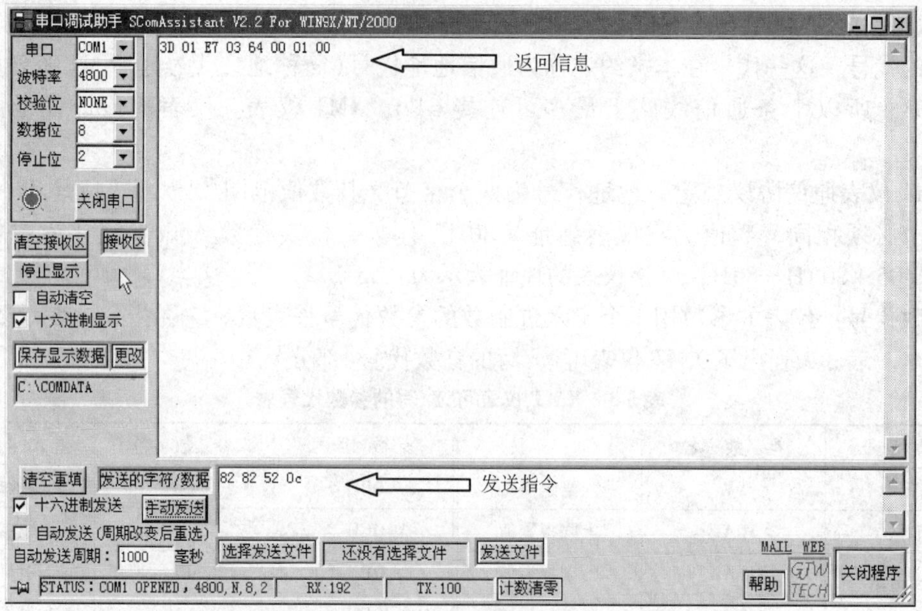

图 3-3　串口调试助手

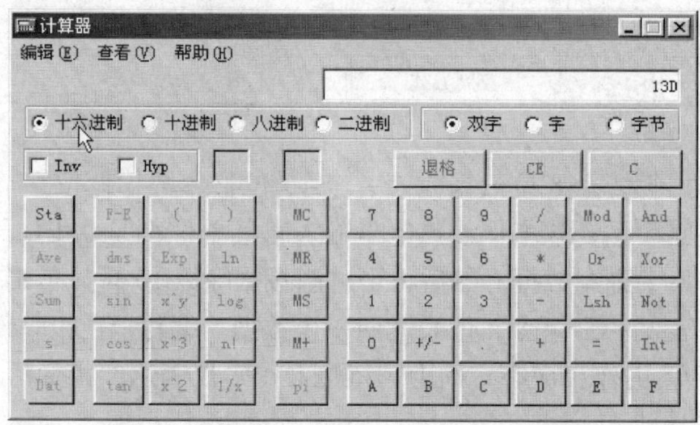

图 3-4　在“计算器”中输入十六进制数

单击“十进制”选项，则十六进制数“013D”转换为十进制数：“317”，如图 3-5 所

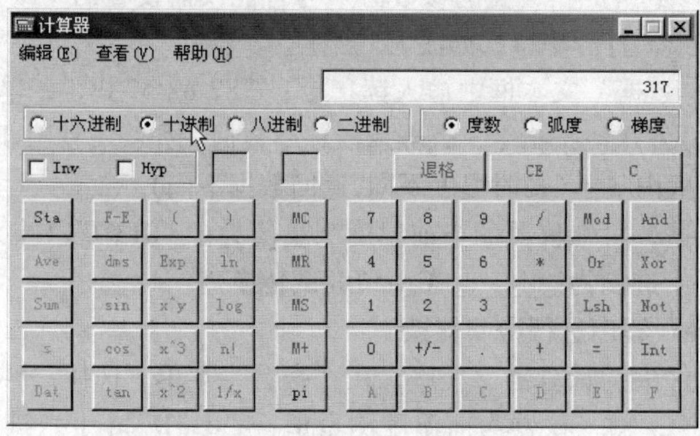

图 3-5　十六进制数转十进制数

示。仪器的当前温度测量值为："31.7"℃(十进制)。为什么？（参阅上述的通信协议）

二、利用 Kingview 实现 PC 与智能仪器串口通信

1. 建立新工程项目

运行组态王程序，在工程管理器中创建新的工程项目。

工程名称："XMT3000A"（必需,任意）；工程描述："组态王与智能仪器串口通信"(可选)。

2. 制作图形画面

在工程浏览器左侧树形菜单中选择"文件/画面"，在右侧视图中双击"新建"，出现画面属性对话框，输入画面名称"PC 与智能仪器串口通信"，设置画面位置、大小等，然后单击"确定"按钮，进入组态王开发系统。

1）为图形画面添加 1 个仪表对象：在开发系统中执行菜单"图库/打开图库"命令，进入图库管理器，选择"仪表"库中的一个图形对象。

2）通过工具箱为图形画面添加 1 个"实时趋势曲线"控件。

3）在工具箱中选择"按钮"控件添加到画面中，然后选中该按钮，单击鼠标右键，选择"字符串替换"，将按钮"文本"改为"关闭"。

注意：建立仪表、文本、按钮等对象和变量的动画连接后，才可对这些对象进行各种属性设置。

设计的图形画面如图 3-6 所示。

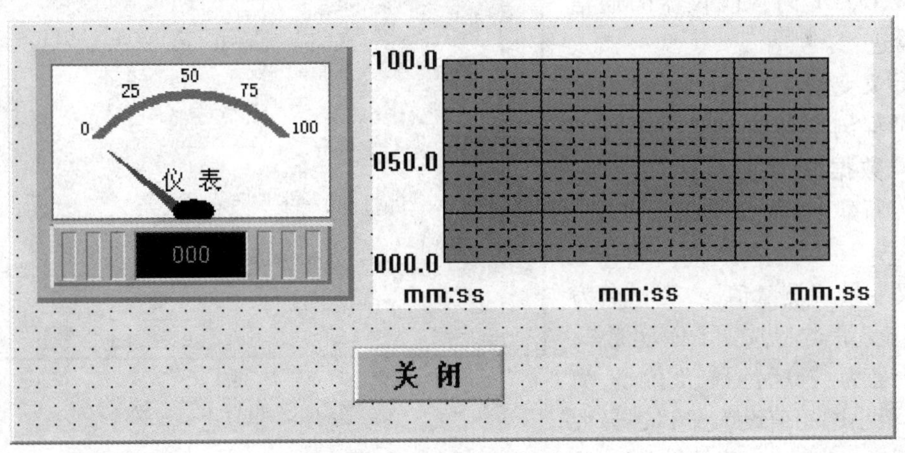

图 3-6　图形画面

3. 定义串口设备

（1）添加设备　在组态王工程浏览器的左侧选择"设备 \ COM1"，在右侧双击"新建"，运行"设备配置向导"。

选择：智能仪表→南京朝阳→XMT3000→串行，如图 3-7 所示。

1）单击"下一步"按钮，给要安装的设备指定唯一的逻辑名称，如："XMT3000"（若定义多个串口设备,该名称不能重复）。

2）单击“下一步”按钮，选择串口号，如：“COM1”（需与PC上使用的串口号一致）。

3）单击“下一步”按钮，为要安装的智能仪器指定地址，如：“2”（必须与智能仪器内部设定的Addr参数一致,若定义多个串口设备,该值不能重复）。

4）单击“下一步”按钮，不改变通信参数。

5）单击“下一步”按钮，显示所要安装的设备信息总结，请检查各项设置是否正确，确认无误后，单击“完成”。

设备定义完成后，您可以在工程浏览器“设备 \ COM1”的右侧看到新建的串口设备“XMT3000”。

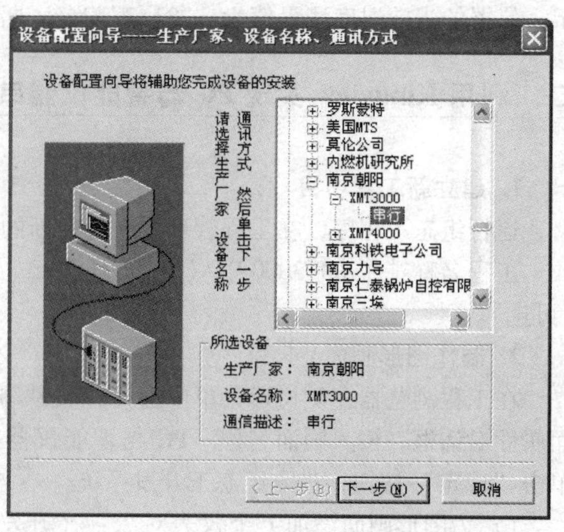

图3-7 选择串口设备

（2）设置串口通信参数 双击“设备 \ COM1”，弹出设置串口对话框，设置串口COM1的通信参数。波特率：“4800”；奇偶校验：“无校验”；数据位：“8”；停止位：“2”；通信方式：“RS232”，如图3-8所示。

设置完毕，单击“确定”按钮，这就完成了对COM1的通信参数配置，保证COM1同智能仪器的通信能够正常进行。

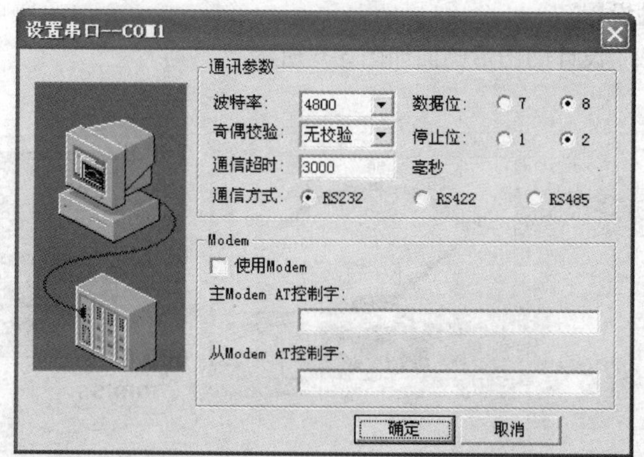

图3-8 设置串口参数

4. 定义变量

在工程浏览器的左侧树形菜单中选择“数据库/数据词典”，在右侧双击“新建”，弹出“定义变量”对话框。

定义变量“测量值”：变量名为测量值，变量类型选“I/O实数”，最小值设为“0”，最大值设为“100”，最小原始值设为“0”，最大原始值设为“1000”，连接设备选“XMT3000”，寄存器选“PV”，数据类型选“FLOAT”，读写属性选“只读”，采集频率设为“500”，如图3-9所示。

5. 建立动画连接

“动画连接”就是建立画面的图素与数据库变量的对应关系。这样，工业现场的数据如温度发生变化时，通过驱动程序，将引起实时数据库中变量的变化，如果画面上有一个图素，比如指针，你规定了它的偏转角度与这个变量相关，你就会看到指针随工业现场数据的变化量同步偏转。

进入开发系统，双击画面中图形对象，将定义好的变量与相应对象连接起来。

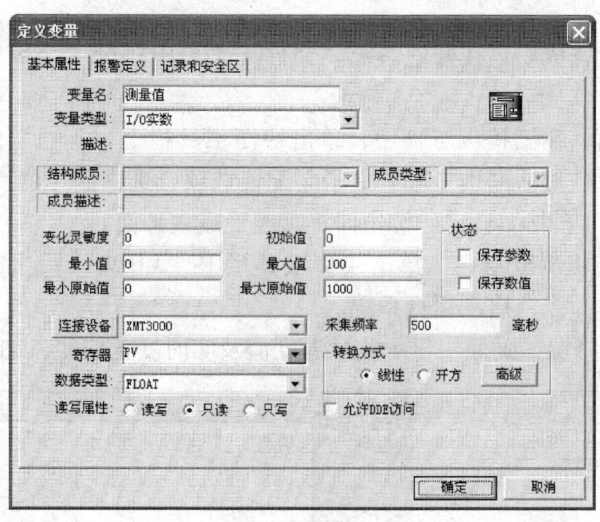

图 3-9 定义变量“测量值”

1）建立仪表对象的动画连接。双击画面中仪表对象，弹出“仪表向导”对话框，单击变量名文本框右边的“?”按钮，选择已定义好的变量名“测量值”，单击“确定”按钮，仪表向导变量名文本框中出现“\\本站点\\测量值”表达式，如图 3-10 所示。

2）建立实时趋势曲线对象的动画连接。双击画面中实时趋势曲线对象，出现动画连接对话框。在曲线定义选项中，单击曲线 1 表达式文本框右边的“?”按钮，选择已定义好的变量“测量值”，并设置其他参数值，如图 3-11 所示。

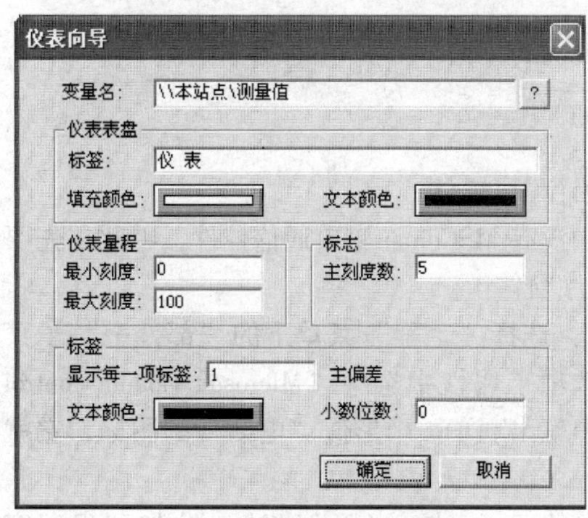

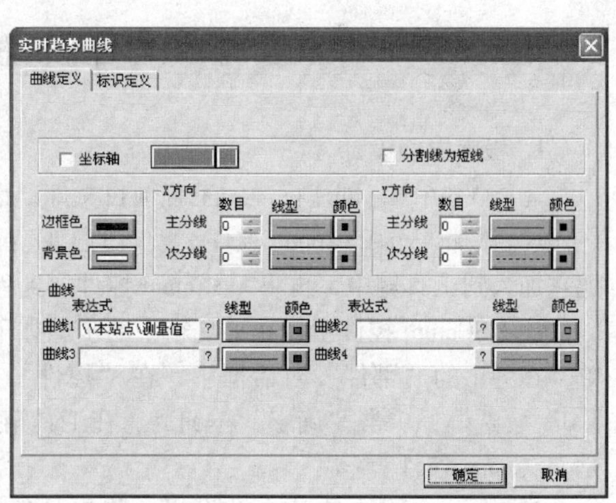

图 3-10 仪表对象动画连接

图 3-11 实时趋势曲线对象动画连接

进入标识定义选项，设置数值轴标识数目为“5”，时间轴标识数目为 5，格式为分、秒，更新频率为“1”秒，时间长度为 5 分。

3）建立按钮对象的动画连接。双击按钮对象“关闭”，出现动画连接对话框。选择“命令语言连接”功能，单击“弹起时”按钮，在“命令语言”编辑栏中输入以下命令：“exit(0);”。

6. 调试与运行

（1）存储 设计完成后，在开发系统“文件”菜单中执行“全部存”命令将设计的画面和程序全部存储；

（2）配置主画面 在工程浏览器中，单击快捷工具栏上“运行”配置命令按钮，在出现的“运行系统设置”对话框中，进入主画面配置选项，选中制作的图形画面名称“PC与智能仪器串口通信”，单击“确定”按钮即将其配置成主画面。

（3）运行 在工程浏览器中，单击快捷工具栏上“VIEW”按钮或在开发系统中执行“文件/切换到 view”命令，启动运行系统。

给传感器升温或降温，画面中显示测量温度值及实时变化曲线，如图 3-12 所示。

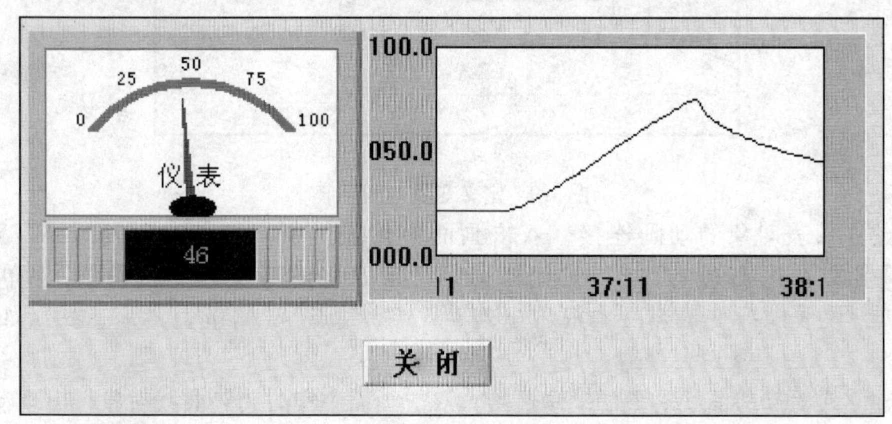

图 3-12 运行画面

三、利用 Visual Basic 实现 PC 与智能仪器串口通信

1. 程序界面设计

运行 VB 6.0，创建标准的工程项目文件，设计程序窗体。

1）添加 1 个 MSComm 控件。默认的工具箱中没有 MSComm 串口通信控件，因此首先要把它加入到工具箱中，再将 MSComm 控件加到程序窗体上。

让 MSComm 控件出现在工具箱中的步骤如下：选择“工程”菜单下的“部件…”子菜单，在弹出的“部件”对话框中，在“控件”选项卡属性中选中“Microsoft Comm Control 6.0”复选框，单击“确定”按钮后，在工具箱中就出现了一个形似“电话”的图标，它就是 MSComm 控件。

2）为了实现连续的自动发送，将工具箱中的 Timer 控件（形似“钟表”）加到程序窗体上。

3）为了绘制温度变化曲线，添加 1 个图形控件 PictureBox。

4）添加其他控件：1 个文本控件 TextBox，2 个标签控件 Label，1 个按钮控件 CommandButton。

设计的程序窗体界面如图 3-13 所示。

2. 属性设置

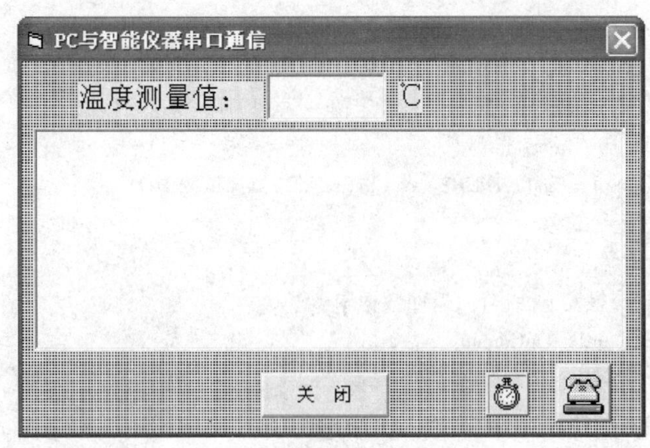

图 3-13　程序窗体界面

程序窗体、控件对象的主要属性设置见表 3-4。

表 3-4　程序窗体、控件对象的主要属性设置

控件类型	名　称	主要属性	功　能
Form	frmMain	BorderStyle = 3	运行时窗体固定大小
		Caption = PC 与智能仪器串口通信	窗体标题栏显示程序名称
Picture	Picture1	BackColor 设为白色	绘制曲线
Label	Label1	Caption = 温度测量值:	标签
Label	Label2	Caption = ℃	标签
TextBox	TempText	Text 为空	当前温度值显示框
CommandButton	Cmdquit	Caption = 关闭	关闭程序命令
MSComm	MSComm1	在程序中设置	串口参数设置
Timer	Timer1	Interval = 1000	设置发送周期(毫秒)

3. 编写程序代码

以下是 PC 与智能仪器串口通信的参考程序。

```
'定义窗体级变量
'在显示、绘图等过程中使用
Dim datatemp(1000) As Single                    '用于存储温度采样值
Dim num As Integer                              '用于存储采样值个数
'串口初始化
'在窗体的 Load 事件中加入下列代码对串口进行初始化:
Private Sub Form_Load()
  MSComm1.CommPort = 1                          '设置通信端口号为 COM1
  MSComm1.InputMode = 1                         '接收二进制型数据
  MSComm1.RThreshold = 1                        '设置并返回要接收的字符数
  MSComm1.SThreshold = 1                        '设置并返回发送缓冲区中允许的最小字符数
  MSComm1.Settings = "4800,n,8,2"               '设置串口 1 通信参数
  MSComm1.PortOpen = True                       '打开通信端口 1
End Sub
'每隔 500ms 向仪表发送读数据命令串
```

```
'每台仪表有一个仪表号,PC 通过仪表号来识别网上的多台仪表
'向智能仪器发送指令 82 82 52 0C
'程序中仪表号(即地址代号)要与仪表设定值一致,否则不能返回数据。
Private Sub Timer1 _ Timer( )
  MSComm1. Output = Chr( &H8282) & Chr( &H52) & Chr( &HC)
End Sub
'获取温度测量值并显示
'每发送一次指令,触发下面事件,返回数据串
Private Sub MSComm1 _ OnComm( )
  Dim Inbyte( ) As Byte
  Dim buffer As String
  Select Case MSComm1. CommEvent
    Case comEvReceive
      Inbyte = MSComm1. Input                              '读取仪表返回数据串
      For i = LBound( Inbyte) To UBound( Inbyte)
        buffer = buffer + Hex( Inbyte( i) ) + Chr(32)      '智能仪器返回的数据串(十六进制)
      Next i
    Case comEvSend
  End Select
  '获取十进制测量数据
If Len( Trim( Mid( buffer,1,2) ) ) = 1 Then
  datatemp( num) = Val( "&H" & Mid( buffer, 3, 2)&Str( "0" ) & Mid( buffer, 1, 2) ) * 0. 1
Else
  datatemp( num) = Val( "&H" & Mid( buffer, 3, 2)& Mid( buffer, 1, 2) ) * 0. 1
End If
' 显示测量温度值
  If datatemp( num) < >0 Then
    TempText = Format $( datatemp( num) , "0. 0" )         '10 进制显示,保留一位小数
    num = num + 1                                          '测量温度值个数
    Call draw                                              '调用绘制曲线程序
  End If
End Sub
'绘制温度实时变化曲线
Private Sub draw( )
  Picture1. Cls                                            '清除曲线
  Picture1. DrawWidth = 1                                  '线条宽度
  Picture1. BackColor = QBColor( 15)                       '背景白色
  Picture1. Scale (0, 100) - (200,0)                       '绘制曲线的坐标系
  For i = 1 To num - 1
    X1 = ( i - 1) : Y1 = datatemp( i - 1)                  '坐标值( x1 , y1 )
    X2 = i: Y2 = datatemp( i)                              '坐标值( x2 ,y2)
    Picture1. Line( X1, Y1) - ( X2, Y2) ,QBColor( 0)       '连线( x1 ,y1 )和( x2 ,y2) ,黑色
  Next i
```

```
End Sub
'退出程序,关闭串行口
Private Sub Cmdquit _ Click( )
  MSComm1. PortOpen = False                    '关闭串口
  Unload Me                                    '卸载窗体
End Sub
```

4. 运行程序

程序设计、调试完毕，单击工具栏“启动”快捷按钮，运行程序。

给传感器升温或降温，画面中显示温度测量值及实时变化曲线。单击“关闭”按钮，程序结束。程序运行画面如图3-14所示。

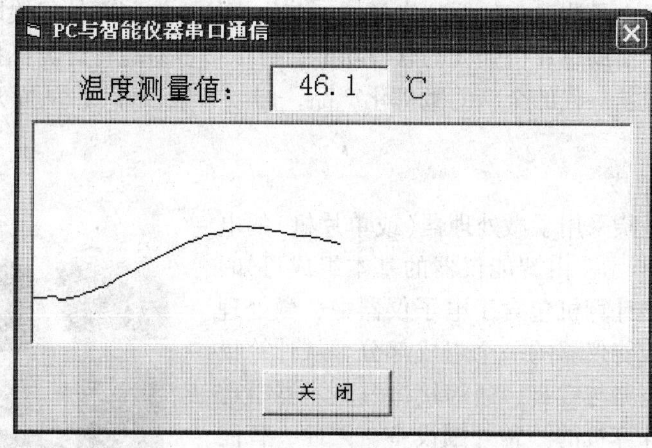

图3-14 程序运行画面

巩固与提高

1）将智能仪器的地址设为12，通过PC读取该仪表的当前测量温度值及上限报警值。

2）编写程序，通过PC将地址号为32的仪表的上限报警温度设定为300℃。

3）将测量的温度值保存到数据文件或数据库中，并能打开显示(以曲线或表格的形式)。

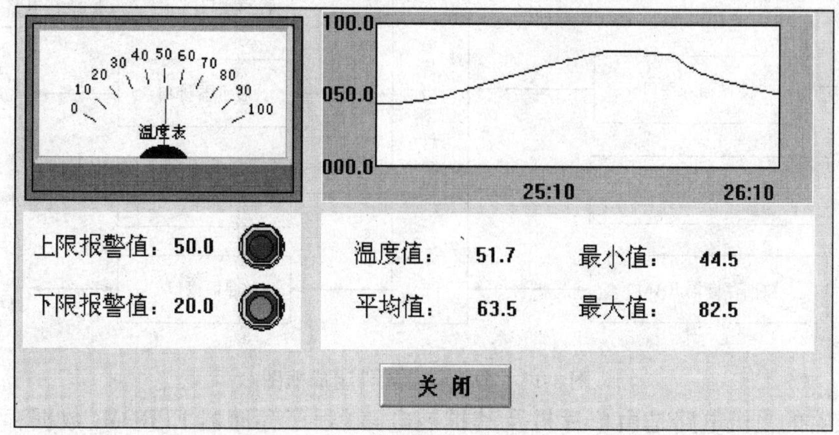

图3-15 扩展程序参考运行画面

4）统计测量温度的平均值、最大值、最小值，并显示。

5）当测量温度值大于或小于上、下限报警值时，程序画面中相应的信号指示灯(需添加)变化颜色。

扩展程序 4 和 5 的 Kingview 参考画面如图 3-15 所示。

知识链接一　智能仪器概述

随着微电子技术的不断发展，微处理器芯片的集成度越来越高，使用的领域也越来越广泛，这些都对传统的电子测量仪器带来了巨大的冲击和影响。尤其是单片微型计算机(以下简称单片机)的出现，引发了仪器仪表结构的根本性变革。单片机自 20 世纪 70 年代初期问世不久，就被引入了电子测量和仪器仪表领域，其作为核心控制部件很快取代了传统仪器仪表的常规电子线路。借助单片机强大的软件功能，可以很容易地将计算机技术与测量控制技术结合在一起，组成新一代的全新的微机化产品，即“智能仪器”，从而开创了仪器仪表的一个崭新的时代。

1. 智能仪器的组成

智能仪器一般是指采用了微处理器(或单片机)的电子仪器，如图 3-16 所示。由智能仪器的基本组成可知，在物理结构上，微型计算机包含于电子仪器中，微处理器及其支持部件是智能仪器的一个组成部分。从计算机的角度来看，测试电路与键盘、通信接口及显示器等部件一样，可看作是计算机的一种外围设备。因此，智能仪器实际上是一个专用的微型计算机系统，它主要由硬件和软件两大部分组成。

图 3-16　智能仪器产品

硬件部分主要包括主机电路、模拟量(或开关量)输入输出通道电路、串行或并行数据通信接口等，其组成结构如图 3-17 所示。

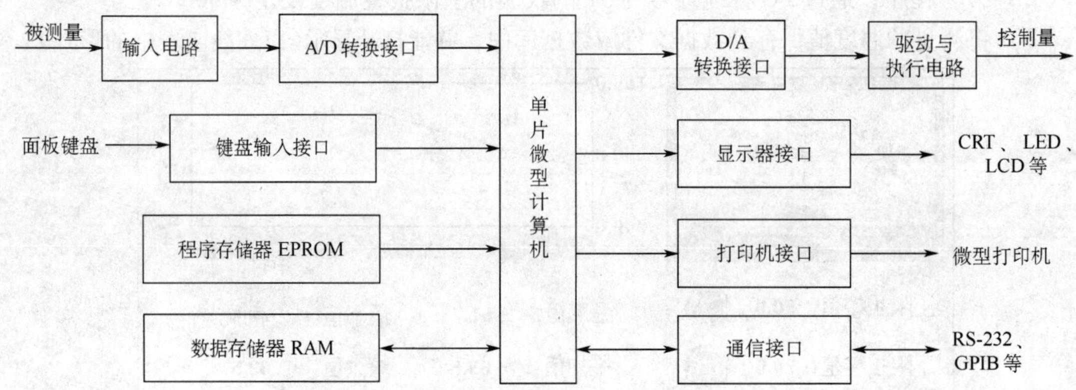

图 3-17　智能仪器硬件组成框图

智能仪器的主机电路是由单片机及其扩展电路(程序存储器 EPROM、数据存储器 RAM 及输入输出接口等)组成的。主机电路是智能仪器区别于传统仪器的核心部件，用于存储程序、数据，执行程序并进行各种运算、数据处理和实现各种控制功能。输入电路和A/D转换接口构成了输入通道；而D/A转换接口及驱动电路则构成了输出通道；键盘输入接口、显示器接口及打印机接口等用于沟通操作者与智能仪器之间的联系，属于人机接口部件；通信接口则用来实现智能仪器与其他仪器或设备交换数据和信息。

智能仪器的软件包括监控程序和接口管理程序两部分。其中，监控程序主要是面向仪器操作面板、键盘和显示器的管理程序。其内容包括：通过键盘操作输入并存储所设置的功能、操作方式与工作参数。通过控制I/O接口电路对数据进行采集；对仪器进行预定的设置；对所测试和记录的数据与状态进行各种处理；以数字、字符、图形等形式显示各种状态信息以及测量数据的处理结果等。接口管理程序主要面向通信接口，其作用是接收并分析来自通信接口总线的各种有关信息、操作方式与工作参数的程控操作码，并通过通信接口输出仪器的现行工作状态及测量数据的处理结果来响应计算机的远程控制命令。

智能仪器的工作过程是：外部的输入信号（被测量）先经过输入电路进行变换、放大、整形和补偿等处理，然后再经模拟量通道的A/D转换接口转换成数字量信号，送入单片机。单片机对输入数据进行加工处理、分析、计算等一系列工作，并将运算结果存入数据存储器RAM中。同时，可通过显示器接口送至显示器显示，或通过打印机接口送至微型打印机打印输出，也可以将输出的数字量经模拟量通道的D/A转换接口转换成模拟量信号输出，并经过驱动与执行电路去控制被控对象，还可以通过通信接口（例如RS-232、GPIB等）实现与其他智能仪器的数据通信，完成更复杂的测量与控制任务。

2. 智能仪器的功能

单片机的出现与应用，对科学技术的各个领域都产生了极大的影响，与此同时也导致了一场仪器仪表技术的巨大变革。单片机在智能仪器中的具体功能可归结为两大类：对测试过程的控制和对测试数据、结果的处理。

单片机对测试过程的控制主要表现在单片机可以接受来自面板键盘和通信接口传来的命令信息，解释并执行这些命令。例如，发出一个控制信号给测试电路，以启动某种操作、设置或改变量程、工作方式等，也可通过查询方式或设置成中断方式，使单片机及时了解电路的工作情况，以便正确地控制仪器的整个工作过程。

对智能仪器测试数据、结果的处理，主要表现在采用了单片机以后，大大提高了智能仪器的数据存储和数据处理能力。在不增加硬件的情况下，利用软件对测试数据进行进一步加工、处理，如数据的组装、运算、舍入，确定小数点的位置和单位，转换成七段码送显示器显示，或按规定的格式从通信接口输出等。

因此，单片机的应用使智能仪器具有以下主要功能：

（1）人机对话　智能仪器使用键盘代替了传统仪器中的切换开关，操作人员只需通过键盘输入命令，就能实现某种测量和处理功能。与此同时，智能仪器还可以通过显示屏将仪器的运行情况、工作状态以及对测量数据的处理结果及时告诉操作人员，使仪器的操作更加方便、直观。

（2）自动校正零点、满度和自动切换量程　智能仪器的自校正功能大大降低了因仪器的零点漂移和特性变化所造成的误差，而量程的自动切换又给使用带来了很大的方便，并可以提高测量精度和读数的分辨率。

（3）自动修正各类测量误差　许多传感器的固有特性是非线性的，且受环境温度、压力等参数的影响，从而给智能仪器带来了测量误差。在智能仪器中，只要能掌握这些误差的规律，就可以依靠软件进行非线性误差的修正。在一些复杂的测量系统中，对于不确定的随机误差，若能找出其统计模型，也能进行有效的补偿。

（4）数据处理　智能仪器能实现各种复杂运算，对测量数据进行整理和加工处理，例如统计分析、查找排序，标度变换、函数逼近和频谱分析等。

（5）各种控制规律　智能仪器能实现PID及各种复杂的控制规律，例如，可进行串级、前馈、解耦、非线性、纯滞后、自适应、模糊等控制，以满足不同控制系统的需要。

（6）多种输出形式　智能仪器的输出形式有数字显示、打印记录和声光报警，也可以输出多点模拟量(或开关量)信号。

（7）自诊断和故障监控　在运行过程中，智能仪器可以自动地对仪器本身各组成部分进行一系列的测试，一旦发现故障即能报警，并显示出故障部位，以便及时处理。有的智能仪器还可以在故障存在的情况下，自行改变系统结构，继续正常工作，即在一定程度上具有容忍错误存在的能力。

（8）数据通信　智能仪器一般都配有GPIB、RS-232、RS-485等标准的通信接口，使智能仪器具有可程控操作的能力。可以很方便地与其他仪器和计算机进行数据通信，以便构成用户所需要的自动测量控制系统，完成复杂的测控任务。

知识链接二　传感器的地位、种类与选用

传感器是一种将各种被测非电量以一定的精度按一定规律转换成与之有确定对应关系的某种可用信号输出的测量装置或元件。

应当指出，这里所谓的“可用信号”是指便于传输、处理、显示、记录和控制的信号。当今只有电信号满足上述要求，因此，可把传感器狭义地定义为：把非电量转换成电信号输出的装置。

按照传感器的定义，传感器实际上是一种能量转换器，有时也叫做变换器、换能器或探测器等。

1. 传感器的地位

现代信息技术的三大支柱是信息的采集、传输和处理技术，即传感技术、通信技术和计算机技术，它们分别构成了信息技术系统的“感官”、“神经”和“大脑”。信息采集系统的首要部件是传感器，且置于系统的最前端。在一个现代测控系统中，如果没有传感器，就无法监测与控制表征生产过程中各个环节的各种参量，也就无法实现自动控制。传感器是现代测控技术的基础。

传感器的应用领域主要包括：

1）生产过程的测量与控制。在工农业生产过程中，对温度、压力、流量、位移、液位和气体成份等参量进行检测，从而实现对工作状态的控制。

2）报警与环境保护。利用传感器可对高温、放射性污染以及粉尘弥漫等恶劣工作条件下的过程参量进行远距离测量与控制，并可实现安全生产。可用于监控、防灾、防盗等方面的报警系统。在环境保护方面可用于对大气与水质污染的监测、放射性和噪声的测量等方面。

3）自动化设备和机器人。传感器可提供各种反馈信息，尤其是传感器与计算机的结合，使自动化设备的自动化程度大大提高。在现代机器人中大量使用了传感器，其中包括力、扭矩、位移、转速等多种传感器。

4）交通运输和资源探测。传感器可用于交通工具、道路和桥梁的管理，以保证提高运输的效率与防止事故的发生。还可用于陆地与海底资源探测以及空间环境、气象等方面的测量。

5）医疗卫生和家用电器。利用传感器可实现对患者的自动监护，可进行微量元素的测定，食品卫生检疫等。

2. 常用的传感器

（1）电阻式传感器　电阻式传感器种类繁多，应用领域十分广泛。它的基本原理都是将被测非电量的变化转换成电阻的变化量。在物理学中已阐明导电材料的电阻不仅与材料的类型、几何尺寸有关，还与温度、湿度和形变等因素有关。物理学同样指出，不同导电材料，对同一非电物理量的敏感程度不同，甚至差别很大。因此，利用某种导电材料的电阻对某一非电物理量具有较强的敏感特性，就可制成测量该物理量的电阻式传感器。

常用的电阻传感器有电位器式、电阻应变式、热敏电阻、气敏电阻、光敏电阻、湿敏电阻等。利用电阻传感器可以测量应变、力、位移、荷重、加速度、压力、转矩、温度、湿度、气体成分及浓度等。图3-18所示为电阻应变式荷重传感器。

（2）电容式传感器　电容式传感器是以各种类型的电容器作为敏感元件，将被测物理量的变化转换为电容量的变化，再由测量电路转换为电压、电流或频率的变化，以达到检测的目的。因此，凡是能引起电容量变化的有关非电量，均可用电容式传感器进行电测变换。

根据变换原理的不同，电容式传感器有变极距型、变面积型和变介质型三种。它不仅能测量荷重、位移、振动、角度、加速度等机械量，还能测量压力、液面、成分含量等热工量。图3-19所示为电容式差压变送器。

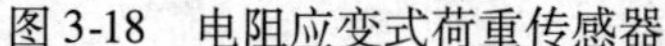

图3-18　电阻应变式荷重传感器

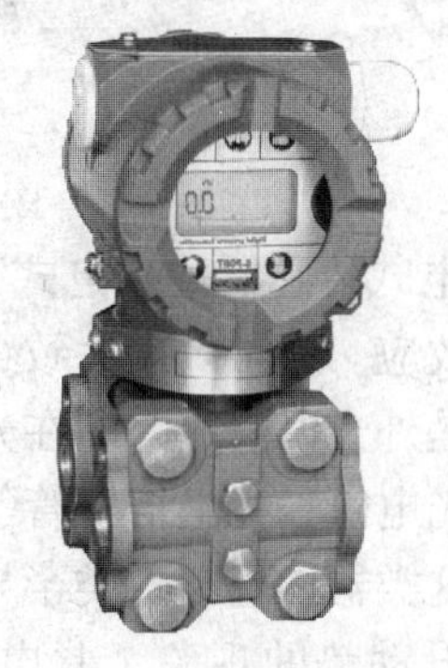

图3-19　电容式差压变送器

这种传感器具有结构简单、灵敏度高、动态特性好等一系列优点，在机电控制系统中占有十分重要的地位。

（3）电感式传感器　电感式传感器是利用线圈自感或互感系数的变化来实现对非电量测量的一种装置。电感式传感器一般分为自感式、互感式和电涡流式三大类。人们习惯上讲电感式传感器通常指自感式传感器，而互感式传感器由于是利用变压器原理，又往往做成差动式，故常称为差动变压器式传感器。图3-20所示电感式传感器。

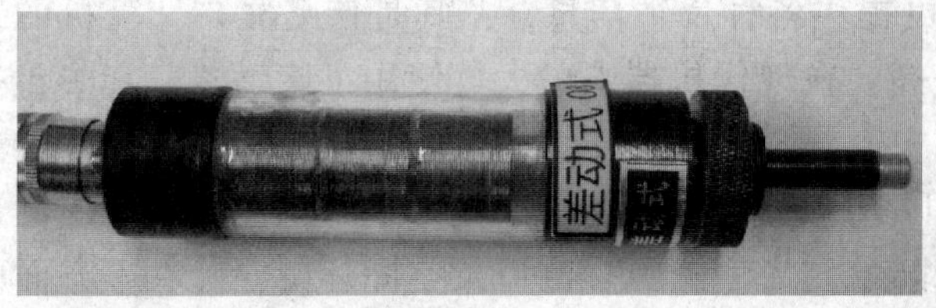

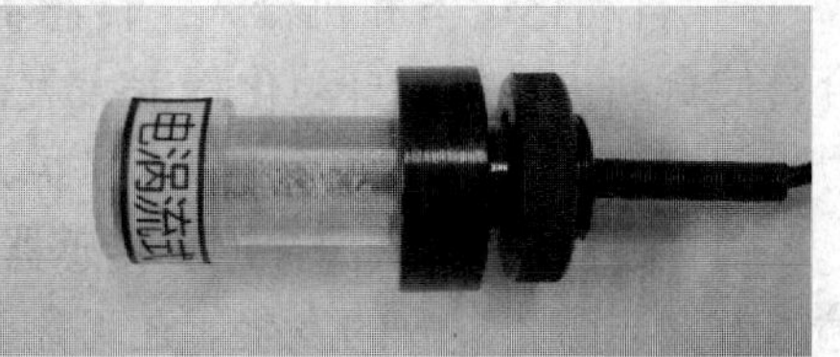

图 3-20　电感式传感器(差动式和电涡流式)

利用电感式传感器能对位移、压力、振动、应变、流量等参数进行测量。它具有结构简单、灵敏度高、输出功率大、输出阻抗小、抗干扰能力强及测量精度高等一系列优点，因此在机电控制系统中得到广泛的应用。它的主要缺点是响应较慢，不宜进行快速动态测量，而且传感器的分辨率与测量范围有关，测量范围大，分辨率低，反之则高。

(4) 压电式传感器　压电式传感器是利用某些电介质材料具有压电效应现象制成的。有些电介质材料在一定方向上受到外力(压力或拉力)作用而变形时，在其表面上产生电荷。外力去掉后，又回到不带电状态，这种将机械能转换成电能的现象，称为正压电效应，简称压电效应。

压电式传感器只能利用正压电效应制成。压电材料常用晶体材料，但自然界中多数晶体压电效应太微弱，没有实用价值，只有石英晶体和人工制造的压电陶瓷具有良好的压电效应。压电传感器主要用来测量力、加速度、振动等物理量。

图 3-21 所示为压电式力和加速度传感器。

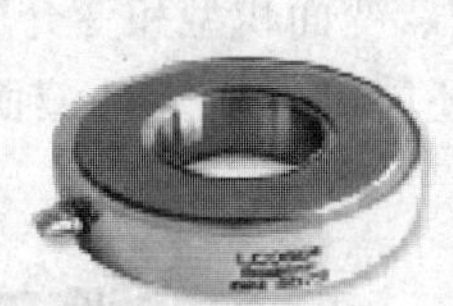

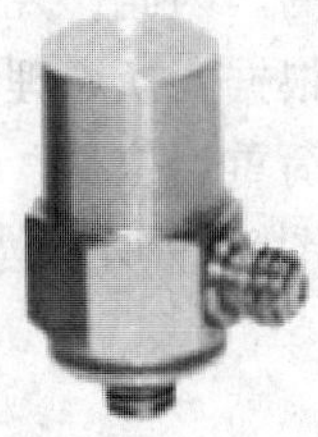

图 3-21　压电式力和加速度传感器

(5) 光电式传感器　光电式传感器是将光信号转化为电信号的一种传感器。它的理论基础是光电效应。这类效应大致可分为三类。

第一类是外光电效应，即在光照射下，能使电子逸出物体表面。利用这种效应所做成的器件有真空光电管、光电倍增管等；第二类是内光电效应，即在光线照射下，能使物质的电阻率改变。这类器件包括各类半导体光敏电阻；第三类是光生伏特效应，即在光线作用下，物体内产生电动势的现象，此电动势称为光生电动势。这类器件包括光电池、光电晶体管等。

光电耦合器是由一个发光元件和一个光电元件同时封装在一个外壳内组合而成的光电转换元件。它实际上是一个电隔离转换器，具有单向信号传输功能，抗干扰能力强，在控制电路中，经常用于电路隔离、电平转换、噪声抑制等场合。光电开关是一种利用感光元件对变化的入射光加以接收，并进行光电转换，同时加以某种形式的放大和控制，从而获得最终的控制输出“开”、“关”信号的器件，如图 3-22 所示。

光电开关作为光控制和光探测装置广泛应用于工业控制、自动化包装线及安全装置中。

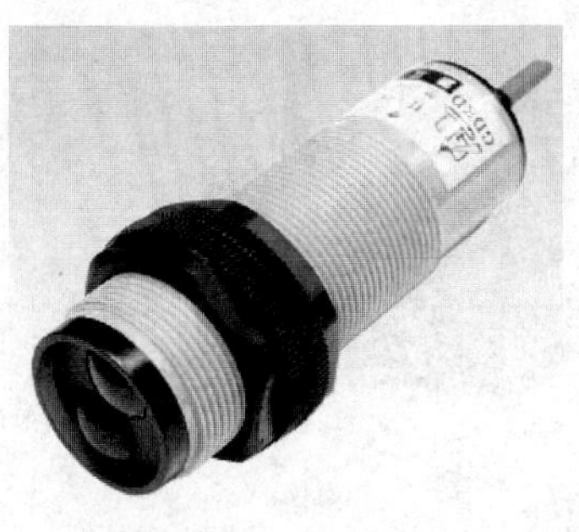

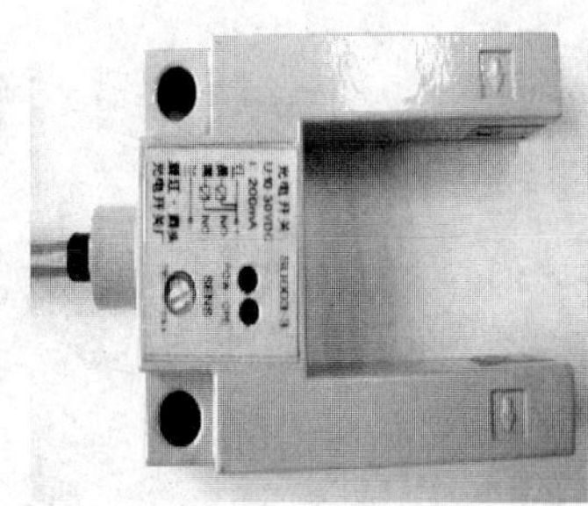

图 3-22 光电开关

可在自动控制系统中用作物体检测、产品计数、料位检测、尺寸控制、安全报警及计算机输入接口等。

（6）热电式传感器 热电传感器主要用来测量和控制温度变化。主要包括热电偶传感器和热电阻传感器，如图 3-23 所示。

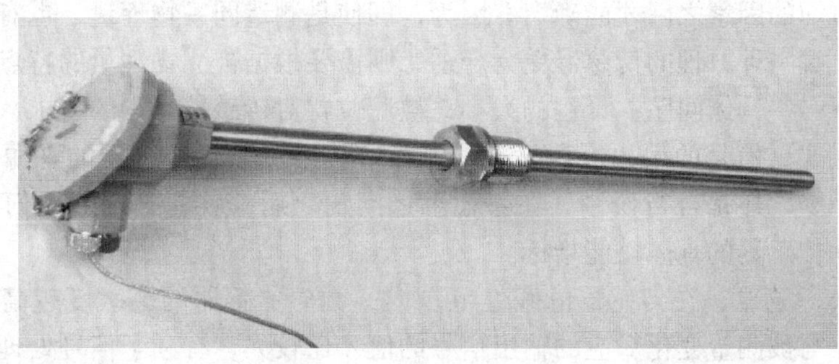

图 3-23 热电阻(热电偶)

热电偶传感器的测温原理是热电效应，即把两种不同金属导体接成闭合回路，如果两接点温度不同，则在回路中就会产生热电势，这种由于温度不同而产生电动势的现象，称为热电效应。

常用的热电偶有铂铑$_{10}$—铂(分度号为 S)、镍铬—镍硅(分度号为 K)、镍铬—铜镍(分度号为 E)等，因为 K 型热电偶稳定性好，价格便宜，在工业上广泛应用。

热电阻传感器测温基于热电阻现象，即导体或半导体的电阻率随温度的变化而变化的现象。利用物质的这一特性制成的温度传感器有金属热电阻传感器(简称热电阻)和半导体热电阻传感器(简称热敏电阻)。一般而言，前者温度升高，电阻值变大；后者温度升高，电阻值变小。

在工业上使用最多的热电阻是铂电阻和铜电阻，常用的分度号是 Pt100 和 Cu50。

（7）数字式传感器 机电控制系统对检测技术提出了数字化、高精度、高效率和高可靠性等一系列要求。数字式传感器能满足这种要求。它具有很高的测量精度，易于实现系统的快速化、自动化和数字化，易于与微处理机配合，组成数控系统，在机械工业的生产和自动测量、机电控制等系统中得到广泛的应用。常用的数字式传感器有光栅式、码盘式、磁栅式和感应同步器等，如图 3-24 所示。

3. 传感器的选用

现代传感器在原理与结构上千差万别，即便对于相同种类的测量对象也可采用不同工作

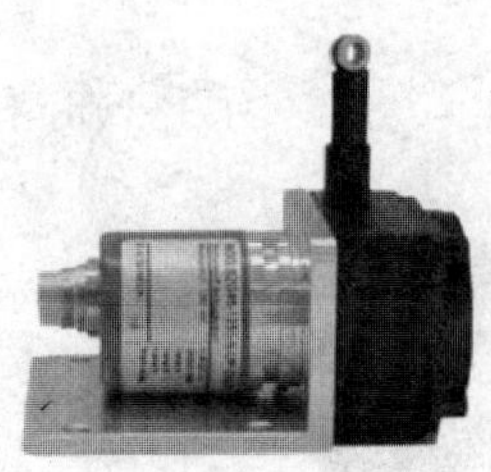

图 3-24 数字式传感器（光栅式和码盘式）

原理的传感器，如何根据具体的测量条件、使用条件以及传感器的性能指标合理地选用传感器是进行某个量测量时首先要解决的问题。当传感器确定之后，与之相配套的测量方法和测量设备也就可以确定了。测量结果的成败，在很大程度上取决于传感器的选用是否合理。可以从以下几个方面来选用传感器。

（1）传感器的类型　要进行一个具体的测量工作，首先要考虑采用何种原理的传感器，这需要分析多方面的因素之后才能确定。因为，即使是测量同一物理量，也有多种原理的传感器可供选用，哪一种原理的传感器更为合适，则需要根据被测物理量的特点和传感器的使用条件考虑以下一些具体问题：量程的大小，被测位置对传感器体积的要求，测量方式为接触式还是非接触式；信号的引出方法，有线或是非接触测量；传感器的来源，国产还是进口，价格能否承受，还是自行研制。在考虑上述问题之后，就能确定选用何种类型的传感器，然后再考虑传感器的具体性能指标。

（2）灵敏度　通常，在传感器的线性范围内，希望传感器的灵敏度越高越好。因为只有灵敏度高时，与被测量变化对应的输出信号的值才比较大，有利于信号处理。但要注意的是，传感器的灵敏度高，与被测量无关的外界噪声也容易混入，也会被放大系统放大，影响测量精度。因此，要求传感器本身具有较高的信噪比，尽量减少从外界引入的干扰信号。传感器的灵敏度是有方向性的。如果被测量是单向量，而且对其方向性要求较高，则应选择方向灵敏度小的传感器；如果被测量是多维向量，则要求传感器的交叉灵敏度越小越好。

（3）精度　精度是传感器的一个重要的性能指标，它是关系到整个测量系统测量精度的一个重要环节。传感器的精度指标常与经济性联系在一起，精度越高，其价格越昂贵，因此，传感器的精度只要满足整个测量系统的精度要求就可以，不必选得过高。这样就可以在满足同一测量目的的诸多传感器中选择比较便宜和简单的传感器。如果测量目的是用于定性分析，选用重复精度高的传感器即可，不宜选用绝对量值精度高的传感器；如果是为了定量分析，必须获得精确的测量值，就需选用精度等级能满足要求的传感器。

（4）线性度　线性度反映了输出量与输入量之间保持线性关系的程度。一般来说，人们都希望输出与输入之间呈线性关系。因为在线性情况下，模拟式仪表的刻度就可以做成均匀刻度，而数字式仪表就可以不必采用线性化环节。此外，当线性的传感器作为控制系统的一个组成部分时，它的线性性质常常可使整个系统的设计分析得到简化。

在实际中，任何传感器都不能保证绝对的线性，其线性度是相对的。当所要求测量精度比较低时，在一定的范围内，可将非线性误差较小的传感器近似看做线性的，这会给测量带来极大的方便。

（5）稳定性　传感器使用一段时间后，其性能保持不变化的能力称为稳定性。通常在不指明影响量时，它反映的是传感器不受时间变化影响的能力。稳定性有短期稳定性和长期稳定性之分。

影响传感器长期稳定性的因素除传感器本身的结构外，主要是传感器的使用环境。因此要使传感器具有良好的稳定性，传感器必须要有较强的环境适应能力。

在某些要求传感器能长期使用而又不能轻易更换或标定的场合，稳定性要求更严格，要能够经受住长时间的考验。

（6）频率响应特性 传感器的频率响应特性决定了被测量的频率范围，必须在允许频率范围内保持不失真的测量条件，实际上传感器的响应总有一定延迟，我们希望延迟时间越短越好。传感器的频率响应高，可测的信号频率范围就宽。在动态测量中，应根据信号的特点（稳态、瞬态、随机等）来确定所需传感器的频率响应特性，以免产生过大的误差。

总之，应从传感器的基本工作原理出发，所选择的传感器在能满足使用性能要求下价格尽量低廉。

知识链接三 工业控制计算机

工业控制计算机（IPC），简称工控机，是一种面向工业控制、采用标准总线技术和开放式体系结构的计算机。它最初是在商用的个人计算机基础上进行改装、加固并用于工业生产过程控制的计算机，现在已经形成为一种专用的计算机系列。

本节介绍的工控机主要是指 PC 总线工业控制机，所以，这里将基于工控机的计算机监控系统简称 PCs。PCs 与其他类型的计算机监控系统相比较具有构成简单、价格低、软件种类丰富、开放性好以及可扩充性好的特点。因此，PCs 在中小型的计算机监控系统中（特别是小型计算机监控系统中）占有很大的比例，并且具有良好的发展前景。

1. IPC 的基本特点

工控机由于其自身的特点，在过程监控、数据采集等各方面广泛的得到应用。与其他类型的计算机监控系统的主计算机相比较，工控机具有以下特点：

（1）可靠性高 工控机通常会使用在工业控制现场，用于监控不间断的生产过程，在运行期间不允许停机检修。如果发生故障，可能会产生严重的质量事故甚至人身伤害，后果不堪设想。因此，生产厂家在生产时都做了特别处理。如印刷电路板合理布线，元器件老化筛选，采用工业电源、密封机箱正压送风、带有“看门狗”系统支持板等，极大地提高了可靠性。

现在的工控机的平均无故障工作时间（MTBF）都可以达到数万小时。正是由于工控机的可靠性不断地提高，性能已经接近或达到可编程序控制器（PLC）的性能。当然，由于现在的通用计算机的可靠性也相当高，如果监控系统对可靠性的要求不是特别高，也可以考虑使用普通的商用计算机，可以更进一步降低成本。

（2）实时性好 工控机对生产过程进行实时监控，因此要求它必须实时地响应控制对象各种参数的变化。当过程参数出现偏差或故障时，工控机能及时响应，并能实时地进行报警和处理。为此工控机需配有实时多任务操作系统。

（3）环境适应能力强 工业现场环境恶劣，电磁干扰严重，供电系统也常受大负荷设备起停的干扰，其接“地”系统复杂，共模及串模干扰大。因此要求工控机具有很强的环境适应能力，如对温度、湿度变化范围要求高；要有防尘、防腐蚀，防振动冲击的能力；要具有较好的电磁兼容性和高抗干扰能力以及高共模抑制的能力。

（4）小板结构，模块化设计，完善的I/O通道 小板结构使其机械强度好，抗断裂和抗振动能力强；模块化设计是指每个模板功能单一，如CPU板、存储器板、A/D转换板、D/A转换板、开关量I/O板等，便于对系统故障的诊断与维护，也便于用户的选用，方便了冗余配置。

对于生产过程控制，需要有大量的输入输出通道，由于工控机总线是面向I/O设计的，有着很强的扩展功能，非常便于系统扩展。

（5）系统开放性好 工控机具有开放性体系结构，也就是说在主机接口、网络通信、软件兼容及升级等方面遵守开放性原则，以便系统扩充、异机种连接、软件的移植和互换。除了软件具有很强的开放性外，硬件的开放性和可替换性也很好。无论是主机还是配套的各种I/O模板和通信模块(网卡)都是按照一定的标准生产的，在市场上可以很容易购买到所需的产品。由于开放性比较好，在进行系统集成时困难就小得多。

（6）性能价格比高 由于工控机主要用于监控，除了对实时性的要求较高外，一般的数据处理量不是很大。因此，与商用计算机和家用计算机相比，配置可以适当降低。

各类高性能的I/O板卡作为成熟的工业化产品与IPC配套使用，用户在短时间内，像搭积木一样很快构成所需的测控系统，投入实际运行，创造了很好的效益。

由于工控机具有上述特点，能满足不同层次、不同控制对象的需要，又能在恶劣的工业环境中可靠地运行，因此，其应用极为广泛。

2. IPC的基本组成

一个典型的工控机主要由以下几个部分组成：

（1）加固型的工业机箱 由于工控机应用于比较恶劣的工业现场，因此，必须采取各种加固措施。具体措施包括：采用全钢结构标准机箱，机箱上带有滤网、减震和加固压条装置；配备多个冷却风扇，并使机箱内保持空气正压。这样，在机械振动较大、粉尘较多以及温度较高的环境中仍能正常使用。图3-25所示为研华公司生产的工控机机箱。

（2）工业电源 采用特殊设计的高可靠性电源装置。除了能适应较宽幅度电压变化外，还具有抗浪涌电压以及过压过流保护措施，同时，还要求有很好的电磁兼容性。图3-26所示为研华公司生产的工业电源。

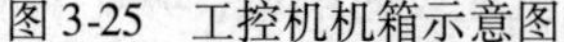

图3-25 工控机机箱示意图

图3-26 工业电源示意图

（3）一体化主板 主板是工控机的核心部件，所采用的元器件都经过严格筛选，并满足工业标准。现在的工控主板所使用的CPU大都采用Pentium、PentiumⅢ、PentiumⅣ芯片，也有采用其他厂家生产的芯片。所谓一体化主板，是指在主板上集成了通信接口(RS-232、RJ-45 等)、外设接口(IDE、FDD、键盘、鼠标)、RAM 插槽(168 线、72 线)，有的还有显示器接口(CRT、LCD 等)，如图 3-27 所示。主板一般采用标准总线，如 ISA、PCI、Compact PCI 等。除此之外，还有一种单板计算机主板，在这种主板上，除了集成了以上功能外，还有 I/O 接口，可以方便地构成嵌入式系统。

(4) 无源母板　现在按总线标准生产的工控机，基本上采用大母板结构。在母板上只是提供了总线通道，一块母板上有 10 ~ 20 个插槽，除了一个用于插主板，另一个用于插显示板外(如果主板上没有显示器接口)，其他的插槽可以供用户插各种 I/O 模板。这样用户就可以灵活地构成自己的计算机监控系统。通过采用大母板结构，主板可以垂直安放，大大地减少了灰尘的积累以及震动的影响。图 3-28 所示为研华公司生产的无源母板，图 3-29 所示为一体化主板与母板安装示意图，其中主板插在母板的 1 个 ISA 插槽上。

图 3-27　一体化主板

图 3-28　无源母板

图 3-29　一体化主板与母板安装

图 3-30 所示为研华工控机主机主要部件的安装图。

(5) 其他部件

1) 软盘。由于主板上已经有了软盘驱动器接口，用户可以根据自己的需要配置软盘驱动器。

2) 硬盘。由于主板上已经有了硬盘驱动器接口，用户可以根据自己的需要配置硬盘驱动器。对于震动比较大的地方，也可以使用电子盘来取代硬盘。

3) 键盘。可以使用一般的 101 标准键盘，为了防尘也可以使用薄膜键盘。

4) 显示器。可以使用一般的阴极射线管显示器，也可以使用液晶显示器，必要时还可以使用触摸屏。

3. PCs 的构成

图 3-31 所示为基于工控机的计算机监控系统(PCs)的硬件构成框图。

1) 主机。包括机箱、主板、母板、电源、存储器等，它是工控机的核心。

2) 内部总线和外部总线。内部总线是工控机内部各组成部分进行信息交换的公共通

图 3-30　工控机主机安装图

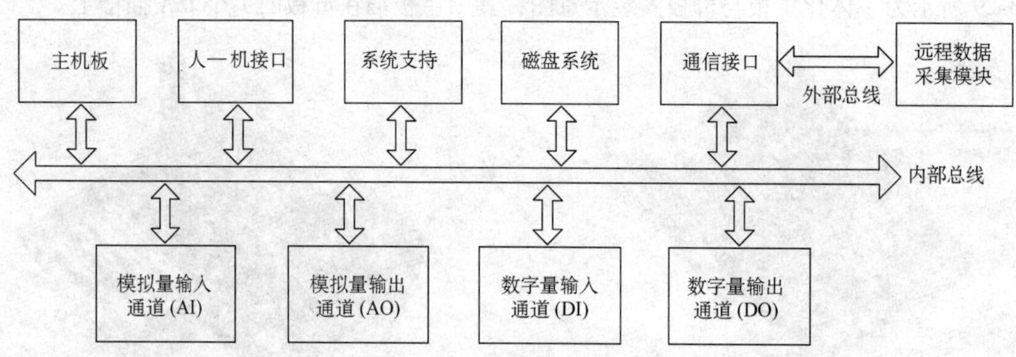

图 3-31　PCs 的硬件构成框图

道，它是一组信号线的集合。常用的内部总线有 ISA 总线和 PCI 总线。外部总线是工控机与其他计算机或智能设备进行信息交换的公共通道。常用的外部总线有 RS-232C 和 IEEE-488 通信总线。

3）人机接口。人机接口是人与计算机进行信息交换的一种外设。它由标准的 PC 键盘、显示器和打印机等组成。

4）系统支持板。工控机的系统支持板主要包括以下部分。

监控定时器(俗称看门狗电路)。它的主要作用是当系统因干扰或软件故障出现异常时，看门狗电路可以使系统自动恢复运行，从而提高系统的可靠性。

电源掉电检测。电源掉电检测的目的是为了检测到电源掉电以后，进行现场保护。

保护重要数据的后备存储器。这些存储器通常采用带有后备电池的 SRAM、EEPROM。它能在系统掉电后保证数据不丢失，用于在系统出现异常以及电源掉电等故障后保存重要数据。

实时日历时钟。它主要是用于工业控制机自动记录某个控制是在何时发生的。

5）磁盘系统。磁盘系统有半导体虚拟磁盘以及通用的软磁盘和硬磁盘。

6）通信接口。通信接口是工控机和其他计算机或智能外设的接口，常用的接口有RS-232C和IEEE-488接口。

7）输入输出通道。输入输出通道是工控机和生产过程之间的信号传递和变换的连接通道。它包括模拟量输入(AI)通道、模拟量输出(AO)通道、数字量(或开关量)输入(DI)通道、数字量(或开关量)输出(DO)通道。它的作用有两个，其一是将生产过程的信号转换成主机能够接受的数据形式；其二是将主机输出的控制命令或数据，经转换后作为执行机构或电器开关的控制信号。

8）远程数据采集模块。由于大部分的I/O接口都在工控机的机箱内，这对于一些需要远程监控的物理参量来说，如果通过长导线将信号直接送到控制室，则会存在干扰和信号衰减等问题。为了解决这些问题，可以就地将模拟信号转换为数字信号，然后再用现场总线或其他的串行通信总线进行传输。为此，就需要有远程数据采集模块。

习题与思考题

3.1　当PC与外部设备进行串口通信时，应怎样连线？应设置哪几个参数并保持一致？

3.2　单片机有什么特点？有哪些应用？在智能仪器当中它起什么作用？

3.3　什么是智能仪器？它由哪几部分组成？各部分的作用是什么？

3.4　智能仪器与传统仪器相比，在结构上有什么显著区别？有哪些优点？

3.5　查阅文献，了解测量仪器仪表的产生过程和发展历程。

3.6　什么是传感器？它由哪几部分组成？各部分的作用是什么？

3.7　传感器和变送器有什么区别？各自用在什么场合？

3.8　设计一个计算机控制系统时，如何选用合适的传感器？

3.9　工业控制计算机与个人计算机相比，有哪些特点？在硬件结构上有哪些区别？

3.10　基于工控机的计算机监控系统由哪几部分组成？各部分的作用是什么？

3.11　试列举几个你所了解的自动测量与控制装置中使用的传感器和智能仪器(不同种类)，它们在系统中起什么作用？画出检测与控制原理示意图。

3.12　上网搜索商品化的各种传感器、智能仪器的技术资料，列出它们的型号、生产厂家、性能特点等。

项目四

PC 与 PLC 串口通信

项目背景

可编程序逻辑控制器(PLC)主要是为现场控制而设计的，其人机界面主要是开关、按钮和指示灯等。因其良好的适应性和可扩展能力而得到越来越广泛的应用。采用 PLC 的控制系统或装置具有可靠性高、易于控制、系统设计灵活、能模拟现场调试、编程使用简单、性价比高、有良好的抗干扰能力等特点。但是，PLC 也有不易显示各种实时图表/曲线(趋势线)和汉字、没有良好的用户界面、不便于监控等缺点。

20 世纪 90 年代后，许多的 PLC 都配备有计算机通信接口，通过总线可连接多台 PLC。计算机作为上位机可以提供良好的人机界面，进行系统的监控和管理，进行程序编制、参数设定和修改、数据采集等，既能保证系统性能，又能使系统操作简便，便于生产过程的有效监督。而 PLC 作为下位机，执行可靠有效的分散控制。用一台计算机(上位机)去监控下位机(PLC)，这就要求 PC 与 PLC 之间稳定、可靠的数据通信。

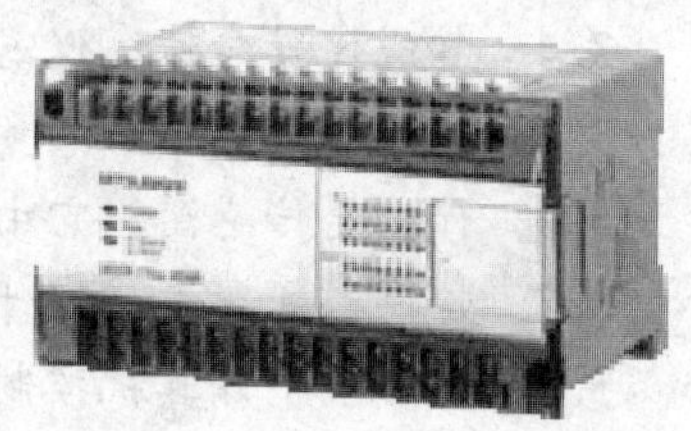

图 4-1　PLC 产品

图 4-1 是某型号 PLC。

学习目标

1） 掌握 PC 与 PLC 串口通信的线路连接方法。

2） 掌握 PC 与 PLC 串口通信程序设计方法。

实训用软硬件

1. 设备清单

本项目用到的硬件和软件清单见表 4-1。

2. 硬件线路

FX_{2N}型 PLC 可以通过自身的编程口和 PC 通信，也可以通过通信口和 PC 通信。通过编程口，PC 只能和一台 PLC 通信，实现对 PLC 中软元件的间接访问(每个软元件具有唯一的地址映射）；通过通信口，一台PC可以和多台PLC通信，并实现对PLC中软元件的直接访问，两者使用不同的通信协议。

表4-1　实训用软硬件清单

序　号	名　称	数　量
1	PC（或IPC）	1
2	PLC（三菱：FX_{2N}-32MR）	1
3	SC-09编程电缆（带RS-232/422转换器）	1
4	电气开关	1
5	指示灯（DC24V）	1
6	直流电源（OUT：DC24V）	1
7	Kingview 6.5	1

PC通过FX_{2N}的编程口构成的二级控制系统如图4-2所示，按钮、行程开关等的常开触点接PLC开关量输入1通道，PLC开关量输出1通道接指示灯。

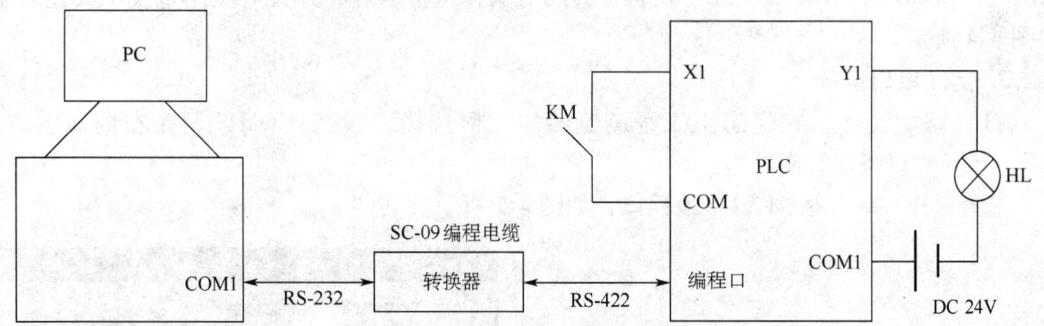

图4-2　PC与PLC串口通信线路

为了保证FX_{2N}-32MR型PLC能够正常与PC进行通信，需要在PLC中运行如图4-3所示的一段程序。其功能是设置PLC的通信参数：波特率为9600B/s，7位数据位，1位停止位，偶校验，站号为0。

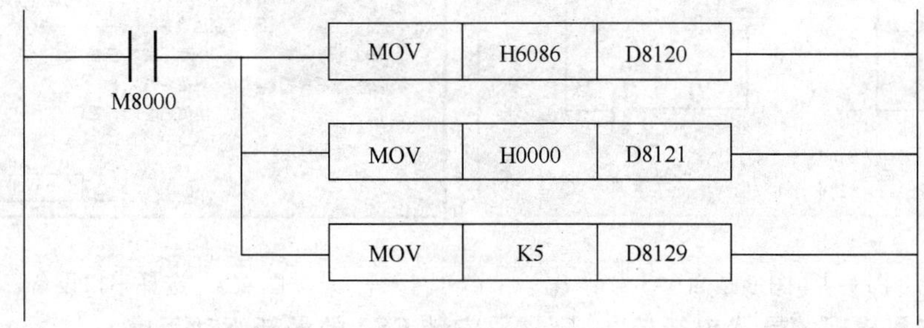

图4-3　PLC通信参数设置程序

实训任务

利用Kingview编写程序实现PC与PLC串口通信。任务要求如下：

1）开关量输入：利用继电器开关改变某个输入端口的状态，程序每隔0.5s读取一次该端口的输入状态(打开/关闭)，并在程序中显示。

2）开关量输出：程序画面中指定元件地址，单击置位/复位命令按钮，置指定地址的元件端口(继电器)状态为ON或OFF，使线路中指示灯亮/灭。

实训操作

1. 建立新工程项目

运行组态王程序，在工程管理器中创建新的工程项目。

工程名称：“PLC”；工程描述：“利用Kingview实现PC与PLC串口通信”。

2. 制作图形画面

通过图库为图形画面添加2个指示灯对象D1和D2，2个开关对象K1和K2，通过工具箱添加10个文本对象“开关量输入”、“开关量输出”、“D1”、“X1”、“K1”、“COM”、“K2”、“COM1”、“D2”、“Y1”及若干直线对象，将指示灯、开关对象用直线工具连起来，如图4-4所示。

3. 定义串口设备

（1）添加设备　在组态王工程浏览器的左侧选择“设备/COM1”，在右侧双击“新建”，运行“设备配置向导”。

选择：PLC→三菱→FX2→编程口，如图4-5所示。

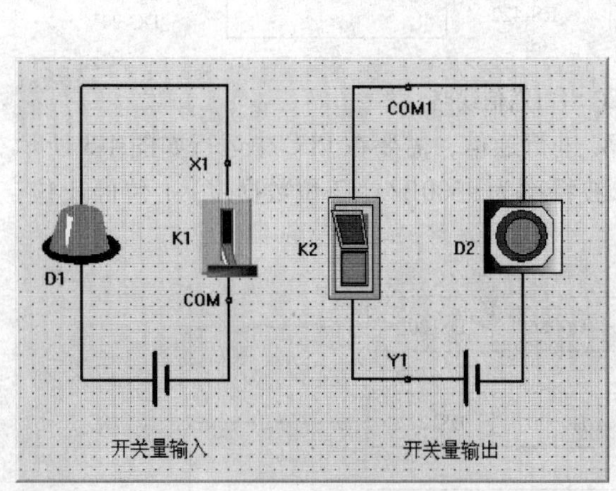

图4-4　图形画面

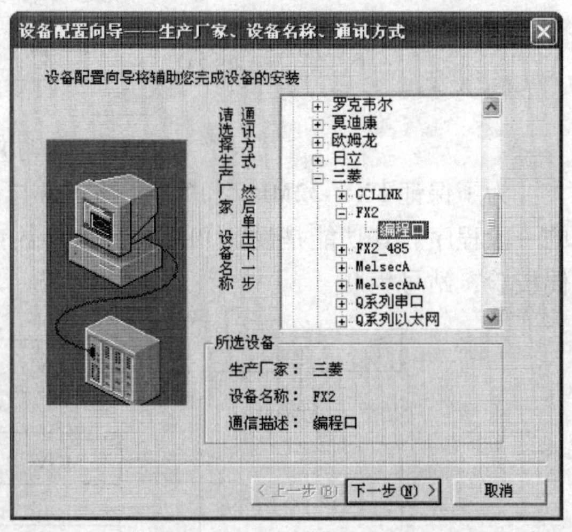

图4-5　选择串口设备

注意：如果出现的是“串行口”，则需要安装FX2的最新驱动程序。

给要安装的设备指定唯一的逻辑名称，如：“FX2PLC”（任意取）；选择串口号，如：“COM1”（需PLC在PC上使用的串口号一致）；为要安装的PLC指定地址，如：“1”（**注意,这个地址应该与PLC通信参数设置程序中设定的地址相同**)。

设备定义完成后，您可以在工程浏览器“设备/COM1”的右侧看到新建的串口设备“FX2PLC”图标。

（2）串口通信参数设置　双击“设备/COM1”，弹出设置串口对话框，设置串口COM1的通信参数：波特率选“9600”，奇偶校验选“偶校验”，数据位选“7”，停止位选“1”，通信方式选“RS232”，如图4-6所示。

设置完毕，单击“确定”按钮，这就完成了对COM1的通信参数配置，保证COM1同PLC的通信能够正常进行。

图4-6　设置串口——COM1

4. 定义变量

在工程浏览器的左侧树形菜单中选择“数据库/数据词典”，在右侧双击“新建”，弹出“定义变量”对话框。

1）定义变量“开关量输入”。变量类型选“I/O离散”，初始值选关，连接设备选“FX2PLC”，寄存器选“X1”，数据类型选“Bit”，读写属性选“只读”，采集频率设为“100”ms，如图4-7所示。

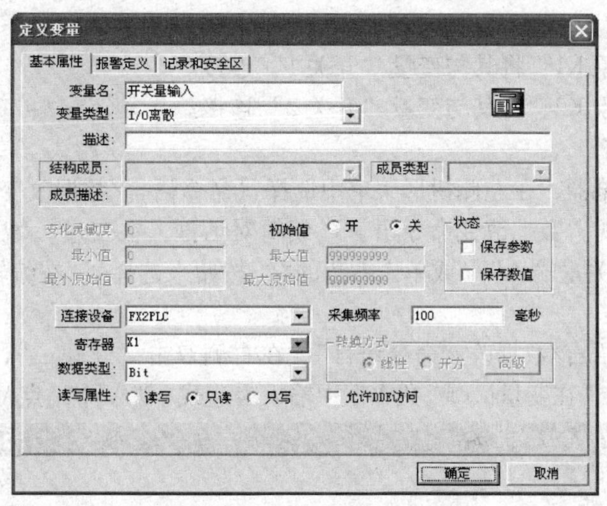

图4-7　定义“开关量输入”变量

2）定义变量“开关量输出”。变量类型选“I/O离散”，初始值选“关”，连接设备选“FX2PLC”，寄存器选“Y1”，数据类型选“Bit”，读写属性选“只写”，采集频率设为“100”ms，如图4-8所示。

3）定义变量“开关1”、“开关2”。变量类型选“内存离散”，初始值选“关”。

4）定义变量“灯1”、“灯2”。变量类型选“内存离散”，初始值选“关”。

定义完成后，单击“确定”按钮，则在数据词典中出现定义好的变量。

5. 建立动画连接

1）建立指示灯对象D1的动画连接。双击指示灯对象D1，出现“指示灯向导”对话框，将变量名(离散量)设定为“\\本站点\灯1”（可以直接输入,也可以单击变量名文本框右边的“?”按钮,选择已定义好的变量名“灯1”），将正常色设置为绿色，报警色设置为红色。

选中闪烁项，在闪烁条件文本框内输入表达式“\\本站点\开关量输入==1”，闪烁速度设为500，设置完毕单击“确定”按钮，则“指示灯”对象动画连接完成，如图4-9所示。

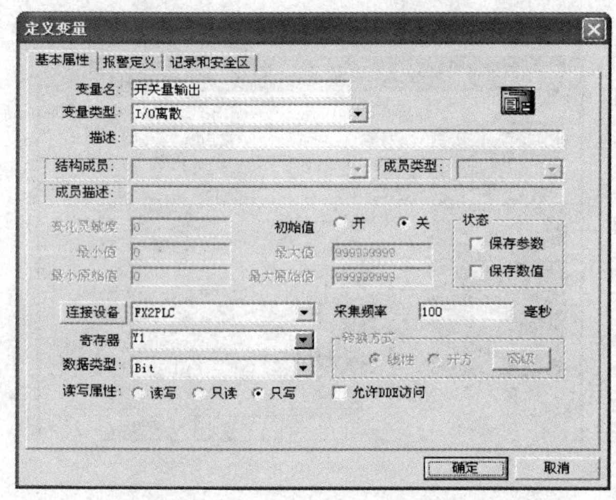

图4-8 定义“开关量输出”变量

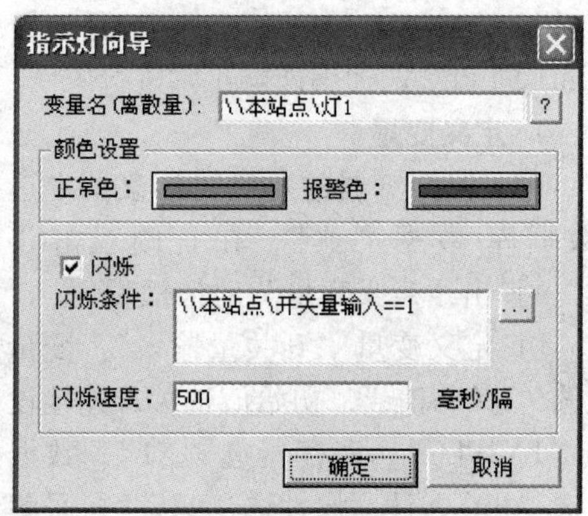

图4-9 指示灯对象动画连接

2）双击指示灯对象D2，将其与变量“灯2”连接。

3）双击开关对象K1，将其与变量“开关1”连接。

4）双击开关对象K2，将其与变量“开关2”连接。

6. 编写命令语言

1）进入工程浏览器，在左侧树形菜单中选择“命令语言/数据改变命令语言”，在右侧双击“新建…”，出现“数据改变命令语言”编辑对话框，在变量[.域]文本框中输入表达式：“\\本站点\开关量输入”（或单击右边的“?”按钮来选择）；在编辑栏中输入程序，如图4-10所示。

2）选择“命令语言/数据改变命令语言”，在右侧双击“新建…”，出现“数据改变命令语言”编辑对话框，在变量[.域]文本框中输入表达式：“\\本站点\开关2”（或单击右

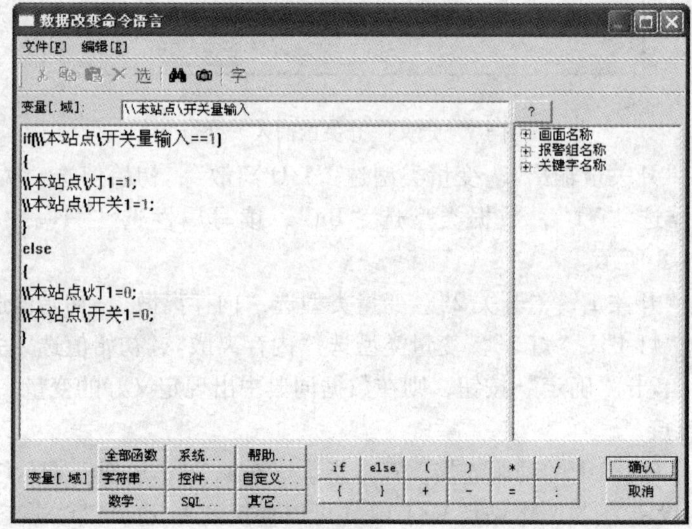

图4-10 开关量输入控制程序

边的“?”按钮来选择)。在编辑栏中输入程序，如图4-11所示。

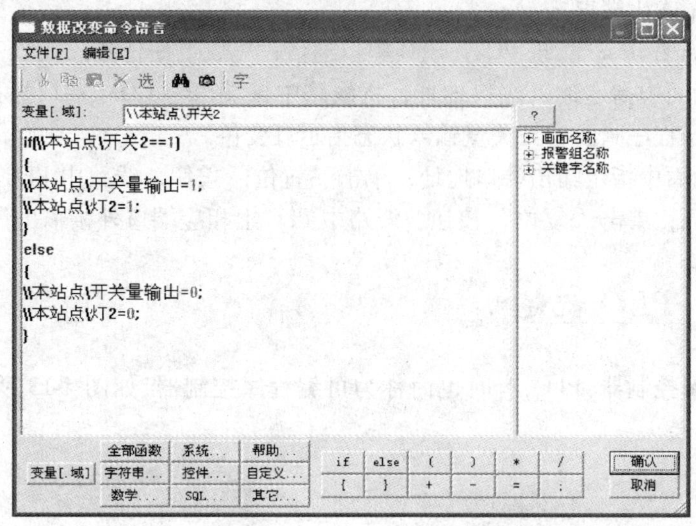

图4-11　开关量输出控制程序

7. 调试与运行

将设计的画面和程序全部存储并配置成主画面，启动运行系统。

1）将线路中X1端口与COM端口短接，则PLC上输入信号指示灯1亮，程序画面中状态指示灯D1变色并闪烁，开关K1闭合；将X1端口与COM端口断开，则PLC上输入信号指示灯1灭，程序画面中状态指示灯D1变色并停止闪烁，开关K1断开。

2）启/闭程序画面中开关按钮，画面中状态指示灯D2改变颜色，线路中PLC上外接输出信号指示灯亮/灭。

程序运行画面如图4-12所示。

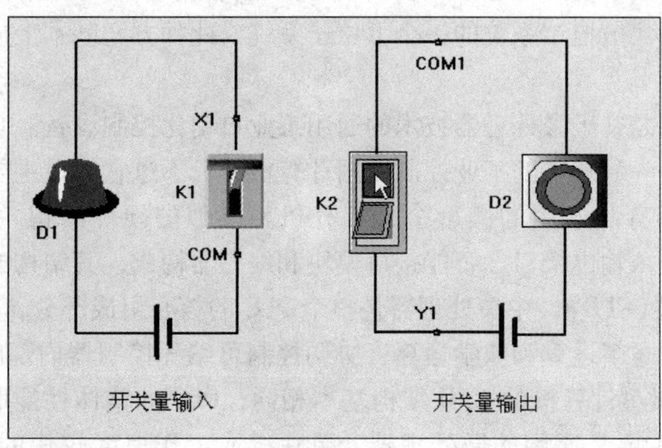

图4-12　运行画面

巩固与提高

（1）将线路中输入端口X1与COM端口短接，则线路中PLC上输出信号指示灯1亮；

将 X1 端口与 COM 端口断开，则线路中 PLC 上输出信号指示灯 1 灭，即某端口开关量输入控制相应的开关量输出端口。

（2）利用 Visual Basic 实现 PC 与 PLC 串口通信，完成下面任务。

1）在程序画面中指定输入端口地址，将线路中该端口与 COM 端口短接，则 PLC 上输入信号指示灯亮，程序画面中开关量输入状态指示灯变色。

2）在程序画面中指定输出端口地址，单击“置位”按钮，线路中 PLC 上相应端口外接输出信号指示灯亮；单击“复位”按钮，线路中 PLC 上相应端口外接输出信号指示灯灭。

知识链接一 PLC 概述

可编程序逻辑控制器(PLC,有时也简称为可编程序控制器,如图 4-13 所示)。最初只是

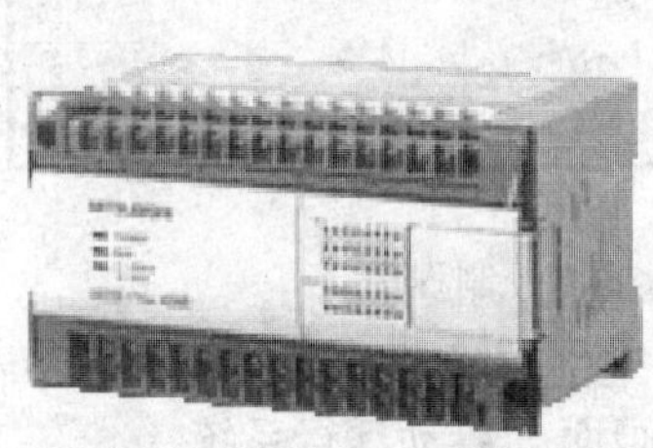

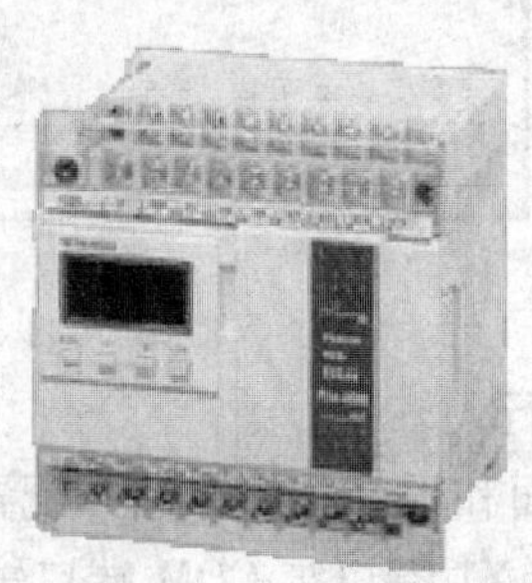

图 4-13 PLC 产品

设计来用于机械制造行业的顺序控制器，可以说是与集散控制系统完全不同的两种技术，但其高可靠性是公认的。经过几十年的发展，PLC 增加了许多功能。例如，通信功能、模拟控制功能、远程数据采集功能。人们很快发现，用 PLC 构成一个网络是一个不错的选择(不知是否是借鉴了集散控制系统的思想)。现在，在许多场合利用 PLC 网络构成一个计算机监控系统，或是将其作为集散控制系统的一个下位子系统，此种方案基本上成为了首选。

1. PLC 的构成

可编程序控制器是基于微处理器技术的通用工业自动化控制设备。它采用了计算机的设计思想，实际上就是一种特殊的工业控制专用计算机，只不过它的最主要的功能是数字逻辑控制。因此，PLC 具有与通用的微型个人计算机相类似的硬件结构。PLC 由中央处理器(CPU)、存储器、输入输出接口、智能接口模块和编程器构成，其结构如图 4-14 所示。

（1）中央处理器(CPU) 中央处理器是整个 PLC 的核心组成部分，是系统的控制中枢。它的主要功能是实现逻辑运算和数学运算，协调控制可编程控制器内部的各部分工作。PLC 的 CPU 内部结构与微型计算机的 CPU 结构基本相同，PLC 的整体性能取决于 CPU 的性能，因此，常用的 CPU 主要是通用的微处理器、单片机或工作速度较快的双极型位片式微处理器。

（2）存储器 存储器主要用于存放系统程序、用户程序以及工作时产生的数据。系统程序是指控制 PLC 完成各种功能的系统管理程序、监控程序、用户逻辑解释程序、标准子程序模块和各种系统参数，由 PLC 生产厂家编写并固化在只读存储器(ROM)中。用户程序指由用户根据工业现场的要求所编写的控制程序，允许用户修改，最终固化并存储于

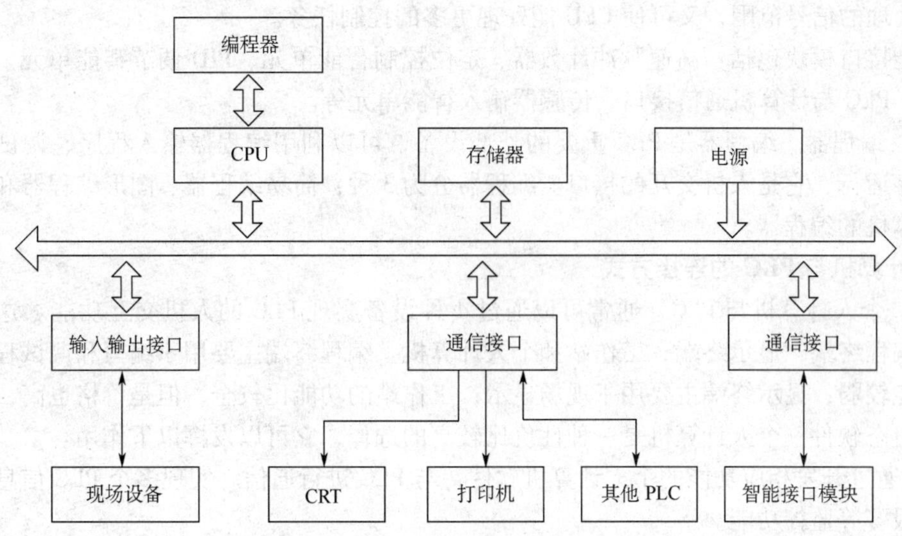

图 4-14　PLC 的结构框图

PLC 中。

PLC 的存储空间根据存储的内容可分为：系统程序存储区、系统 RAM 存储区和用户程序存储区。

(3) 输入输出接口　输入输出接口是可编程序控制器与现场各种信号相连接的部件，要求它能够处理这些信号并具有抗干扰能力。因此，输入输出接口通常配有电子变换、光电隔离和滤波电路。输入输出接口可分为：数字量输入、数字量输出、模拟量输入和模拟量输出。

数字量(包括开关量)输入信号类型有直流和交流两种，均采用光电隔离器件将现场电信号与 PLC 内部实现电气上的隔离，同时转换成系统内统一的信号范围。输出接口除了也具有光电隔离外，还具有各种输出方式：有的采用直流输出方式，有的采用交流输出方式，有的采用继电器输出方式，还有的提供功率放大等。

模拟量有各种类型，包括 0 ~ 10V，－10 ~ 10V，4 ~ 20mA。它们首先要进行信号处理。将输入模拟量转换成统一的电压信号，然后再进行模拟量到数字量的转换，即 A/D 变换。通过采样、保持和多路开关的切换，多个模拟量的 A/D 变换就可以共用一个 A/D 转换器来完成。转换为数字量的模拟量就可以通过光电隔离、数据驱动输入到 PLC 内部。

模拟量的输出是把可编程序控制器内的数字量转换成相应的模拟量输出，因此，它是与输入相反的过程。整个过程可分为光电隔离、数/模转换和模拟信号驱动输出等环节。PLC 内的数字量经过光电隔离实现两部分电路上电气隔离，数字量到模拟量的转换由数/模转换器(即 D/A 转换器)完成。转换后的模拟量再经过运算放大器等模拟器件进行相应的驱动，形成现场所需的控制信号。

(4) 智能接口模块　为了进一步提高 PLC 的性能，各大 PLC 厂商除了提供以上输入输出接口外，还提供各种专用的智能接口模块，用以满足各种控制场合的要求。智能接口模块是 PLC 系统中的一个较为独立的模块，它们具有自己的处理器和存储器等与 PLC 相似的硬件结构，通过 PLC 内部总线在 CPU 的协调管理下独立地进行工作。智能接口模块既扩展了

PLC 可处理的信号范围，又可使 CPU 能处理更多的控制任务。

智能接口模块包括：高速脉冲计数器、定位控制智能单元、PID 调节智能单元、PLC 网络接口、PLC 与计算机通信接口、传感器输入智能单元等。

（5）编程器　编程器是 PLC 重要的外部设备，可以利用编程器输入程序、调试程序和监控程序运行，它是人机交互的接口。编程器分为 3 种：简易编程器、图形编程器和与基于个人计算机的编程器。

2. 计算机与 PLC 的连接方式

（1）个人计算机与 PLC　通常可以通过 4 种设备实现 PLC 的人机交互功能。这 4 种设备是：编程终端、显示终端、工作站和个人计算机。编程终端主要用于编写和调试程序，其监控功能较弱；显示终端主要用于现场显示；工作站的功能比较全，但是价格也高，主要用于配置组态软件；个人计算机是一种性价比较高的选择，它可以发挥以下作用。

1）通过开发相应功能的个人计算机软件，与 PLC 进行通信。实现多个 PLC 信息的集中显示、报警等监控功能。

2）以个人计算机作为上位机，多台 PLC 作为下位机，构成小型控制系统：由个人计算机完成 PLC 之间控制任务的协同工作。

3）把个人计算机开发为协议转换器实现 PLC 网络与其他网络的互联。例如，可把下层的控制网络接入上层的管理网络。

（2）连接的基础

1）计算机和 PLC 均应具有异步通信接口，如 RS-232、RS-422 或 RS-485，否则，要通过转换器转接以后才可以互连。

2）异步通信接口相连的双方要进行相应的初始化工作，设置相同的波特率、数据位数、停止位数、奇偶校验等参数。

3）用户参考 PLC 的通信协议编写计算机的通信部分程序，大多数情况下不需要为 PLC 编写通信程序。

如果计算机无法使用异步通信接口与 PLC 通信，则应使用 PLC 配置的专用通信部件及专用的通信软件实现互连。

（3）连接方式

个人计算机与 PLC 的联网一般有两种形式：一种是点对点方式，即一台计算机的 COM 接口与 PLC 的异步通信端口之间直接用电缆相连，连接方式如图 4-15 所示；另一种是多点结构，即一台计算机与多台 PLC 通过一条通信总线相连接，以计算机为主站，PLC 为从站，进行主从式通信，连接方式如图 4-16 所示。通信网络可以有多种，如 RS-422、RS-485、各个公司的专用网络或工业以太网等。

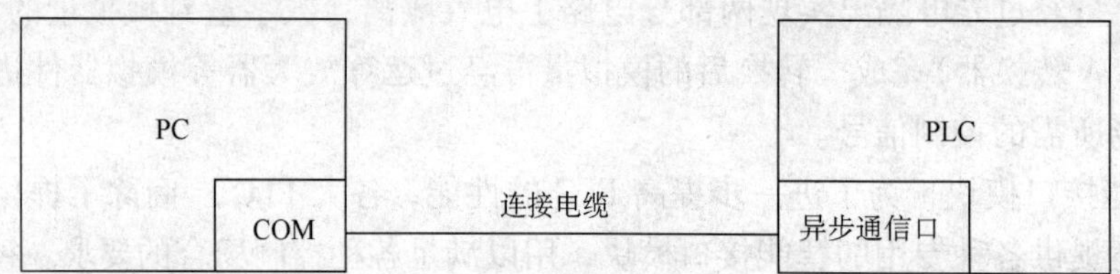

图 4-15　PLC 与 PC 连接的点对点方式

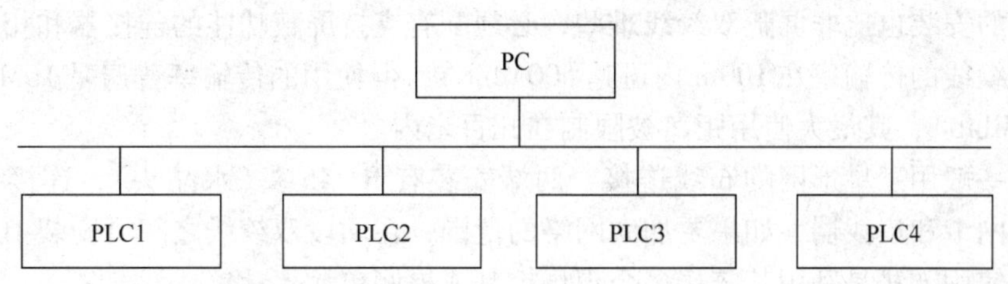

图4-16 计算机与PLC的多点连接方式

知识链接二 信息传输介质

传输介质是指数据通信中用来传递信号的媒体。由于不同介质的物理和电气特性不同，它们的传输速率和传输距离也就不同。计算机通信系统中常采用两大类：有线传输介质和无线传输介质。

1. 有线传输介质

（1）双绞线电缆 双绞线电缆(简称双绞线)是将一对或一对以上的双绞线封装在一个绝缘外套中而形成的一种传输介质。导线一般是铜质的，也有用铜包着钢的，这样可使导线具有一定强度。双绞线因其价格低廉而广泛地应用于计算机控制的底层现场连线，同时，也是目前局域网中最常用到的一种布线材料。为了降低信号的受干扰程度(使电磁辐射和外部电磁干扰减到最小)，电缆中的每一对双绞线一般是由两根绝缘铜导线相互缠绕而成，每根导线加绝缘层并用色标来标记，双绞线也因此而得名。双绞线按其电气特性进行分级或分类，一般分为非屏蔽双绞线(UTP)和屏蔽双绞线(STP)两大类，局域网中非屏蔽双绞线分为3类、4类、5类和超5类四种，屏蔽双绞线分为3类和5类两种。目前局域网中常用到的双绞线一般都是非屏蔽的5类4对(即8根导线)的电缆线。这些双绞电缆线的传输速率都能达到100Mbit/s。

1）非屏蔽双绞线。非屏蔽双绞线由多对双绞线与一个塑料外套构成，如图4-17所示。美国电子工业协会(EIA)把双绞线定义为五种不同的质量等级。一般的计算机网络常采用第3类双绞线。由于第5类双绞线利用增加缠绕密度，使用高质量绝缘材料等手段，极大地改善了传输品质，一般用于速度较高的网络。

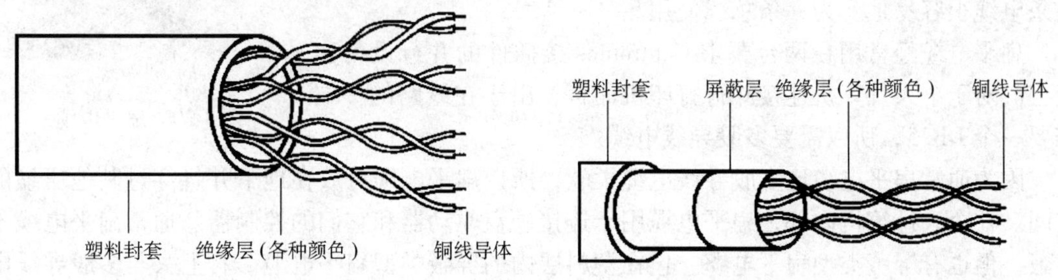

图4-17 非屏蔽双绞线

图4-18 屏蔽双绞线

2）屏蔽双绞线。在非屏蔽双绞线的导线与外塑料套管之间增加一层铝箔，就构成屏蔽双绞线，如图4-18所示。因此，屏蔽双绞线的价格比非屏蔽双绞线贵，介于同轴粗缆与光缆之间。它的安装也比非屏蔽双绞线难些，必须配有支持屏蔽功能的连接器和相应的安装技术。屏蔽双绞线的传输率在100m内可达500Mbit/s，但使用的传输率普遍是16Mbit/s，通常不超过155Mbit/s，其最大使用距离被限制在几百米内。

双绞线一般用于星形网的布线连接，两端安装有RJ-45头(水晶头)，连接工作站或现场控制器的网卡和集线器，如果要加大网络的范围，在两段双绞线之间可安装中继器。双绞线的另一种使用方法是利用其链接多个现场控制或检测单元。

(2) 同轴电缆　同轴电缆是计算机控制系统主干传输线路或局域网中使用得非常广泛的一种传输介质。其最里层(中心)是一根单芯铜导线或一股铜导线，第二层是泡沫塑料，起绝缘作用，第三层是网状的导体或导电铝箔，用以屏蔽电磁干扰和辐射，最外层是绝缘塑料套，如图4-19所示。这种结构的金属屏蔽网可防止中心导体向外辐射电磁场，也可用来防止外界电磁场干扰中心导体的信号。

根据传输频带的不同，同轴电缆可分为基带同轴电缆和宽带同轴电缆两种类型。按直径的不同，同轴电缆可分为粗缆和细缆两种。粗缆适用于比较大的局域网的布线，它的布线距离较长，可靠性较好，安装时采用特殊的装置，不需切断电缆，两端头装有终端器。用粗缆组建局域网虽然各项性能较高，具有较大的传输距离，但是网络安装、维护等方面比较困难，而且造价太高，同时细缆近年来的发展较快，所以计算机局域网中如无特殊要求一般都使用细缆组网。细缆一般以总线型结构在网络中出现。细缆安装较容易，而且造价较低，但因受网络布线结构的限制，其日常维护不甚方便，一旦一个用户出故障，便会影响其他用户的正常工作。

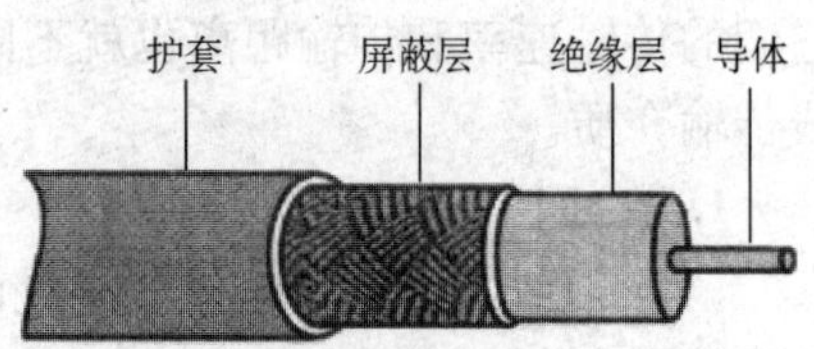

图4-19　同轴电缆

当频率较高时，同轴电缆的抗干扰性优于双绞线。同轴电缆的安装费用介于双绞线与光纤之间。

(3) 扁平电缆　扁平电缆由嵌入扁平绝缘层中的多根导线构成。如图4-20所示。

扁平电缆比多股双绞线更便宜，更灵活。专用D-系列和Centronics接插件均使用扁平电缆，它可以减少其他电缆所需要的焊接和卷曲。扁平电缆最适合用在需要一个单一连接器类型的直接连接中。在许多设备必须连到一条单一电缆上时，接插件使这条电缆很容易地变为一条总线使用。

扁平电缆经常用在两台要求Centronics接插件的并行设备连接上。对于个人计算机连接并行打印机而言，由于在线路的一端需要一个DB25，所以需要多股导线电缆。

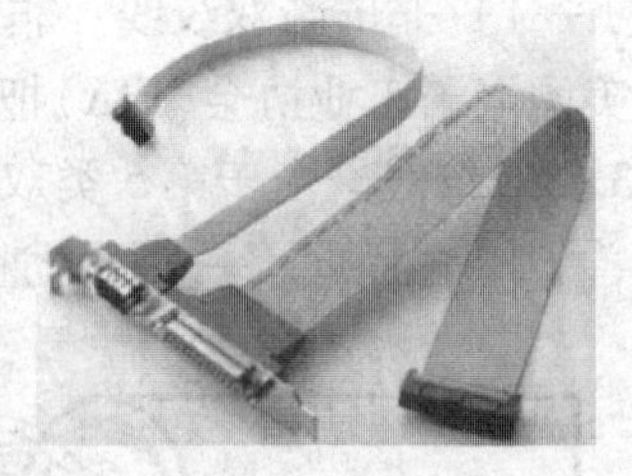
图4-20　扁平电缆

因为通常扁平电缆比多股导线电缆柔软，所以扁平电缆可放在地下并且穿过其他压缩的空间。在个人计算机内部，扁平电缆用于连接硬盘驱动器和它们的控制器。通常扁平电缆不屏蔽，但也有屏蔽类型扁平电缆。包在塑料层内的屏蔽类型扁平电缆，看上去与多股导线电缆相同。

(4) 电力线　采用电力线作为传输介质可以大大降低成本。特别是近年来在智能楼宇中普遍采用了远程抄表技术，如果能够采用电力线作为传输介质直接将传输电能的交流电网作为传输网络，就能大大降低成本和缩短工时。利用频带传输技术就可以实现电力线作为传输介质的数据传输。由于交流电网的干扰比较多，载波的频率一般选择在100~300kHz。同时，由于交流电网的干扰比较多的缘故，在要求大数据量、高可靠性的应用场合一般不使用这种传输介质。另外，在采用电力线作为传输介质时，一般都将传输距离限制在同一个电力变压器的供电范围内，而且发送和接受设备最好均连接在同一相电源线上。

（5）光导纤维　光缆是由一组光纤组成的用来传播光束的、细小而柔韧的传输介质。光纤与电导体构成的传输媒体最基本的差别是，它的传输信息是光束，而非电气信号。因此，光纤传输的信号不受电磁的干扰。

与传统电缆相比，光纤具有体积小、重量轻、损耗小、便于铺设，传输距离长的优点。由于光纤传输损耗低，所以其中继距离达到几十公里甚至上百公里，而传统的电传输线中继距离仅为几公里。

光纤具有抗干扰性好、保密性强、使用安全等特点。它是非金属介质材料，具有很强的抗电磁干扰能力，这是传统的电通信所无法比拟的。光纤具有抗高温和耐腐蚀的性能，可以抵御恶劣的工作环境。

光纤由单根玻璃光纤、紧靠纤芯的包层以及塑料保护涂层组成，如图4-21所示。为使用光纤传输信号，光纤两端必须配有光发射机和接收机。光发射机执行从光信号到电信号的转换，实现电光转换的通常是发光二极管（LED）或注入式激光二极管（ILD），实现光电转换的是光电二极管或光电晶体管。

光纤具有单向传输性，因此要实现双向通信，光纤必须是成对地使用，一根用于输出，另一根用于输入。

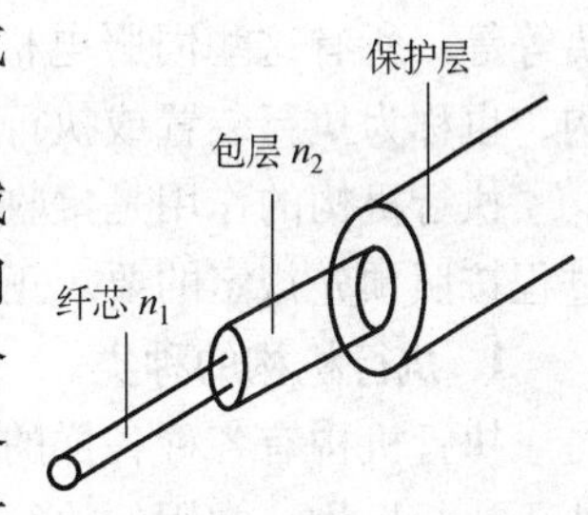

图4-21　光纤的基本结构

上述几种传输介质，双绞线价格便宜，对低通信容量的局域网来说，双绞线的性价比是最好的。楼宇内的网络线就可以使用双绞线，与同轴电缆比，双绞线的带宽受到限制。同轴电缆的价格介于双绞线与光缆之间，当通信容量较大且需要连接较多设备时，选择同轴电缆较为合适。光纤与双绞线和同轴电缆相比，其优点有：频带宽、速度高、体积小、重量轻、衰减小、能电磁隔离、误码率低。因此，对于高质量、高速度或者是要求长距离传输的数据通信网，光纤是非常合适的传输介质。随着技术的发展和成本的降低，光纤在局域网中将得到更加广泛的应用。

2. 无线传输介质

无线传输介质是指微波、红外线、激光等，数据的传输通过大气进行，而无需敷设有形介质（双绞线、同轴电缆、光缆等）。无线通信已经广泛地应用于电话领域，蜂窝式无线电话网就是一例。微波通信的载波频率为2~40GHz范围，一个带宽为2MHz的频段，可容纳500条话音线路，如果用来传输数字信号，传输速率可达若干Mbit/s。

图4-22所示为利用红外线传输与反射原理制成的红外光电传感器。

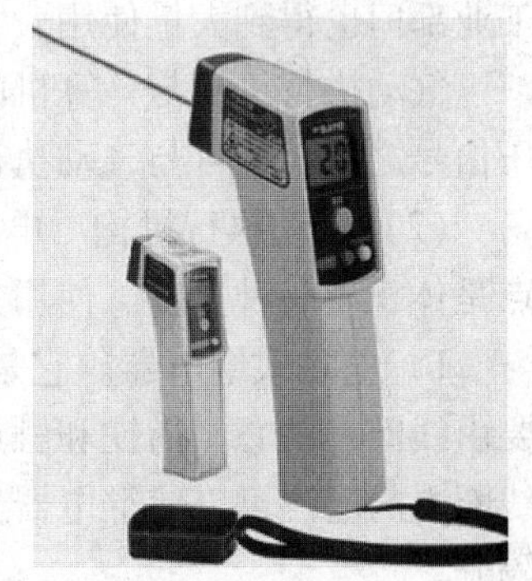
图4-22　红外光电传感器

微波传输是沿直线传播的，而地球表面是球面。同时，微波在空气中传播时，其能量有可能被气体分子谐振，也有可能被大气中的雨或雾所吸收。另外，微波传播还会受大气折射的影响。所以，微波在地面上的传播距离有限，其传播距离与天线的高度有关，天线越高，传输距离越远。当超过一定距离后，就需要用中继站来接力。红外线传输、激光传输与微波传输一样，都是沿直线传播的，都需要发送方和接收方之间有一条视线通路，有时称这三者为视线介质。这三种技术对环境气候(如雨、雾及雷电)较敏感，相比之下，微波对一般雨、雾的敏感程度要低一些。

传输介质的选择主要取决于以下几个因素：网络拓扑结构、通信的容量、可靠性要求、架设的环境、所能承受的价格等。

知识链接三　执行机构的种类与驱动

在计算机控制系统中，必须将经过采集、转换、处理的被控参量(或状态)与给定值(或事先安排好的动作顺序)进行比较，然后根据偏差来控制有关输出部件，达到自动调节被控量(或状态)的目的。例如，在机床加工工业中，经常通过控制电动机的正反转及其转速，以完成进刀、退刀及走刀的任务。在雷达天线位置跟踪系统中，需要控制伺服阀油缸的位置。在各种温、湿度控制系统中，经常需要控制阀门的开闭或开度，以控制液体和气体的流量。在机器人控制系统中，经常要控制各关节上伺服电机的转动方向和速度。在程控交换系统和配料过程控制系统中，经常要控制继电器和接触器的吸合与断开，以满足各种动作的需要等等。所有这些伺服电机、电动机、阀门、继电器、接触器等输出部件，统称为执行机构，也称为执行装置或执行器。

执行机构的作用是接收计算机发出的控制信号，并把它转换成调整机构的动作，使生产过程按照预先规定的要求正常进行。

1. 执行机构的种类

执行机构有各种各样的形式，按所需能量的形式可分为气动执行机构、电动执行机构和液压执行机构。常用的执行机构为气动和电动的。

(1) 气动执行机构　以压缩空气为动力的执行机构称为气动执行机构。气动执行机构主要分为薄膜式与活塞式两大类。薄膜式执行机构应用最广。

由于气动执行机构结构简单、价格低廉、输出推力大、防火防爆、动作可靠、维修方便，适用于防火、防爆场合，因此被广泛应用在化工、炼油生产中，在冶金、电力、纺织等工业部门也得到大量使用。

气动执行机构与计算机的连接极为方便，只要将电量信号经电气转换器转换成标准的气压信号之后，即可与气动执行机构配套使用。

(2) 电动执行机构　电动执行机构是工程上应用最多、使用最方便的一种执行器，特点是体积小、种类多、使用方便。下面简单介绍几种常用的电动执行机构。

1) 电磁式继电器。它是一种由小电流的通断控制大电流通断的常用开关控制器件，主要由线圈、铁心、衔铁和触点等部件组成。继电器的触点是与线圈分开的，通过控制继电器线圈上的电流可以使继电器上的触点开关闭合或断开，从而使外部高电压或大电流与微型机隔开。

电磁式继电器线圈的驱动电源可以是直流的，也可以是交流的，电压规格也有很多种。

输出触点的电流、电压也有很多种规格。电磁式继电器的线圈、触点可以使用各自独立的电源，两者之间相互绝缘，耐压可达千伏以上。它还有很大的电流放大作用，因此，电磁式继电器是一种很好的开关量输出隔离及驱动器件。它的不足是机械式触点动作时间较慢，在开关瞬间触电容易产生火花，引起干扰，减低使用寿命。图4-23所示为某型号电磁式继电器。

2）固态继电器。简称SSR(Solid State Relay)，它利用电子技术实现了控制回路与负载回路之间的电隔离和信号耦合，而且没有任何可动部件或触点，却能实现电磁继电器的功能，故称为固态继电器。它实际上是一种带光电耦合器的无触点开关。由于固态继电器输入控制电流小，输出无触点，所以与电磁式继电器相比，具有体积小、重量轻、无机械噪声、无抖动和回跳、开关速度快、工作可靠、寿命长等优点，因此，在微机控制系统中得到了广泛的应用，大有取代电磁继电器之势。图4-24所示为某型号固态继电器。

图4-23　电磁式继电器

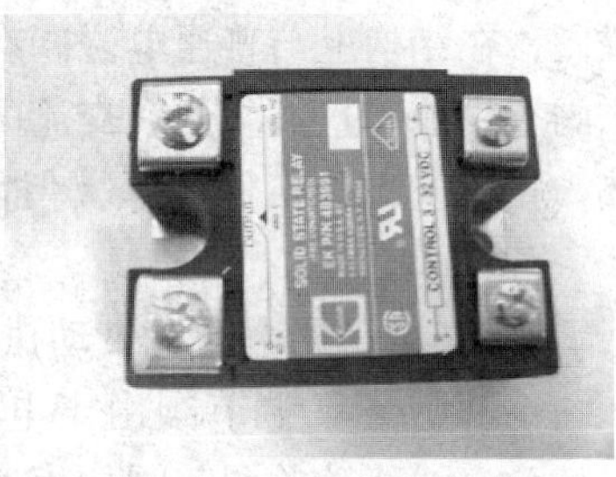

图4-24　固态继电器

根据结构形式的不同，固态继电器分为直流型固态继电器和交流型固态继电器两种。

3）大功率场效应晶体管。在开关量输出控制中，除了固态继电器以外，还可以用大功率场效应晶体管作为开关量输出控制元件。由于场效应晶体管输入阻抗高，关断漏电流小，响应速度快，而且与同功率继电器相比，体积较小，价格便宜，所以在开关量输出控制中也常作为开关元件使用。

大功率场效晶体管包括控制栅极G、漏极D、源极S。对于NPN型场效应晶体管来讲，当G为高电平时，源极与漏极导通，允许电流通过，否则场效应晶体管关断。

图4-25所示为某型号大功率场效应晶体管。

图4-25　大功率场效应晶体管

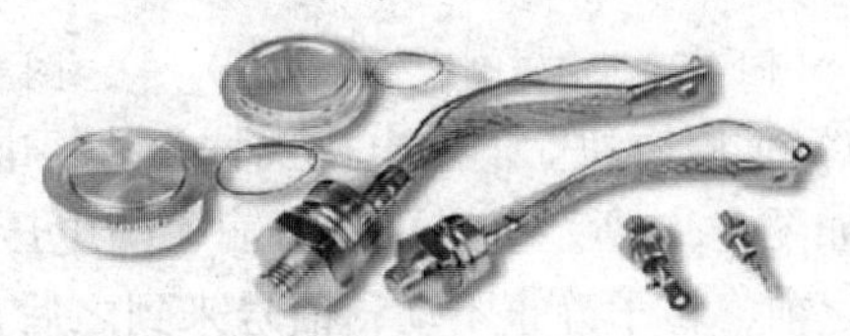

图4-26　晶闸管

值得说明的是，由于大功率场效应晶体管本身没有隔离作用，故使用时为了防止高压对微型机系统的干扰和破坏，通常在它与微机之间加一级光电隔离器，如4N25、TIL113等。

4）晶闸管。又称可控硅(Silicon Controlled Rectifier,SCR)，如图4-26所示是一种大功率的半导体器件，具有体积小、效率高、寿命长，用小功率控制大功率、开关无触点等特点，在交直流电机调速系统、调功系统、随动系统中应用广泛。单向晶闸管具有单向导电功能，在控制系统中多用于直流大电流场合，也可在交流系统中用于大功率整流回路。双向晶闸管也叫三端双向晶闸管，在结构上相当于两个单向晶闸管的反向并联，但共享一个控制极，具有双向导通功能，因此特别适用于交流大电流场合。

5）电磁阀。电磁阀是在气体或液体流动的管路中受电磁力控制开闭的阀体，如图4-27所示。广泛应用于液压机械、空调系统、热水器、自动机床等系统中。它由线圈、固定铁心、可动铁心和阀体等组成。当线圈不通电时，可动铁心受弹簧作用与固定铁心脱离，阀门处于关闭状态；当线圈通电时，可动铁心克服弹簧力的作用而与固定铁心吸合，阀门处于打开状态。这样，就控制了液体和气体的流动。再通过流动的液体或气体推动油缸或汽缸来实现物体的机械运动。

电磁阀通常是处于关闭状态的，通电时才开起，以避免电磁铁长时间通电而发热烧毁。但也有例外，当电磁铁用于紧急切断时，则必须使其平常开起，通电时关闭。这种紧急切断用的电磁阀，在结构上与普通电磁阀有所不同，必须采取一些特殊措施。

电磁阀有交流和直流之分。交流电磁阀使用方便，但容易产生颤动，起动电流大，并会引起发热。直流电磁阀工作可靠，但需专门的直流电源，电压分为12V、24V和48V三个等级。

6）调节阀。它是用电动机带动执行机构连续动作以控制开度大小的阀门，所以又称电动阀，如图4-28所示。调节阀由于电动机行程可完成直线行程也可完成旋转的角度行程，所以可以带动直线移动的调节阀如直通单座阀、直通双座阀、三通阀、隔膜阀、角形阀等，也可以带动叶片旋转阀芯的蝶形阀。根据流体力学的观点，调节阀是一个局部阻力可变的节流元件。通过改变阀心的行程可改变调节阀的阻力系数，从而达到控制流量的目的。

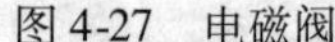

图4-27 电磁阀

图4-28 调节阀

图4-29 伺服电机

7）伺服电机。伺服电机也称为执行电动机，是控制系统中应用十分广泛的一类执行元件，如图4-29所示。它可以将输入的电压信号变换为轴上的角位移和角速度输出。在信号来到之前，转子静止不动；信号来到之后，转子立即转动；信号消失之后，转子又能即时自行停转。由于这种“伺服”性能，因而将这种控制性能较好、功率不大的电动机称做伺服电动机。

伺服电机有直流和交流两大类。直流伺服电机的输出功率常为1～600W，往往用于功率较大的控制系统。交流伺服电机的功率较小，一般为0.1～100W，用于功率较小的控制系统。

8）步进电机。步进电机是工业过程控制和仪器仪表中重要的控制元件之一，它是一种将电脉冲信号转换为直线位移或角位移的执行器，如图4-30所示。步进电机按其运动方式可分为旋转式步进电机和直线式步进电机，前者每输入一个电脉冲转换成一定的角位移，后者每输入一个电脉冲转换成一定的直线位移。由此可见，步进电机的工作速度与电脉冲频率成正比，基本上不受电压、负载及环境条件变化的影响，与一般电机相比能够提供较高精度的位移和速度控制。此外，步进电机还有快速起停的显著特点，并能直接接收来自计算机的数字信号，而不需经过D/A转换，使用十分方便，所以在定位场合中得到了广泛的应用。如在数控线切割机床上用于带动丝杠，控制工作台运动；在绘图仪、打印机、光学仪器中用于定位绘图笔、打印头、光学镜头等。

图4-30　步进电机

2. 执行机构的驱动

就接口技术而言，执行装置的接口与一般输出设备的接口没什么两样，主要差别在于，要想驱动它们，必须具有较大的输出功率，这就要求接口不仅能与微型机的TTL、CMOS等器件连接，而且必须向执行装置提供大电流、高电压驱动信号，以带动其动作。另一方面，由于各种执行装置的动作原理不尽相同，有的用电动，有的用气动或液压，因此如何使微型机输出的信号与之匹配，也是执行装置接口必须解决的重要问题。

在各种执行装置的接口中，为了实现与执行装置的功率配合，一般都要在微机输出口（包括数据总线及I/O接口）与执行装置之间增加一级驱动器。

下面介绍电磁继电器、固态继电器、晶闸管、电磁阀、伺服电机、步进电机等的驱动控制方法。

（1）电磁继电器的驱动控制方法　电磁继电器方式的开关量输出是一种最常用的输出方式，通过弱电控制外界的高电压、大电流设备。

继电器驱动电路的设计要根据所用继电器线圈的吸合电压和电流而定，控制电流一定要大于继电器的吸合电流才能使继电器可靠地工作。

虽然继电器本身带有一定的隔离作用，但在与微型机接口时通常还是采用光电隔离器进行隔离，常用的接口驱动电路如图4-31所示。当开关量PC0输出为高电平时，经反向驱动器7404变为低电平，使光耦合器的发光二极管发光，从而使光敏晶体管导通，同时使晶体管VT9013导通，因而使继电器KM的线圈通电，继电器常开触点KM1-1闭合，使交流220V电源接通，从而驱动大型负荷设备；反之，当PC0输出低电压时，使KM1-1断开。

图4-31中电阻为限流电阻，二极管VD的作用是保护晶体管VT。当继电器KM吸合时，二极管VD截止，不影响电路工作。继电器释放时，由于继电器线圈存在电感，这时晶体管VT9013已经截止，所以会在线圈的两端产生较高的感应电压。此电压的极性为上负下正，正端接在晶体管的集电极上。当感应电压与V_C之和大于晶体管VT9013的集电结反向电压时，晶体管VT9013有可能损坏。加入二极管VD后，继电器线圈产生的感应电流由二极管VD流过，因此，不会产生很高的感应电压，因而使晶体管VT9013得到保护。

（2）固态继电器的驱动控制方法　在继电器控制中，由于采用电磁吸合方式，在开关瞬间，触点容易产生火花，从而引起干扰；对于交流高压等场合，触点还容易氧化，因而影响系统的可靠性。所以随着微型机控制技术的发展，人们又研究出一种新型的输出控制器件——固态继电器。

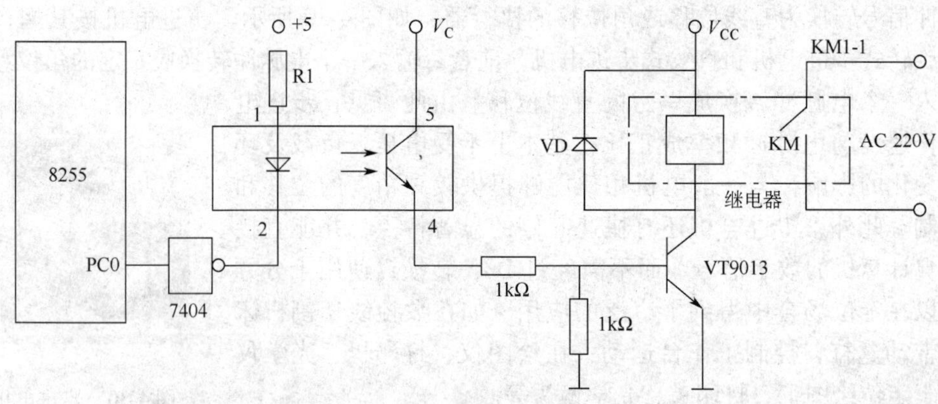

图 4-31 继电器输出驱动电路

直流 SSR 主要用于带动直流负载的场合，如直流电动机控制，直流步进电机控制和直流电磁阀控制等。交流型 SSR 采用双向晶闸管作为开关器件，用于交流大功率驱动场合，如交流电动机控制、交流电磁阀控制等。

图 4-32 所示为一种常用的直流固态继电器驱动电路，当数据线 D_i 输出数字“0”即低电平时，经 7406 反相变为高电平，使 NPN 型晶体管导通，SSR 输入端得电则输出端接通大型交流负荷设备 R_L。

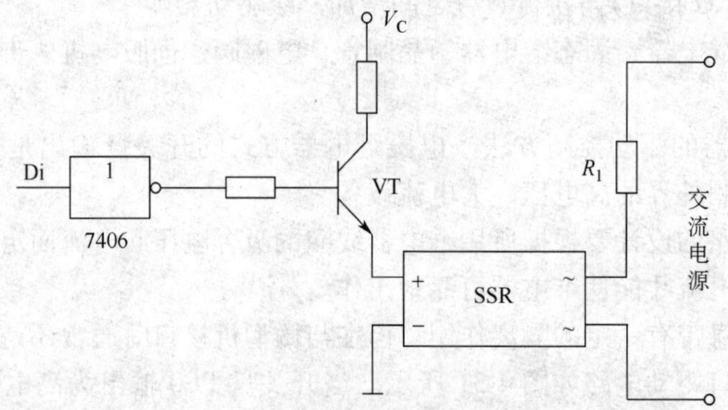

图 4-32 固态继电器输出驱动电路

（3）晶闸管的驱动控制方法 晶闸管常用于高电压大电流的负载，在实际使用时要采用光电隔离措施，触发脉冲电压应大于 4V，脉冲宽度应大于 20μs。在微型机控制系统中，常用 I/O 接口的某一位产生触发脉冲。为了提高效率，要求触发脉冲与交流同步。通常采用检测交流电过零点来实现。

图 4-33 所示为经光耦隔离的双向晶闸管输出驱动电路，当 CPU 数据线 D_i 输出高电平“1”时，经 7406 反相变为低电平，发光二极管导通，使光电晶闸管导通，导通电流再触发双向晶闸管导通，从而驱动大型交流负荷设备 R_L。

（4）电磁阀的驱动控制方法 由于电磁阀也是由线圈的通断电来控制的，其工作原理与继电器基本相同，故其与微型机的接口与继电器相同，也是由光电隔离及开关电路等来控制的。

对于交流电磁阀，由于线圈要求是交流电，所以通常使用双向晶闸管驱动或使用一个直

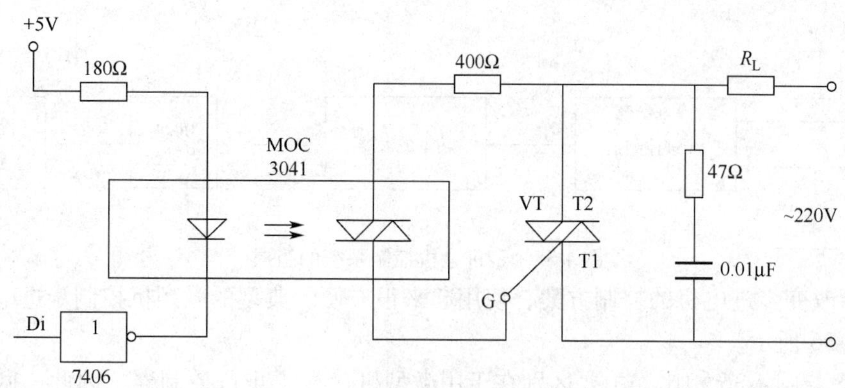

图 4-33　双向晶闸管输出驱动电路

流继电器作为中间继电器控制。

图 4-34 所示为交流电磁阀接口电路图。交流电磁阀线圈由双向晶闸管 VT 驱动。VT 的选择要求满足：额定工作电流为交流电磁阀线圈工作电流的 2 ~ 3 倍；额定工作电压为交流电磁阀线圈电压的 2 ~ 3 倍。对于中小尺寸交流 220V 工作电压的交流电磁阀，可以选择 3A、600V 的双向晶闸管。

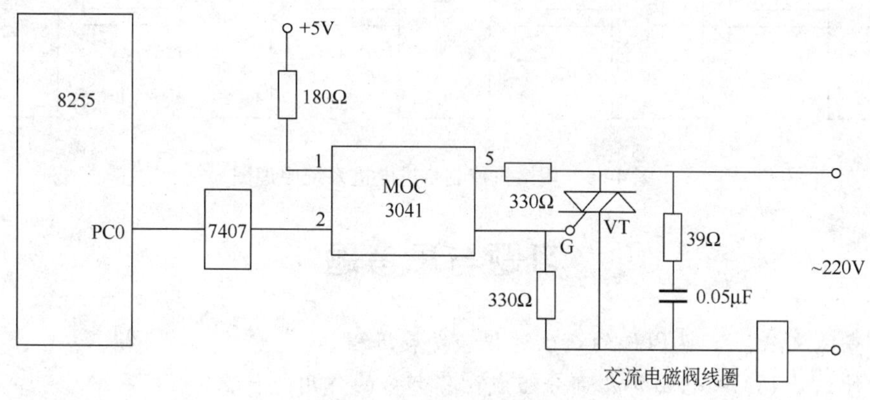

图 4-34　交流电磁阀驱动电路

光电隔离器 MOC3041 的作用是触发双向晶闸管 VT 以及隔离微型机和电磁阀系统。光电隔离器的输入端接 7407，由 8255 的 PC0 控制。当 PC0 输出为低电平时，双向晶闸管 VT 导通，电磁阀吸合；PC0 输出高电平时，双向晶闸管 VT 关断，电磁阀释放。MOC3041 内部带有过零检测电路，因此双向晶闸管 VT 工作在过零触发方式。

（5）步进电机的驱动控制方法　典型的步进电机控制系统如图 4-35 所示。

步进电机控制系统主要是由步进控制器、功率放大器及步进电机组成。步进控制器是由缓冲寄存器、环形分配器、控制逻辑及正、反转控制门等组成。它的作用就是把输入的脉冲转换成环型脉冲，以便控制步进电机，并能进行正、反向控制。功率放大器的作用是把控制器输出的环型脉冲加以放大，以驱动步进电机转动。在这种控制方式中，由于步进控制器线路复杂、成本高，因而限制了它的应用。

如果采用计算机控制系统，由软件代替上述步进控制器，则问题将大大简化。这不仅简化了线路，降低了成本，而且可靠性也大为提高。特别是采用微型机控制，更可以根据系统

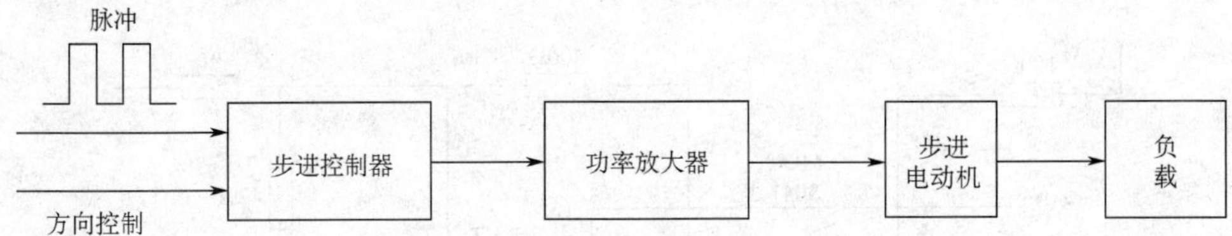

图 4-35 步进电机控制系统的组成

的需要灵活改变步进电机的控制方案，使用起来很方便。典型的微型机控制步进电机系统原理图如图 4-36 所示。

图 4-35 与图 4-36 相比，主要区别在于用微型机代替了步进控制器。因此，微型机的主要作用就是把并行二进制码转换成串行脉冲序列，并实现方向控制。每当步进电机脉冲输入线上得到一个脉冲，它便沿着转向控制线信号所确定的方向走一步。只要负载是在步进电机允许的范围之内，那么，每个脉冲都将使电动机转动一个固定的角度，根据步距角的大小及实际走的步数，只要知道初始位置，便可预知步进电机的最终位置。

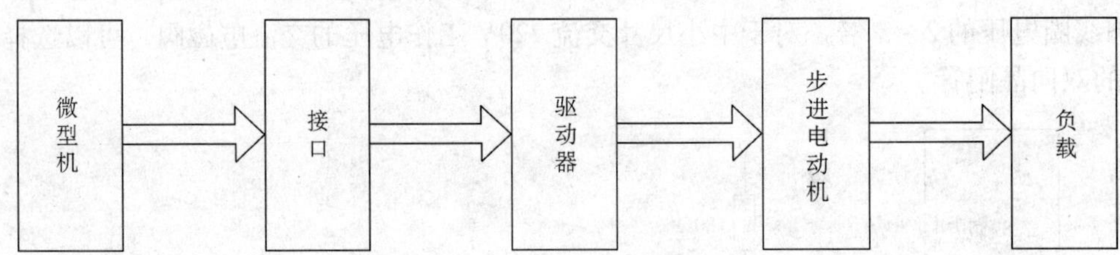

图 4-36 用微机控制步进电机系统原理图

习题与思考题

4.1 查阅文献，了解 PLC 的产生过程和发展历程。

4.2 什么是 PLC？它由哪几部分组成？各部分的作用是什么？

4.3 PLC 有哪几种编程语言？各有什么特点？

4.4 PLC 在工控领域有哪些应用？有什么优点？

4.5 在计算机控制系统信息传输中，可采用哪几种传输介质？各有什么特点？

4.6 在计算机控制系统中，执行机构有什么作用？常用的执行机构有哪些？

4.7 试列举几个你所了解的自动测量与控制装置中使用的 PLC，它们在系统中起什么作用？画出检测与控制原理示意图。

4.8 上网搜索商品化的各种 PLC 的技术资料，列出它们的型号、生产厂家、性能特点等。

4.9 查阅有关文献，学习各类电磁式继电器、固态继电器、大功率场效应晶体管、晶闸管、电磁阀、调节阀、伺服电机、步进电机等执行机构的结构、工作原理等知识。

4.10 上网搜索商品化的电磁式继电器、固态继电器、大功率场效应晶体管、晶闸管、电磁阀、调节阀、伺服电机、步进电机等执行机构的技术资料，列出它们的型号、生产厂家、性能特点等。

项目五

PC 与智能仪表构成集散控制系统

项目背景

集散控制系统(Distributed Control System,DCS)又称分布式控制系统。其基本思想是集中操作管理和分散控制。由于控制分散，就可以做到“危险分散”，从而使整个系统的可靠性大大提高。

智能仪表在我国的工业控制领域得到了广泛的应用。实际上，只要具有 RS-485(或 RS-232)通信接口、支持站号设置和通信协议访问的智能仪表都可以和 PC 构成一个主从式网络系统，这也是中小型 DCS 的一般结构。智能仪表具有较强的过程控制功能和较高的可靠性，因此这类中小型 DCS 在目前仍然占有较大的应用市场。

图 5-1 智能仪表

本项目讨论用 PC 与南京朝阳仪表有限责任公司生产的 XMT-3000A 智能仪表(如图 5-1 所示)构成中小型的 DCS 及其程序设计方法。

学习目标

1）掌握计算机与多个具有 RS-232 或 RS-485 通信接口的智能仪表远距离连接方法。

2）掌握计算机与多个智能仪表串口通信的 Kingview、Visual Basic 程序设计方法。

实训用软硬件

1. 设备清单

本项目用到的硬件和软件清单见表 5-1。

表 5-1 实训用到的软、硬件清单

序 号	名 称	数 量
1	PC(或 IPC)	1
2	智能仪表(XMT-3000A 型,需配置 RS-232 通信、上下限控制继电器、DC24V 电源等模块)	3
3	RS-232/RS-485 转换器	4
4	热电阻传感器(Cu50)	3
5	串口调试助手 V2. 2	1
6	Kingview 6. 5	1
7	Visual Basic 6. 0	1

2. 硬件线路

（1）线路说明　一般PC采用RS-232通信接口，若仪表具有RS-232接口，当通信距离较近且是一对一通信时，二者可直接用电缆连接，如图3-2所示。

由于一个RS-232通信接口只能连接一台RS-232仪表，当PC与多台具有RS-232接口的仪表通信时，可使用RS-232/RS-485型通信接口转换器，将计算机上的RS-232通信口转为RS-485通信口，在信号进入仪表前再使用RS-485/RS-232转换器将RS-485通信口转为RS-232通信口，然后再与仪表相连，如图5-2所示。

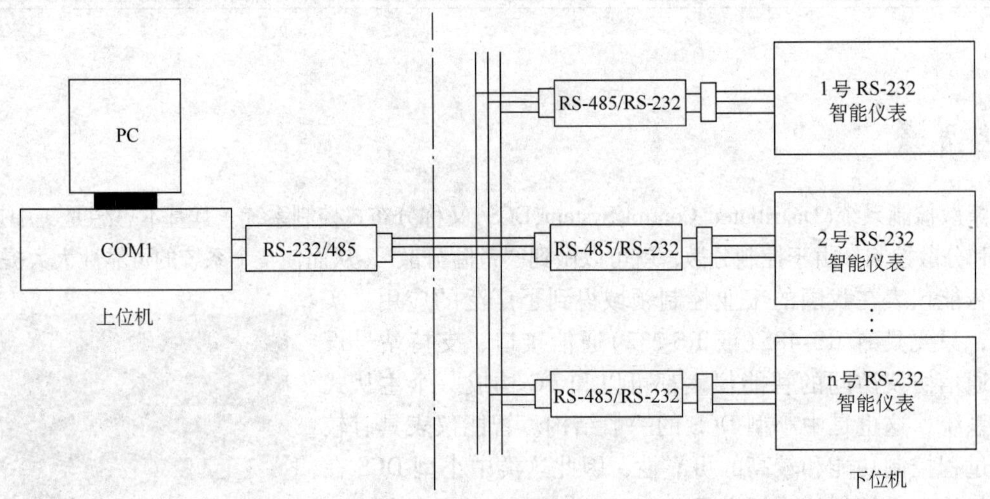

图5-2　PC与多个RS-232仪表连接示意图

当PC与多台具有RS-485接口的仪表通信时，由于两端设备接口电气特性不一致，不能直接相连，因此，也采用RS-232/RS-485接口转换器将RS-232接口转换为RS-485接口，再与仪表相连，如图5-3所示。

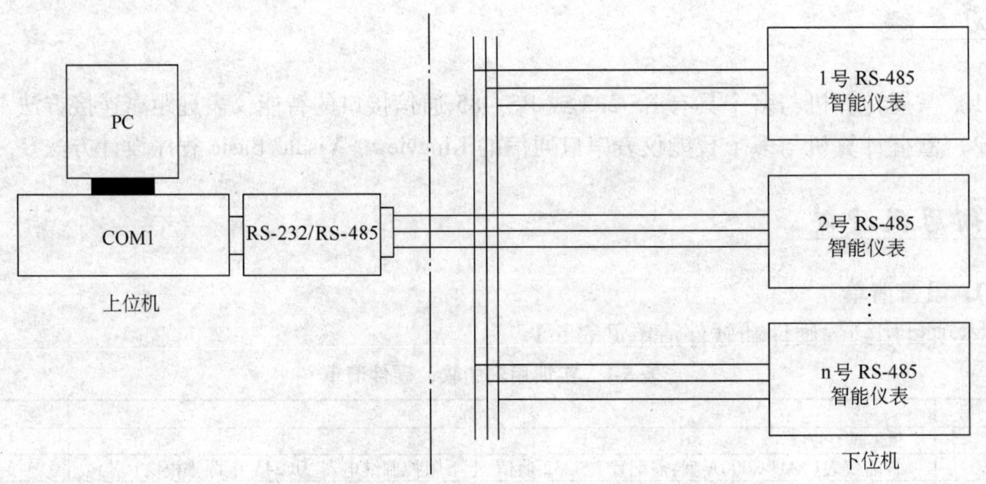

图5-3　PC与多个RS-485仪表连接示意图

如果IPC直接提供RS-485接口，与多台具有RS-485接口的仪表通信时不用转换器可直接相连。

RS-485 接口只有两根线要连接，有 +、 - 端(或称 A、B 端)区分，用双绞线将所有仪表的接口并联在一起即可。

热电阻与智能仪表的连接如图 3-2 所示。

(2) XMT-3000A 智能仪表的参数设置　XMT-3000A 智能仪表在使用前应对其输入/输出参数进行正确设置，设置好的仪表才能投入正常使用。请按表 5-2 设置仪表的主要参数。

表 5-2　XMT-3000A 智能仪表的参数设置

参　数	参数含义	1号仪表设置值	2号仪表设置值	3号仪表设置值
Sn	输入规格	20	20	20
diP	小数点位置	1	1	1
ALP	仪表功能定义	10	10	10
Addr	通信地址	1	2	3
bAud	通信波特率	4800	4800	4800

注意：DCS 系统中每台仪表有一个仪表号，PC 通过仪表号来识别网上的多台仪表，要求网上的任意两台仪表的编号(即通信地址代号 Addr 参数)不能相同，所有仪表的通信波特率参数必须一样，否则该地址的所有仪表通信都会失败。

XMT-3000A 智能仪表的通信协议见项目三。

(3) 串口通信调试　运行“串口调试助手”程序，首先设置串口号、波特率、校验位、数据位、停止位等参数(与仪表参数设置一致)，选择十六进制显示和十六进制发送方式，打开串口。

在发送指令文本框先输入读指令：“8181520C”，点击“手动发送”按钮，1 号表返回数据串；再输入读指令：“8282520C”，点击“手动发送”按钮，2 号表返回数据串；再输入读指令：“8383520C”，点击“手动发送”按钮，3 号表返回数据串。

可用“计算器”程序分别计算各个表的测量温度值。

实训任务

分别利用 Kingview、VB 编写程序实现 PC 与多个智能仪表串口通信。任务要求如下：

1) 以十进制方式显示多个智能仪表温度测量值。

2) 读取并显示各个表的上、下限报警值。

3) 当测量温度值大于或小于上、下限报警值时，画面中相应的信号指示灯变化颜色。

实训操作

一、利用 Kingview 实现 PC 与多个智能仪表构成的 DCS

1. 建立新工程项目

工程名称：“Kingview&DCS”；工程描述：“利用 Kingview 和智能仪表实现 DCS”。

2. 制作图形画面

在工程浏览器左侧树形菜单中选择“文件/画面”，在右侧视图中双击“新建”，出现画面属性对话框，输入画面名称、设置画面位置、大小等。

通过工具箱在空白图形画面中添加 18 个文本对象，1 个按钮对象。进入图库管理器，添加 3 个仪表对象，6 个指示灯对象，如图 5-4 所示。

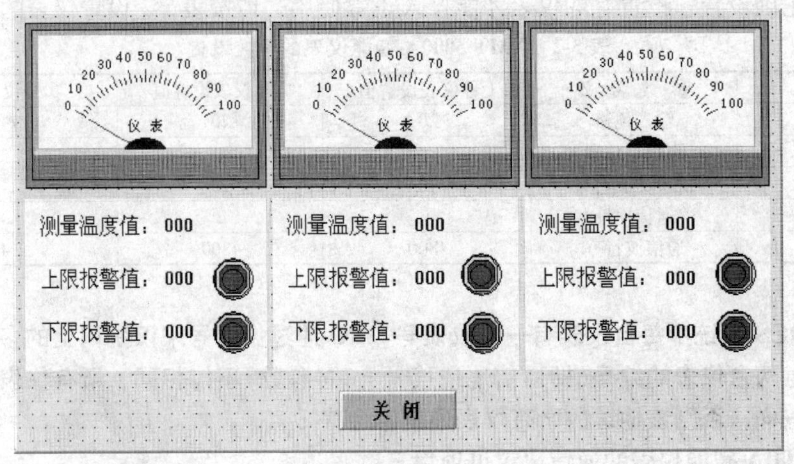

图 5-4 图形画面

3. 定义串口设备

（1）添加 3 个串口设备 选择：设备/COM1→新建→智能仪表→南京朝阳→XMT3000→串行，如图 5-5 所示。

1）单击“下一步”按钮，给要安装的设备指定唯一的逻辑名称，如：“智能仪表 1”（若定义多个串口设备，该名称不能重复）；

2）单击“下一步”按钮，选择串口号，如：“COM1”；

3）单击“下一步”按钮，为要安装的智能仪表指定地址，如：“1”（若定义多个串口设备，该值不能重复）；

4）单击“下一步”按钮，不改变通信参数。

5）单击“下一步”按钮，显示所要安装的设备信息总结，请检查各项设置是否正确，确认无误后，单击“完成”按钮。

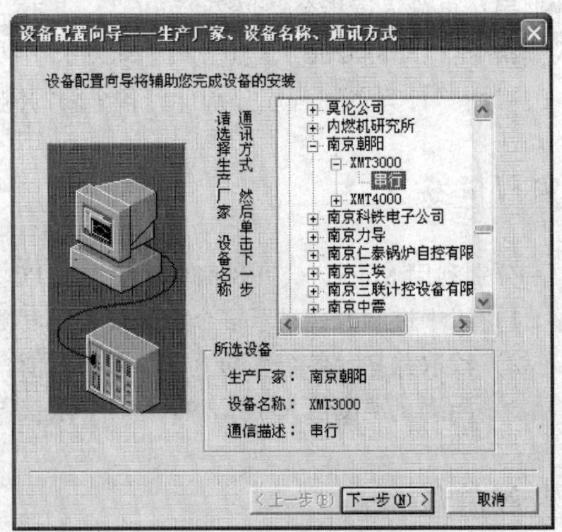

图 5-5 选择串口设备

按同样的步骤，定义其他 2 个串口设备。

逻辑名称：“智能仪表 2”，串口号：“COM1”，仪表地址：“2”；逻辑名称：“智能仪表 3”，串口号：“COM1”，仪表地址：“3”。

注意：选择的串口号必须与 PC 上使用的串口号一致，仪表地址必须与连网的 3 个智能仪表内部设定的 Addr 参数一致。

设备定义完成后，可以在工程浏览器“设备\ COM1”的右侧看到新建的串口设备“智能仪表1”、“智能仪表2”、“智能仪表3”。

（2）设置串口通信参数　双击“设备\ COM1”，弹出“设置串口”对话框，设置串口COM1的通信参数。

波特率选“4800”，奇偶校验选“无校验”，数据位选“8”，停止位选“2”，通信方式选“RS232”，如图5-6所示。

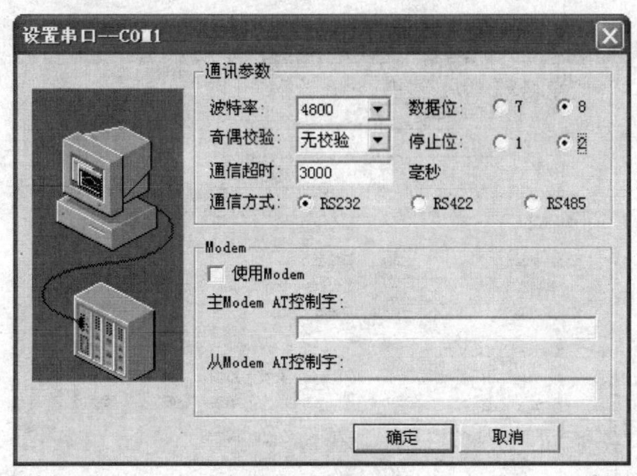

图5-6　设置串口参数

设置完毕，单击“确定”按钮，这就完成了对COM1的通信参数配置，使COM1同智能仪表的通信能够正常进行。

4. 定义变量

在工程浏览器的左侧选择“数据库/数据词典”，在右侧双击“新建”，弹出“定义变量”对话框，分别定义下面15个变量。

1）定义变量“测量值1”、“测量值2”、“测量值3”。定义变量“测量值1”：变量类型选“I/O实数”，最小值为“0”，最大值为“100”，最小原始值为“0”，最大原始值为“1000”，连接设备选“智能仪表1”，寄存器选“PV”，数据类型选“FLOAT”，读写属性选“只读”，采集频率设为“500”，如图5-7所示。

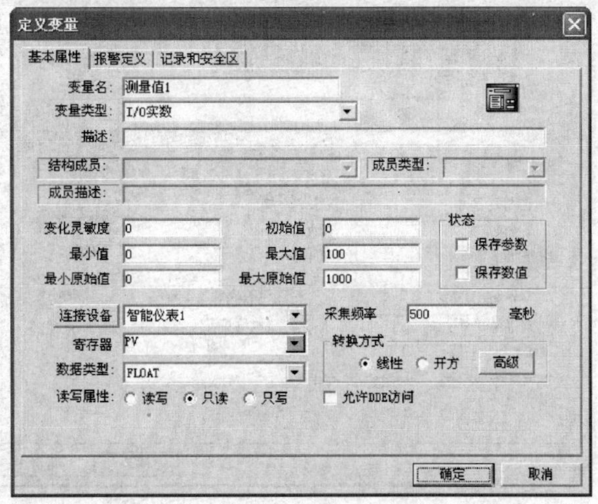

图5-7　定义变量“测量值1”

变量“测量值2”、“测量值3”的定义与“测量值1”基本相同，不同的是连接设备分别为“智能仪表2”和“智能仪表3”。

2）定义变量“上限报警值1”、“上限报警值2”、“上限报警值3”。定义变量“上限报警值1”：变量类型选“I/O实数”，初始值为“50”，最小值为“0”，最大值为“1000”，最小原始值为“0”，最大原始值为“1000”，连接设备选“智能仪表1”，寄存器选“HI-AL”，数据类型选“FLOAT”，读写属性选“读写”，如图5-8所示。

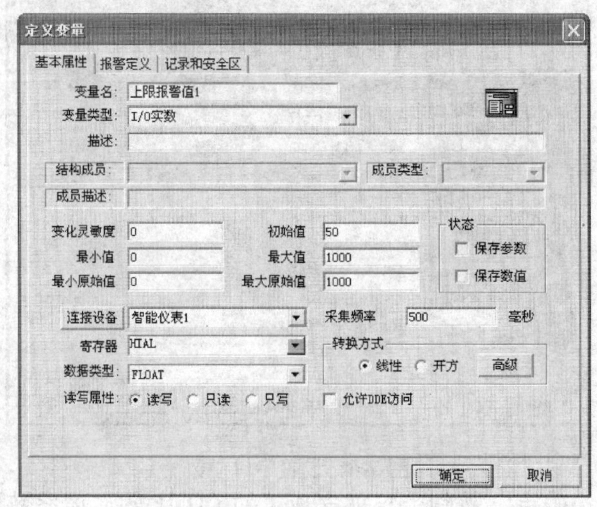

图5-8 定义变量“上限报警值1”

变量“上限报警值2”、“上限报警值3”的定义与“上限报警值1”基本相同，不同的是连接设备分别为“智能仪表2”和“智能仪表3”。

3）定义变量“下限报警值1”、“下限报警值2”、“下限报警值3”。定义变量“下限报警值1”：变量类型选“I/O实数”，初始值为“20”，最小值为“0”，最大值为“1000”，最小原始值为“0”，最大原始值为“1000”，连接设备选“智能仪表1”，寄存器选“LoAL”，数据类型选“FLOAT”，读写属性选“读写”，如图5-9所示。

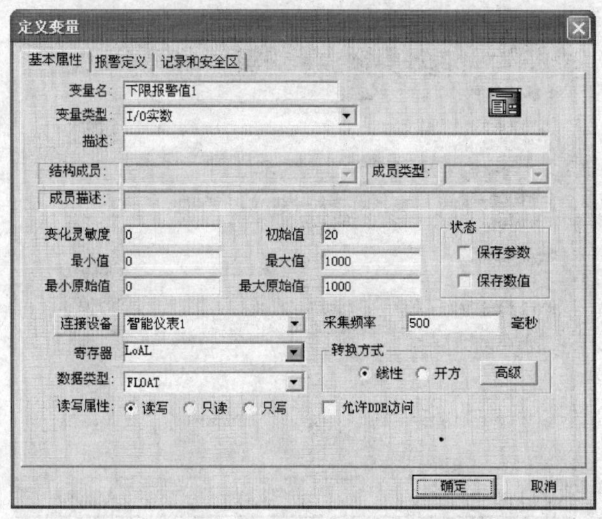

图5-9 定义变量“下限报警值1”

变量“下限报警值 2”、“下限报警值 3”的定义与“下限报警值 1”基本相同，不同的是连接设备分别为“智能仪表 2”和“智能仪表 3”。

4）定义变量“上限灯 1”、“上限灯 2”、“上限灯 3”、“下限灯 1”、“下限灯 2”、“下限灯 3”。全部相同，变量类型选“内存离散”，初始值选“关”。

5. 建立动画连接

进入开发系统，双击画面中图形对象，将定义好的变量与相应对象连接起来。

1）建立仪表对象的动画连接。双击画面中仪表对象 1，弹出“仪表向导”对话框，将其中变量名的表达式设置为“\\ 本站点 \ 测量值 1”（可以直接输入,也可以单击变量名文本框右边的“?”按钮,从“选择变量名”对话框选择已定义好的变量名“测量值 1”），将标签改为“1 号表”，如图 5-10 所示。

同样，建立仪表对象 2、仪表对象 3 的动画连接，变量名分别是“\\ 本站点 \ 测量值 2”、“\\ 本站点 \ 测量值 3”，标签分别为“2 号表”、“3 号表”。

2）将 1 号、2 号、3 号表测量温度值显示文本“000”的“模拟值输出”属性分别与变量“测量值 1”、“测量值 2”、“测量值 3”连接。以 1 号表为例说明连接方法。

双击画面中文本对象“000”，出现“动画连接”对话框，单击“模拟值输出”按钮，则弹出“模拟值输出连接”对话框，将其中的表达式设置为“\\ 本站点 \ 测量值 1”，整数位数设为 2，小数位数设为 1，单击“确定”按钮返回到“动画连接”对话框，再次单击“确定”按钮，动画连接设置完成。

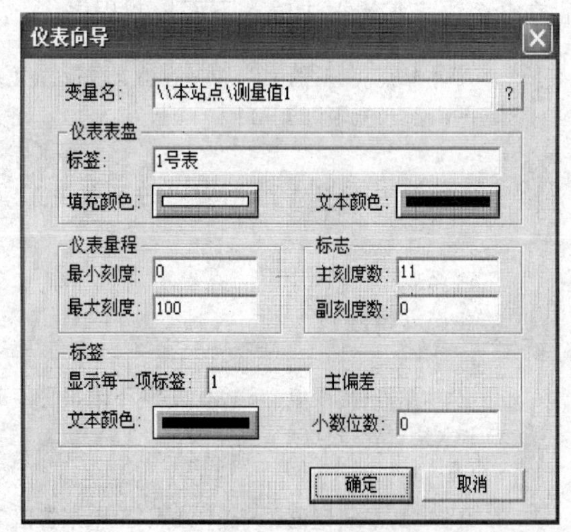

图 5-10　仪表对象动画连接

3）将 1 号、2 号、3 号表上限报警值显示文本“000”的“模拟值输出”属性、“模拟值输入”属性分别与变量“上限报警值 1”、“上限报警值 2”、“上限报警值 3”连接。

4）将 1 号、2 号、3 号表下限报警值显示文本“000”的“模拟值输出”属性、“模拟值输入”属性分别与变量“下限报警值 1”、“下限报警值 2”、“下限报警值 3”连接。

5）将 1 号、2 号、3 号表上限指示灯对象、下限指示灯对象分别与变量“上限灯 1”、“上限灯 2”、“上限灯 3”、“下限灯 1”、“下限灯 2”、“下限灯 3”连接。以 1 号表上限灯为例说明连接方法。

双击画面中指示灯对象，出现“指示灯向导”对话框，将变量名设定为“\\ 本站点 \ 上限灯 1”（可以直接输入,也可以单击变量名文本框右边的“?”按钮,选择已定义好的变量名“deng”）。将正常色设置为绿色，报警色设置为红色。设置完毕单击“确定”按钮，则“指示灯”对象动画连接完成，如图 5-11 所示。

6）建立按钮对象的动画连接。双击“关闭”按钮对象，出现“动画连接”对话框。单击命令语言连接中的“弹起时”按钮，出现“命令语言”窗口，在编辑栏中输入以下命令：“exit(0);”。

单击“确定”按钮，返回到“动画连接”对话框，再单击“确定”按钮，则“关闭”按钮的动画连接完成。程序运行时，单击“关闭”按钮，程序停止运行并退出。

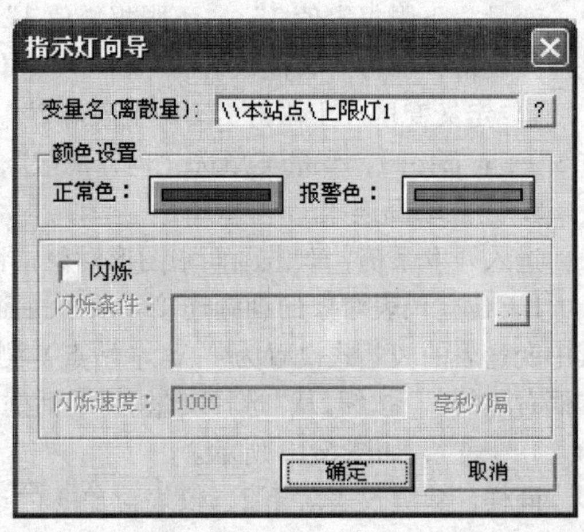

图5-11 “指示灯”对象的动画连接设置

6. 编写命令语言

在工程浏览器左侧树形菜单中双击命令语言“应用程序命令语言”项，出现“应用程序命令语言”编辑对话框，单击“运行时”，将循环执行时间设定为“500ms”，然后在命令语言编辑框中输入下面控制程序。

```
if(\\本站点\测量值1>=\\本站点\上限报警值1)
{\\本站点\上限灯1=1;
}
if(\\本站点\测量值1<\\本站点\上限报警值1 && \\本站点\测量值1>\\本站点\下限报警值1)
{
\\本站点\上限灯1=0;
\\本站点\下限灯1=0;
}
if(\\本站点\测量值1<=\\本站点\下限报警值1)
{\\本站点\下限灯1=1;
}
if(\\本站点\测量值2>=\\本站点\上限报警值2)
{
\\本站点\上限灯2=1;
}
if(\\本站点\测量值2<\\本站点\上限报警值2 && \\本站点\测量值2>\\本站点\下限报警值2)
{
\\本站点\上限灯2=0;
\\本站点\下限灯2=0;
}
if(\\本站点\测量值2<=\\本站点\下限报警值2)
{
\\本站点\下限灯2=1;
}
if(\\本站点\测量值3>=\\本站点\上限报警值3)
{
\\本站点\上限灯3=1;
}
```

```
if(\\本站点\测量值3 <\\本站点\上限报警值3 && \\本站点\测量值3 >\\本站点\下限报警值3)
{
\\本站点\上限灯3 =0;
\\本站点\下限灯3 =0;
}
if(\\本站点\测量值3 <=\\本站点\下限报警值3)
{
\\本站点\下限灯3 =1;
}
```

注意：命令输入要求在每条语句的尾部加分号。输入程序时，各种符号如括号、分号等应在英文输入法状态下输入。所有变量名均可通过左下角“变量[.域]”按钮来选择。

7. 调试与运行

将设计的画面和程序全部存储并配置成主画面，启动运行系统。

程序画面中显示三个仪表的测量温度值和上、下限报警值。当测量温度值大于或小于上、下限报警值时，相应的信号指示灯变换颜色。程序运行画面如图 5-12 所示。

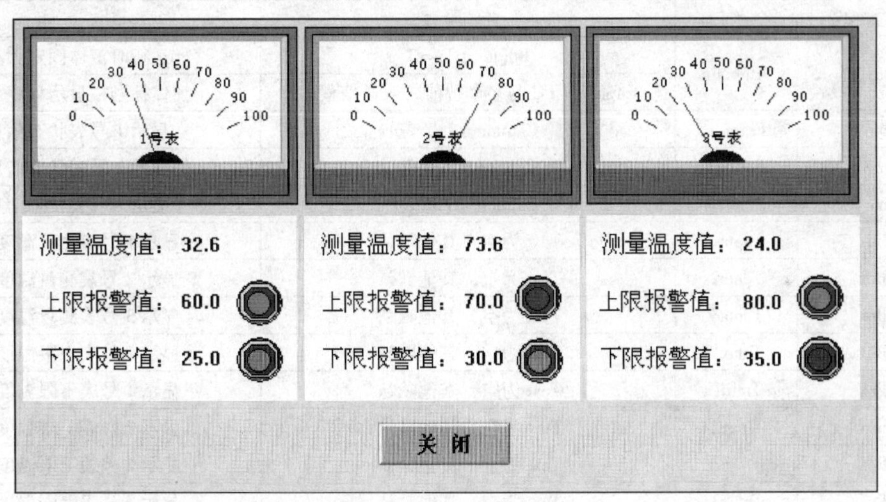

图 5-12　程序运行画面

二、利用 Visual Basic 实现 PC 与多个智能仪表构成的 DCS

1. 程序界面设计

运行 VB6.0，创建标准的工程项目文件，设计程序窗体。

1）添加 MSComm 控件到程序窗体上用于实现 PC 与智能仪表串口通信。

2）添加 Timer 控件到程序窗体上用于巡回检测仪表。

3）添加其他控件：3 个 Frame 控件，6 个 TextBox 控件，9 个 Label 控件，6 个 Shape 控件，1 个 CommandButton 控件。

设计的程序界面如图 5-13 所示。

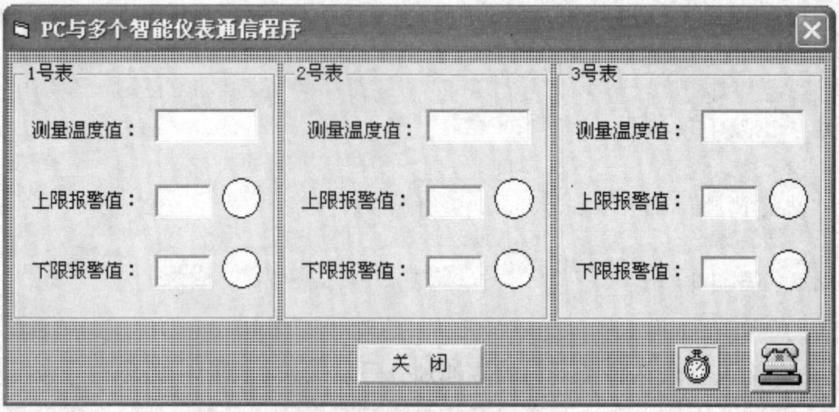

图 5-13　程序窗体界面

2. 属性设置

程序窗体、控件对象的主要属性设置见表 5-3。

表 5-3　程序窗体、控件对象的主要属性设置

控件类型	名　称	主要属性	功　能
Form	FrmMain	BorderStyle = 3	运行时窗体固定大小
		Caption = PC 与多个智能仪表通信程序	窗体标题栏显示程序名称
Frame	Frame1	Caption = 1 号表	显示 1 号表状态信息
Frame	Frame2	Caption = 2 号表	显示 2 号表状态信息
Frame	Frame3	Caption = 3 号表	显示 3 号表状态信息
TextBox	Tdata1	Text 为空，其他默认	显示 1 号表测量温度值
TextBox	Tdata2	Text 为空，其他默认	显示 2 号表测量温度值
TextBox	Tdata3	Text 为空，其他默认	显示 3 号表测量温度值
TextBox	Tmax1	Text 为空，其他默认	显示 1 号表上限温度值
TextBox	Tmin1	Text 为空，其他默认	显示 1 号表下限温度值
TextBox	Tmax2	Text 为空，其他默认	显示 2 号表上限温度值
TextBox	Tmin2	Text 为空，其他默认	显示 2 号表下限温度值
TextBox	Tmax3	Text 为空，其他默认	显示 3 号表上限温度值
TextBox	Tmin3	Text 为空，其他默认	显示 3 号表下限温度值
Shape1 ~6	Shape1 ~6	FillStyle = 0-Solid	填充样式，实线
		Shape = 3-Circle	圆形，上、下限报警指示
CommandButton	Cmdquit	Caption = 关闭	关闭程序
MSComm	MSComm1	在程序中设置	串口参数设置
Timer	Timer1	Enabled = True	时钟初始可用
		Interval = 500	设置发送周期(ms)

3. 程序代码设计

设计的参考程序代码如下：

```
'定义变量
Dim temp As Integer                    '仪表号循环变量
```

```
Dim data1, data2, data3 As Single                '1号表、2号表、3号表测量值
Dim maxdata1, maxdata2, maxdata3 As Single       '1号表、2号表、3号表上限报警值
Dim mindata1, mindata2, mindata3 As Single       '1号表、2号表、3号表下限报警值
'串口初始化
Private Sub Form_Load()
  MSComm1.CommPort = 1                           '设置通信端口号为COM1
  MSComm1.InputMode = 1                          '以二进制格式读取数据
  MSComm1.RThreshold = 1                         '设置并返回的要接收的字符数
  MSComm1.SThreshold = 1                         '设置并返回传输缓冲区中允许的最小字符数
  MSComm1.Settings = "4800,n,8,2"                '设置串口参数
  MSComm1.PortOpen = True                        '打开串口
  Shape1.FillColor = QBColor(10)                 '报警指示灯初始颜色为绿色
  Shape2.FillColor = QBColor(10)
  Shape3.FillColor = QBColor(10)
  Shape4.FillColor = QBColor(10)
  Shape5.FillColor = QBColor(10)
  Shape6.FillColor = QBColor(10)
End Sub
'改变仪表序号
Private Sub Timer1_Timer()
  temp = temp + 1
  Call order_num
  If temp > 6 Then temp = 0
End Sub
'周期发出请求指令,自动连续采集
'循环向仪表发送读数据命令串
'不同的仪表号发送不同的读指令
Sub order_num()
  If temp = 1 Then                               '向1号表发送读指令,读取温度值和上限值
    MSComm1.Output = Chr(&H8181) + Chr(&H52) + Chr(&H1)
  ElseIf temp = 2 Then                           '向1号表发送读指令,读取温度值和下限值
    MSComm1.Output = Chr(&H8181) + Chr(&H52) + Chr(&H2)
  ElseIf temp = 3 Then                           '向2号表发送读指令,读取温度值和上限值
    MSComm1.Output = Chr(&H8282) + Chr(&H52) + Chr(&H1)
  ElseIf temp = 4 Then                           '向2号表发送读指令,读取温度值和下限值
    MSComm1.Output = Chr(&H8282) + Chr(&H52) + Chr(&H2)
  ElseIf temp = 5 Then                           '向3号表发送读指令,读取温度值和上限值
    MSComm1.Output = Chr(&H8383) + Chr(&H52) + Chr(&H1)
  ElseIf temp = 6 Then                           '向3号表发送读指令,读取温度值和下限值
    MSComm1.Output = Chr(&H8383) + Chr(&H52) + Chr(&H2)
  Else
    Exit Sub
  End If
```

```
End Sub
'每发送一次指令,触发下面事件,返回数据串
Private Sub MSComm1 _ OnComm( )
  Dim Inbyte( ) As Byte
  Dim buffer As String
  Dim datatemp1 As Single                               '测量值
  Dim datatemp2 As Single                               '最大值
  Dim max _ minstr As String
    Select Case MSComm1. CommEvent
      Case comEvReceive
        Inbyte = MSComm1. Input                         '读取仪表返回数据串
        For i = LBound( Inbyte) To UBound( Inbyte)
          buffer = buffer + Hex( Inbyte( i) ) + Chr(32)  '智能仪器返回的数据串(十六进制)
        Next i
      Case comEvSend
    End Select
    '获取上下限值
    max _ minstr = Right( buffer,5)
    If Len( Trim( Mid( max _ minstr,1,2) ) ) =1 Then
      datatemp2 = Val(" &H " & Mid( max _ minstr,3,2) & Str(" 0 ") & Mid( max _ minstr,1,2) )
    Else
      datatemp2 = Val(" &H " & Mid( max _ minstr,3,2) & Mid( max _ minstr,1,2) )
    End If
    '显示仪表上、下限温度值
    If datatemp2 < >0 Then
      If temp =1 Then
        Tmax1. Text = datatemp2
        maxdata1 = Val( Tmax1. Text)
      End If
      If temp =2 Then
        Tmin1. Text = datatemp2
        mindata1 = Val( Tmin1. Text)
      End If
      If temp =3 Then
        Tmax2. Text = datatemp2
        maxdata2 = Val( Tmax2. Text)
      End If
      If temp =4 Then
        Tmin2. Text = datatemp2
        mindata2 = Val( Tmin2. Text)
      End If
      If temp =5 Then
        Tmax3. Text = datatemp2
```

```
            maxdata3 = Val(Tmax3.Text)
        End If
        If temp = 6 Then
            Tmin3.Text = datatemp2
            mindata3 = Val(Tmin3.Text)
        End If
    End If
    '获取十进制测量数据
    If Len(Trim(Mid(buffer,1,2))) = 1 Then
        datatemp1 = Val("&H" & Mid(buffer,3,2) & Str("0") & Mid(buffer,1,2)) * 0.1
    Else
        datatemp1 = Val("&H" & Mid(buffer,3,2) & Mid(buffer,1,2)) * 0.1
    End If

    If(datatemp1 <> 0) Then
        If temp = 1 Or temp = 2 Then
            Tdata1.Text = Format $(datatemp1,"0.0")          '显示测量温度值,保留1位小数
            data1 = Val(Tdata1.Text)
        End If
        If temp = 3 Or temp = 4 Then
            Tdata2.Text = Format $(datatemp1,"0.0")
            data2 = Val(Tdata2.Text)
        End If
        If temp = 5 Or temp = 6 Then
            Tdata3.Text = Format $(datatemp1,"0.0")
            data3 = Val(Tdata3.Text)
        End If
        Call alarm                                           '调用报警过程程序
    End If
End Sub
'上、下限报警指示
Private Sub alarm()
'1号表报警指示
If data1 >= maxdata1 Then
    Shape1.FillColor = QBColor(12)                           '超过上限时指示灯为红色
End If
If data1 < maxdata1 And data1 > mindata1 Then
    Shape1.FillColor = QBColor(10)                           '正常温度范围指示灯为绿色
    Shape2.FillColor = QBColor(10)
End If
If data1 <= mindata1 Then
    Shape2.FillColor = QBColor(12)                           '低于下限时指示灯为红色
End If
```

```
    '2 号表报警指示
    If data2  >= maxdata2 Then
      Shape3. FillColor = QBColor(12)
    End If
    If data2 < maxdata2 And data2 > mindata2 Then
      Shape3. FillColor = QBColor(10)
      Shape4. FillColor = QBColor(10)
    End If
    If data2 <= mindata2 Then
      Shape4. FillColor = QBColor(12)
    End If
    '3 号表报警指示
    If data3 >= maxdata3 Then
      Shape5. FillColor = QBColor(12)
    End If
    If data3 < maxdata3 And data3 > mindata3 Then
      Shape5. FillColor = QBColor(10)
      Shape6. FillColor = QBColor(10)
    End If
    If data3 <= mindata3 Then
      Shape6. FillColor = QBColor(12)
    End If
End Sub
'关闭程序
Private Sub Cmdquit _ Click()
  MSComm1. PortOpen = False                    '关闭串口
  Unload frmMain                               '卸载窗体
End Sub
```

4. 运行程序

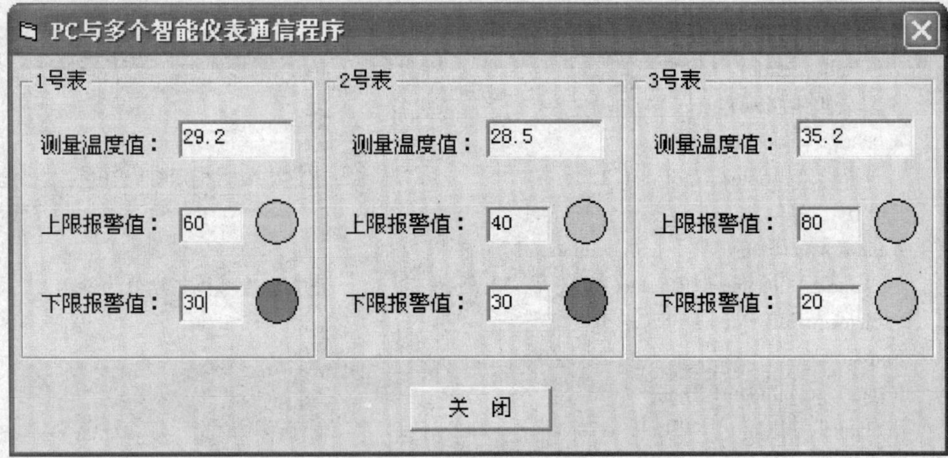

图 5-14 程序运行画面

程序设计、调试完毕，运行程序。程序画面中显示 3 个仪表的测量温度值和上、下限报警值。当测量温度值大于或小于上、下限报警值时，相应的信号指示灯由绿色变为红色。程序运行画面如图 5-14 所示。

巩固与提高

1）统计每个仪表的测量温度平均值、最大值、最小值，并在前面板显示。

2）绘制每个仪表温度测量的实时变化曲线与历史变化曲线。

3）在程序运行时设置各仪表的上、下限温度报警值。

知识链接一　集散控制系统的产生

计算机集散控制系统，又称计算机分布式控制系统（Distributed Control System，DCS）。它是一种综合了计算机技术、控制技术、通信技术和 CRT 显示技术（即 4C 技术），实现对生产过程集中监测、操作、管理和分散控制的新型控制系统。

集散控制系统出现以前，生产过程控制主要采用模拟仪表控制系统或计算机集中控制系统。

20 世纪 40 年代多采用模拟仪表控制系统，虽然它具有可靠性高、成本低、操作简便、易于维护等优点，但随着工业生产的发展，其局限性越来越明显。在控制性能方面，难以实现对多变量相关对象的控制，也难以实现复杂控制规律；在操作监视方面，随着生产规模的扩大和工艺过程的复杂化，仪表大量增加，模拟仪表屏不断增大，难以集中显示和操作，各子系统间信号联系困难，不便于实现通信联系，从而无法组成分级控制系统；对系统组成和控制方式的变更，需要变换相应的仪表。

20 世纪 50 年代末 60 年代初，生产过程控制开始引入了计算机集中控制系统，克服了模拟仪表控制系统的局限性。这种控制系统具有易于实现复杂的控制、能集中显示操作、控制精度高、便于改变系统结构和控制方式、自下而上的通信能力较强等优点。但由于在计算机集中控制系统中，一台计算机控制着几十个甚至上百个回路，所以一旦计算机发生故障，将影响整个系统的运行，从而导致系统的安全可靠性降低。集中控制导致了危险性也集中，采用一台计算机工作，另一台计算机备用的双工系统，虽可提高可靠性，但成本太高，难以为用户所接受。

20 世纪 70 年代中期，在综合分析了模拟仪表控制与计算机集中控制的优点后，采用了“危险分散”的设计思想，将控制部分分散，而将显示操作部分高度集中，并利用了计算机技术、控制技术、通信技术和 CRT 显示技术的最新发展成果，研制出了一种新型的、能满足不同系统要求的集散控制系统。

集散控制系统既不同于分散的仪表控制，又不同于集中计算机控制系统，它克服了二者的缺陷而集中了二者的优势。与模拟仪表控制相比，它具有连接方便、采用软连接的方法连接、容易更改、显示方式灵活、显示内容多样、数据存储量大、占用空间少等优点；与计算机集中控制系统相比，它具有操作监督方便、危险分散、功能分散等优点。另外，集散控制系统不仅实现了分散控制、分而治之，而且实现了集中管理、整体优化，提高了生产自动化水平和管理水平，成为过程自动化和信息管理自动化相结合的管理与控制一体化的综合集成系统。这种系统组态灵活，通用性强，规模可大可小，既适用于中小型控制系统，也适用于大型控制系统。因此，在各行各业各个领域都得到了广泛应用。

知识链接二 集散控制系统的特点

集散控制系统能被广泛应用的原因是它具有优良的特性，其特点可概括如下。

（1）自治性 系统上各工作站是通过网络接口连接起来的，各工作站独立自主地完成自己的任务，且各站的容量可扩充，配套软件随时可组态加载，是一个能独立运行的高可靠性子系统。分散过程控制级各控制装置是一个自治的系统，它完成数据的采集、信号处理、计算机数据输出等功能。集中操作监控级完成数据的显示、操作监视和操作信号的发送等功能。综合信息管理级完成信息的管理和优化。通信网络系统则完成各站的连接和数据通信。所以各部分都是各自独立的自治系统。其控制功能分散和危险分散的特点，提高了系统的可靠性。

（2）在线性和实时性 生产过程控制级由于采用基于高性能微处理器的控制调节器，可通过过程通道、I/O 接口和通信网络，对过程对象的数据进行实时采集、分析、记录、监视和操作控制，并可进行系统结构和组态回路的在线修改、局部故障的在线维修，提高了系统的可用性。

（3）适应性、灵活性和可扩充性 集散控制系统的硬件和软件采用开放式、标准化、模块化和系列化设计，系统为积木式结构，使得系统配置灵活，可以根据用户的不同需要，方便地构成多级控制系统。当工厂根据生产要求需要改变生产工艺或生产流程时，只需改变系统配置和控制方案，如增加或拆除部分单元，而系统不会受到任何影响。

集散控制系统一般为用户提供了丰富的功能软件，用户只需按要求选用即可，大大减少了用户的开发工作量。功能软件主要包括控制软件包、操作显示软件包和报表打印软件包等，并提供至少一种过程控制语言，供用户开发高级的应用软件。

（4）系统组态灵活方便 集散控制系统向用户提供了系统组态软件，该软件是采用面向问题的语言，提供了数十种常用的运算和控制模块，控制工程师只需按照系统的控制方案，从中任意选择模块，并以填表的方式来定义这些功能模块，进行控制系统的组态。系统组态一般是在操作站上进行的。填表组态方式极大地提高了系统设计的效率，解除了用户使用计算机必须编程的困扰。

集散控制系统所提供的组态软件一般包括系统组态、过程控制组态、画面组态和报表组态，用户的方案及显示方式由组态软件来解释生成其内部可理解的目标数据。使用组态软件可以生成相应的实用系统，易于用户设计新的控制系统，便于灵活更改与扩充。

（5）可靠性 由于集散控制系统采用很多独特的设计，使其具有可靠性高的优点。在结构上采用容错设计，使得在任一个单元失效的情况下，仍然保持系统的完整性，即使全局性通信或管理失效，局部站仍能维持正常工作。在硬件上，采用了冗余设计，无论操作站、控制站，还是通信链路都采用双重化配置，同时在系统内外采取了各种抗干扰措施，满足“电磁兼容性”要求。

在软件上采用分段与模块化设计，积木式结构，以及程序卷回(即指令复执)等容错设计。系统具有快速自诊断功能，实现故障部件的自动隔离、自动恢复与热机插拔技术。系统内发生异常，可将故障信息汇总到操作站，通过CRT显示，或者声光报警或打印机输出，及时通知操作员。监测站、控制站各插件上都有状态信号灯，指示故障插件。

所有以上这些措施极大地提高了系统的可靠性和安全性。

知识链接三　集散控制系统的体系结构

集散控制系统是采用标准化、模块化和系列化的设计，实现集中监视、操作和管理，分散控制。虽然各制造厂家所生产的集散控制系统各不相同，但因采用了相同的设计思想，因此它们具有相似的体系结构。其体系结构从垂直方向可分为三级，第一级为分散过程控制级，第二级为集中操作监控级，第三级为综合信息管理级，各级相互独立又相互联系。从水平方向，每一级按功能可分成若干子块(相当于在水平方向分成若干级)。各级之间由通信网络连接，级内各装置之间由本级的通信网络进行通信联系。

集散控制系统典型的体系结构如图5-15所示。

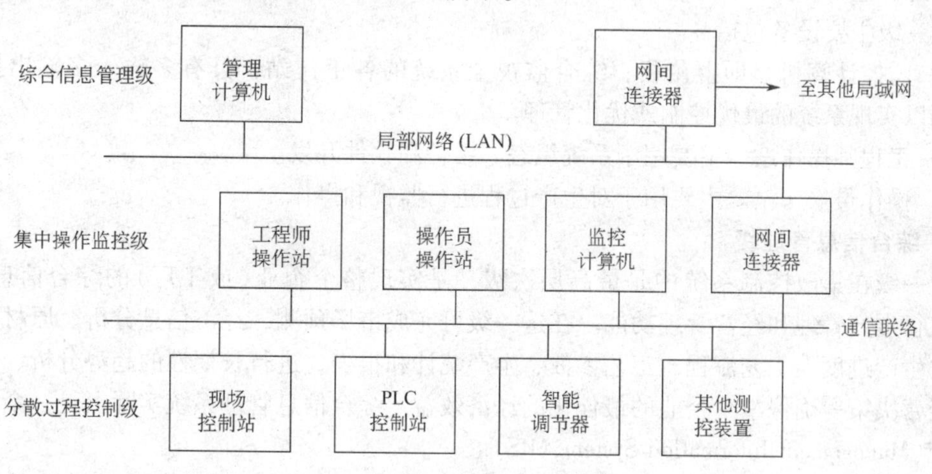

图5-15　集散控制系统的体系结构

1. 分散过程控制级

分散过程控制级直接面向生产过程，是集散控制系统的基础。它具有数据采集、数据处理、回路调节控制和顺序控制等功能，能独立完成对生产过程的直接数字控制。其过程输入信息是面向传感器的信号，如热电偶、热电阻、变送器(温度、压力、液位、电压、电流、功率等)及开关量等信号，其输出是作用于驱动执行机构(调节阀、电磁阀等)。同时，通过通信网络可实现与同级间的其他控制单元以及上层操作管理站的相连和通信，实现更大规模的控制与管理。它可传送操作管理级所需的数据，也能接收操作管理级发来的各种操作指令，并根据操作指令进行相应的调整或控制。

构成这一级的主要装置有：

1) 现场控制站(工业控制机)。一个可独立运行的计算机检测控制系统，具有数据采集、直接数字控制、顺序控制、信号报警、打印报表和数据通信等功能。

2) 可编程序控制器(PLC)。它主要用于生产过程的顺序控制或逻辑控制，针对开关量输入、开关量输出，用于执行顺序控制功能。

3）智能调节器。一种数字化的过程控制仪表，不仅可接受4～20mA电流信号输入，还具有异步通信接口，可与上位机连成主从式通信网络，接受上位机下传的控制参数，并上报各种过程参数。

4）其他测控装置。各控制器的核心部件是微处理器，可以是单回路的，也可以是多回路的。

2. 集中操作监控级

这一级的主要功能是系统生成、组态、诊断、报警，现场数据收集处理，生产过程量显示、各种工艺流程图显示、趋势曲线显示，改变过程参数，进行过程操作控制等。为完成这些功能，在硬件上该级主要由操作站、监控计算机、键盘、图形显示设备和打印机等组成。

这一级以操作监视为主要任务，兼有部分管理功能。它是面向操作员和系统工程师的，这一级配备有技术手段齐备，功能强大的计算机系统及各类外部装置，特别是CRT显示器和键盘，还需要较大存储容量的存储设备及功能强的软件支持，确保工程师和操作员对系统进行组态、监视和操作，对生产过程实现高级控制策略、故障诊断和质量评估等。

这一级主要设备包括：

1）监控计算机。即上位机，综合监视全系统的各工作站，具有多输入多输出控制功能，用以实现系统的最优控制或优化管理。

2）工程师操作站。主要用于系统组态、维护和软件开发。

3）操作员操作站。主要用于对生产过程进行监视和操作。

3. 综合信息管理级

这一级在集散控制系统中是最高层次级，是实现整个企业（或工厂）的综合信息管理，主要执行生产管理和经营管理功能。在这一级可完成市场预测、经济信息分析、原材料库存情况、生产进度、工艺流程、工艺参数、生产统计和报表，进行长期性的趋势分析、作出生产和经营决策等确保整个企业的最佳化的经济效益。综合信息管理系统实际上是一个管理信息系统（Management Information System，MIS）。

企业MIS是一个以数据为中心的计算机信息系统。企业中的信息有两大类：管理活动信息（包括日常管理、制定计划、战略性总体规划等信息）和职能部门活动的信息（包括生产制造、市场经营、财务、人事等信息）。企业MIS可粗略地分为市场经营管理、生产管理、财务管理和人事管理四个子系统。子系统从功能上说应尽可能地独立，子系统之间通过信息交换而相互联系。

这一级由管理计算机、办公自动化系统、工厂自动化服务系统构成，从而实现整个企业的综合信息管理。

4. 通信网络系统

通信网络系统将集散控制系统的各部分连接在一起，完成各种数据、指令及其他信息的传递。由于各级之间的信息传输主要是依靠通信网络系统来支持，所以通信系统是集散控制系统的支柱。为保证信息高速可靠地传送，必须选择适当的通信网络结构、通信控制方式和通信介质。

根据各级的不同要求，通信网络也可分成低速、中速和高速。低速网络面向分散过程控制级，中速网络面向集中操作监控级，高速网络面向综合信息管理级。

习题与思考题

5.1 集散控制系统的基本设计思想是什么？可用哪些措施来保证它们的实现？

5.2 集散控制系统的技术特点是什么？与其他控制系统相比其优势在哪里？

5.3 画出集散控制系统典型的体系结构，每级的作用是什么？

5.4 集散控制系统的软件系统分为哪三大部分？各部分完成的任务是什么？

5.5 开放性为什么对计算机控制系统很重要？以DCS为例来分析。

5.6 为什么说集散控制系统是计算机控制系统的主要发展方向？

项目六

PC与远程I/O模块构成集散控制系统

项目背景

远程I/O模块又称为牛顿模块，为近年来比较流行的一种I/O方式，它安装在工业现场，就地完成A/D和D/A转换、I/O操作、脉冲量的计数与累计等操作。

远程I/O以通信方式和计算机交换信息，通信接口一般采用RS-485总线，通信协议与模块的生产厂家有关，但都是采用面向字符的通信协议。

市场上使用比较广泛的远程I/O模块有研华公司的ADAM-4000系列（如图6-1所示）、研祥公司推出的Ark-14000系列等。这些远程I/O模块是传感器到计算机的多功能远程I/O单元，专为恶劣环境下的可靠操作而设计，具有内置的微处理器，严格的工业级塑料外壳，使其可以独立提供智能信号调理，模拟量I/O、数字量I/O，数据显示和RS-485通信。

图6-1　远程I/O模块

学习目标

1）掌握计算机与多个远程I/O模块串口通信的远距离线路连接方法。

2）掌握PC与多个远程I/O模块串口通信的Kingview、VB程序设计方法。

实训用软硬件

1. 设备清单

本项目用到的硬件和软件清单见表6-1。

表6-1　实训用到的软硬件清单

序　号	名　称	数　量
1	PC(或IPC)	1
2	ADAM－4520，ADAM－4012，ADAM－4050，串口通信线(三线制)	各1
3	热电阻传感器(Pt100)，温度变送器(输入:0～200℃,输出:4～20mA)	1
4	直流电源(输出:DC24V)，指示灯(DC24V)，继电器(DC24V)	各1

（续）

序　号	名　称	数　量
5	电阻(250Ω)，电阻(1kΩ)，晶体管	各1
6	ADAM _ DLL. exe，DevMgr. exe，ADAM-4000-5000Utility. exe	各1
7	Kingview 6. 5，Visual Basic 6. 0	1

2. 硬件线路

(1) 线路说明　如图6-2所示，ADAM－4520与PC的串口COM1连接，并转换为RS－485总线；ADAM－4012的DATA＋和DATA－分别与ADAM－4520的DATA＋和DATA－连接；ADAM－4050的DATA＋和DATA－分别与ADAM－4520的DATA＋和DATA－连接。

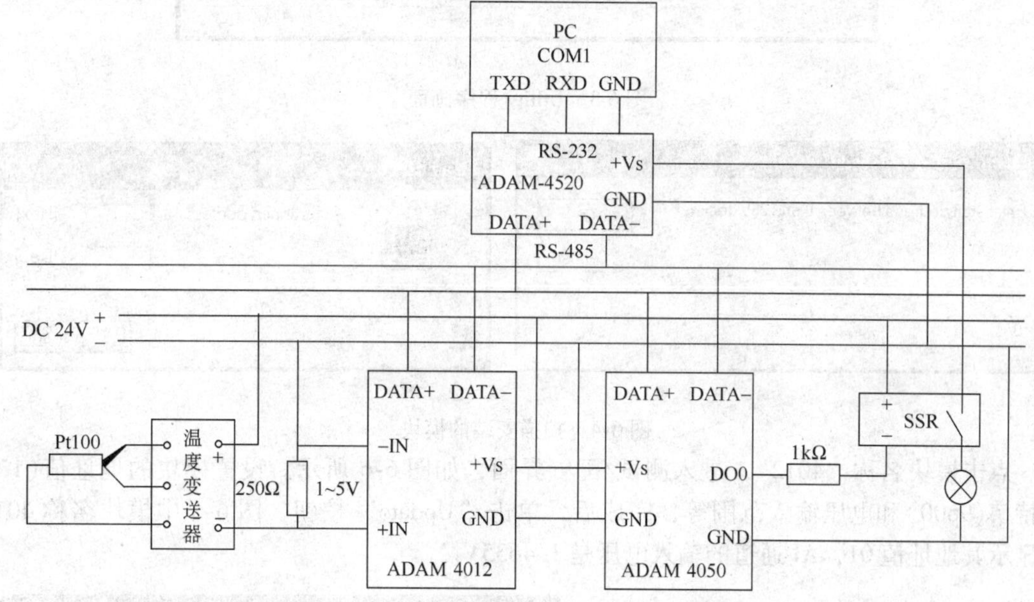

图6-2　PC与远程I/O模块串口通信线路

Pt100热电阻检测温度变化，通过温度变送器转换为4～20mA电流信号，经过250Ω电阻转换为1～5V电压信号送入ADAM－4012的模拟量输入通道。

注意：变送器的“＋”端接24V电源的高电压端(＋)，变送器的“－”端接模块的＋IN，－IN接24V电源低电压端(－)。

(2) 安装程序　在使用研华I/O模块编程之前必须安装研华设备DLL驱动程序和设备管理程序Device Manager。进入研华公司官方网站www. advantech. com. cn找到并下载下列程序：ADAM _ DLL. exe、DevMgr. exe、ADAM-4000-5000Utility. exe，依次安装上述程序。

(3) 模块配置　配置模块使用Utility. exe程序，运行该程序，出现图6-3所示的画面。

选中COM1，点击工具栏快捷键search，出现“Search Installed Modules”对话窗口，如图6-4所示。提示扫描模块的范围，允许输入0～255，确定一个值后，单击“OK”按钮开始扫描。如果计算机COM1口安装有模块，将在程序左侧COM1下方出现已安装的模块名称，如图6-5所示。图6-5中显示COM1口安装了4012和4050 2个模块。

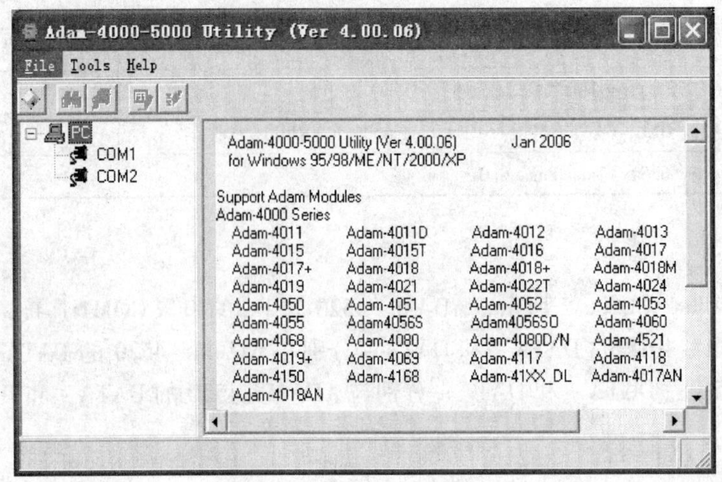

图 6-3 Utility 程序画面

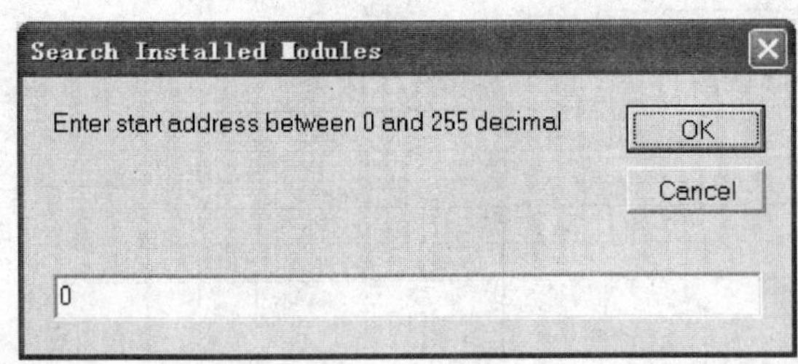

图 6-4 扫描安装的模块

点击模块名称“4012”，进入测试/配置界面，如图 6-6 所示。设置模块的地址值(1)、波特率(9600)和电压输入范围等，完成后，单击“Update”按钮。图 6-6 中模块名称 4012 前显示其地址值 01，AI 通道的输入电压是 1.4635V。

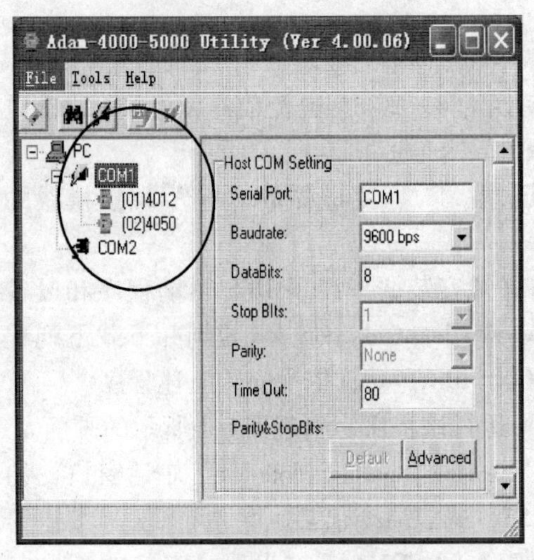

图 6-5 显示已安装的模块

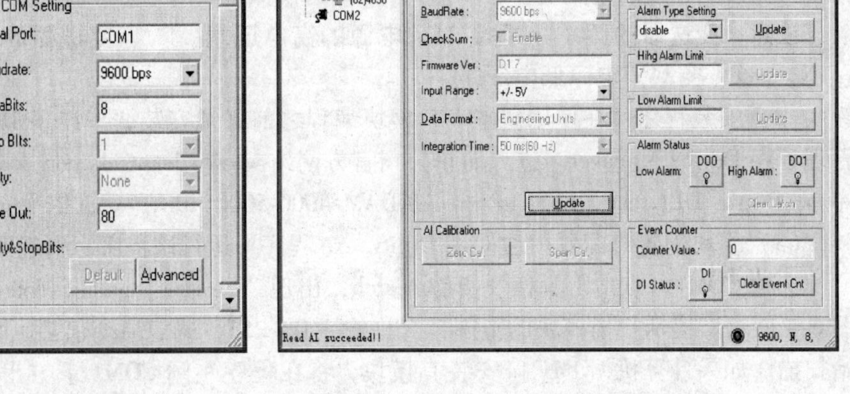

图 6-6 4012 模块配置与测试

点击模块名称“4050”，进入测试/配置界面，如图 6-7 所示。

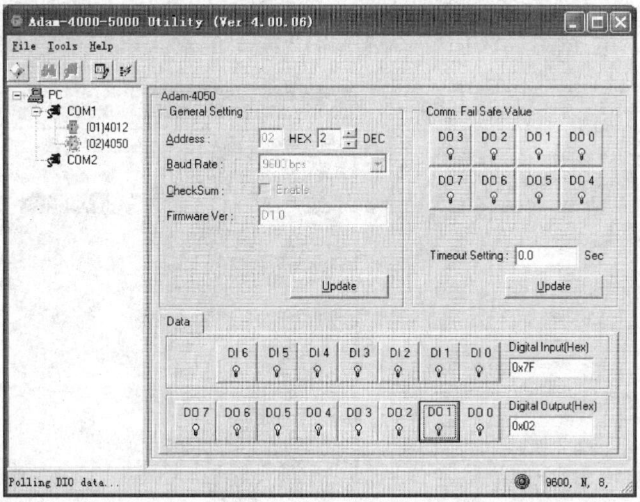

图 6-7　4050 模块配置与测试

设定波特率与校验和应注意：在同一 485 总线上的所有模块与主计算机的波特率和校验和必须相同。连网前分别设置好 2 个模块的地址，不能重复。

（4）添加设备　运行设备管理程序 DevMgr. exe，在出现的对话框中从 Supported Devices 列表中选择“Advantech COM Devices”，单击“Add”按钮，出现“Communication Port Configuration”对话框，设置串口通信参数，如图 6-8 所示。完成后，单击“OK”按钮。

展开“Advantech COM Devices”项，选择“Advantech ADAM-4000 Modules for RS-485”项，单击“Add”按钮，出现“Advantech ADAM-4000 Modules Parameters”对话框，如图 6-9所示。在 Module Type 下拉框选择 ADAM 4012，在 Module Address 文本框中设置地址值，如 1(必须和模块的配置值一致)。

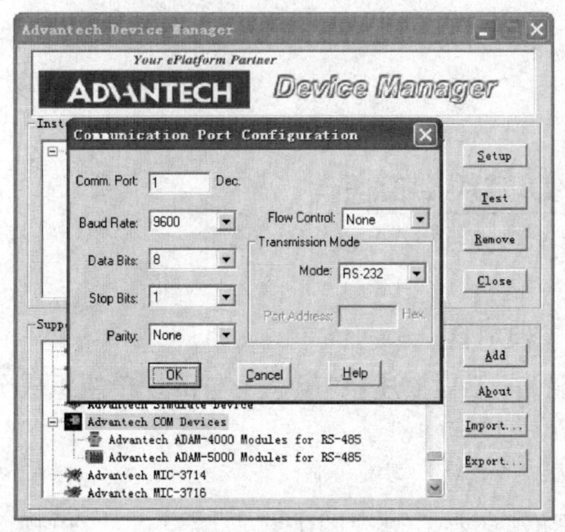

图 6-8　添加串口

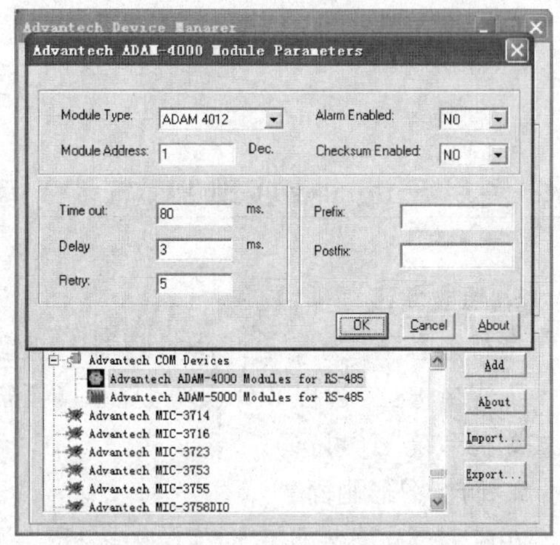

图 6-9　添加模块

同样添加模块 ADAM 4050，地址值设为 2。完成后单击“OK”按钮，这时在 Installed Devices 列表中出现模块 ADAM 4012 与模块 ADAM 4050 的信息，如图 6-10 所示。

在 Installed Devices 列表中选择模块“000 < ADAM 4012 Address = 1 Dec. >”，单击右侧“Test”按钮，出现“Advantech Device Test”对话框，如图 6-11 所示。在 Analog Input 选项卡中，显示模拟输入电压值。图中，ADAM-4012 模块的输入电压是 1.4235V。

图 6-10 模块添加完成

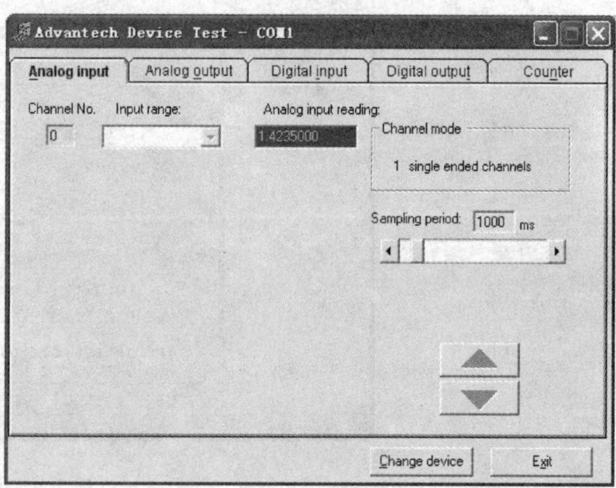

图 6-11 测试模块

至此，可以用开发软件对 I/O 模块编程。

实训任务

分别利用 Kingview 和 Visual Basic 编写应用程序实现远程 I/O 模块温度测量与报警控制。任务要求如下：

1）自动连续读取并显示温度测量值；显示测量温度实时变化曲线。

2）当测量温度大于设定值时，线路中指示灯亮。

实训操作

一、利用 Kingview 实现 PC 与多个远程 I/O 模块串口通信

1. 建立新工程项目

运行组态王程序，在工程管理器中创建新的工程项目。

工程名称：“远程 I/O 模块测控”（必需，任意）；工程描述：“组态王与 I/O 模块组成分布式测控系统”（可选）。

2. 制作图形画面

在工程浏览器左侧树形菜单中选择“文件/画面”，在右侧视图中双击“新建”，出现画面属性对话框，输入画面名称“PC 与 I/O 模块通信”，设置画面位置、大小等，然后单击“确定”按钮，进入组态王开发系统。

通过图库，为图形画面添加 1 个仪表对象和 1 个指示灯对象。

通过工具箱为图形画面添加2个文本控件“温度值”和“000”，1个“实时趋势曲线控件”和1个“按钮”控件。将按钮“文本”改为“关闭”。

设计的图形画面如图6-12所示。

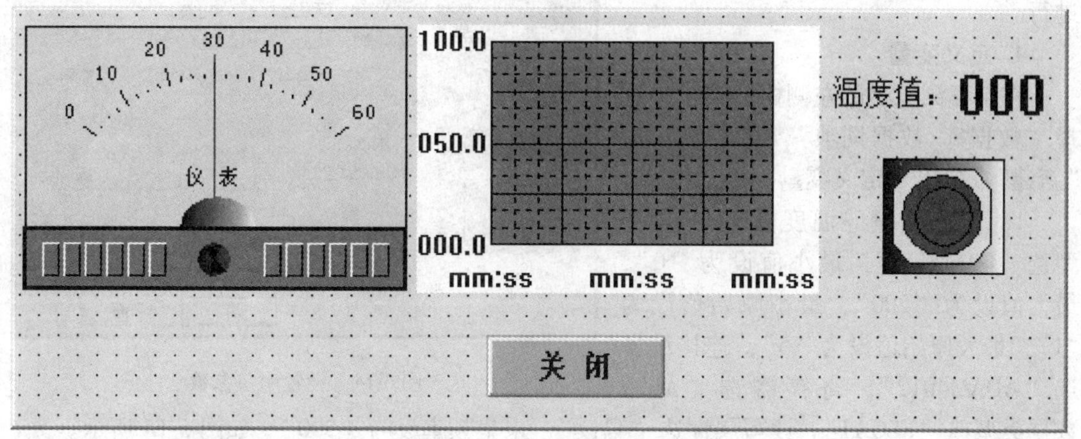

图6-12　图形画面

3. 定义串口设备

(1) 添加串口设备　在组态王工程浏览器的左侧选择“设备/COM1”，在右侧双击“新建”，运行“设备配置向导”。

选择：智能模块→亚当4000系列→Adam4012→串行，如图6-13所示。

1) 单击“下一步”按钮，给要安装的设备指定唯一的逻辑名称，如：“ADAM4012”（若定义多个串口设备，该名称不能重复）；

2) 单击“下一步”按钮，选择串口号，如：“COM1”（须与PC上使用的串口号一致）；

3) 单击“下一步”按钮，为要安装的模块指定地址，如：“1.0”（须与模块内部设定的Addr一致。例如1.0表示 模块地址为1，模块无校验和；2.0表示模块地址为2，模块无校验和。）

按同样的步骤再配置串口设备Adam 4050，逻辑名称为ADAM4050，串口号为COM1，地址设为2.0。

图6-13　配置串口设备Adam 4012

设备定义完成后，您可以在工程浏览器“设备/COM1”的右侧看到新建的串口设备“ADAM4012”和“ADAM4050”。

(2) 设置串口通信参数　双击“设备\COM1”，弹出“设置串口”对话框，设置串口COM1的通信参数。

波特率：“9600”；奇偶校验：“无校验”；数据位：“8”；停止位：“1”；通信方式：“RS-232”，如图6-14所示。

设置完毕，单击“确定”按钮，这就完成了对 COM1 的通信参数配置，保证 COM1 同 I/O 模块通信能够正常进行。

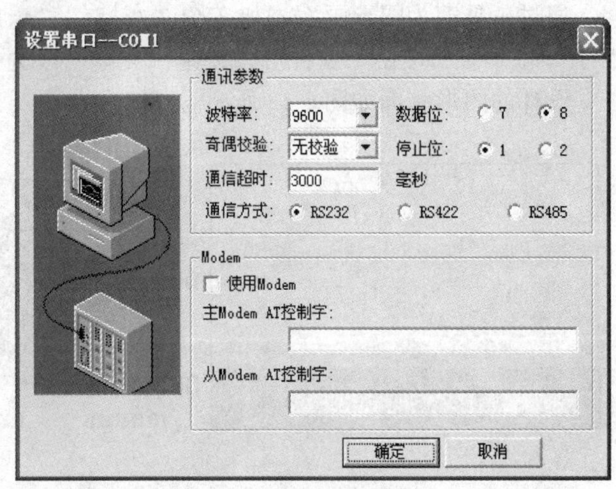

图 6-14　设置串口参数

4. 定义变量

在工程浏览器的左侧树形菜单中选择“数据库/数据词典”，在右侧双击“新建”，弹出“定义变量”对话框。

1）定义变量“温度值”。变量类型选“I/O 实数”，最小值设为“0”，最大值设为“200”，最小原始值设为“1”，最大原始值设为“5”，连接设备选“ADAM4012”，寄存器选“AI”，数据类型选“FLOAT”，读写属性选“只读”，采集频率设为“500”，如图 6-15 所示。

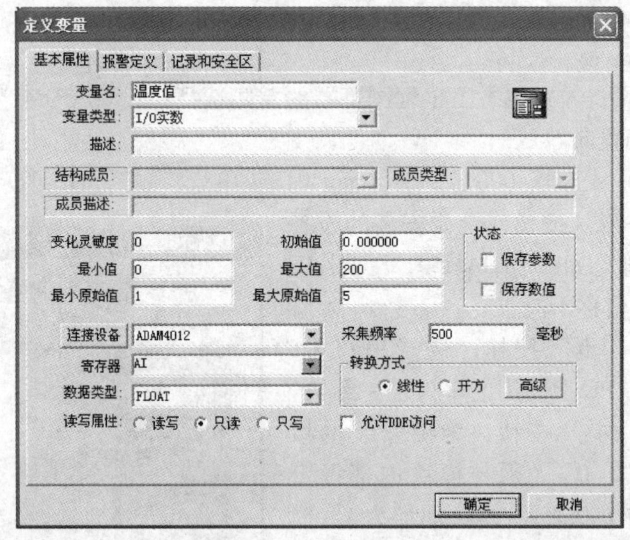

图 6-15　定义变量“温度值”

2）定义变量“控制值”。变量类型选“I/O 整数”，连接设备选“ADAM4050”，寄存器选“DO0”，数据类型选“BYTE”，读写属性选“只写”，采集频率设为“500”，如图 6-16所示。

3）定义变量“指示灯”。变量类型选“内存离散”，初始值设为“关”。

5. 建立动画连接

进入开发系统，双击画面中图形对象，将定义好的变量与相应对象连接起来。

1）建立仪表对象的动画连接。双击画面中仪表对象，弹出“仪表向导”对话框，单击变量名文本框右边的“?”按钮，选择已定义好的变量名“温度值”，单击“确定”按钮，仪表向导变量名文本框中出现“\\本站点\温度值”表达式，如图 6-17 所示。标签改为

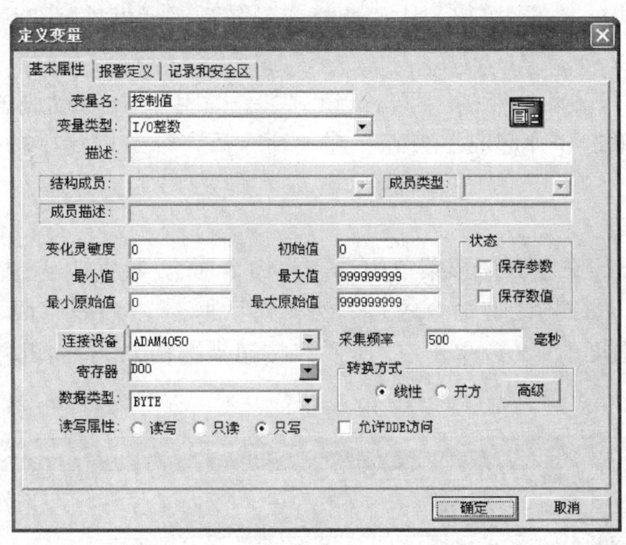

图6-16　定义变量“控制值”

“温度表”，最大刻度改为100。

2）建立实时趋势曲线对象的动画连接。双击画面中实时趋势曲线对象，出现“实时趋势曲线”对话框。在曲线定义选项中，单击曲线1表达式文本框右边的“?”按钮，选择已定义好的变量“温度值”，并设置其他参数值，如图6-18所示。

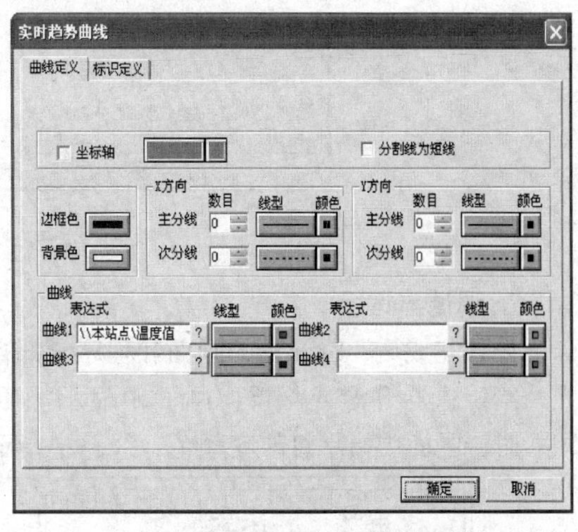

图6-17　仪表对象动画连接　　　　图6-18　实时曲线对象动画连接

进入标识定义选项，去掉标识Y轴项，设置数值轴最大值设为50(这样曲线图上显示的温度范围是0～100℃)，时间轴标识数目为“5”，更新频率为“1”秒，时间长度为“5”分。

3）建立测量温度值显示文本“000”的动画连接。双击画面中文本对象“000”，出现动画连接对话框，单击“模拟值输出”按钮，则弹出“模拟值输出连接”对话框，将其中的表达式设置为“\\本站点\温度值”。

4）建立指示灯对象的动画连接。双击指示灯对象，出现指示灯向导对话框，单击变量名表达式文本框右边的“?”按钮，从“选择变量名”对话框选择已定义好的变量名“指示灯”。

5）建立按钮对象的动画连接。双击按钮对象“关闭”，出现动画连接对话框，选择命令语言连接功能，单击“弹起时”按钮，在“命令语言”编辑栏中输入以下命令：“exit(0);”。

6. 编写命令语言

进入工程浏览器，在左侧树形菜单中选择“命令语言/数据改变命令语言”，在右侧双击“新建…”，出现“数据改变命令语言”编辑对话框，在变量[.域]文本框中输入表达式：“\\ 本站点 \ 温度值”（或单击右边的“?”按钮来选择），在编辑栏中输入程序，如图6-19所示。

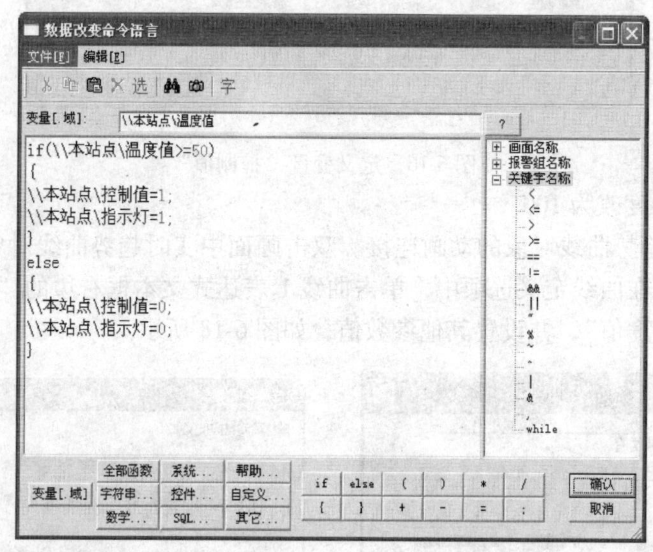

图 6-19 控制程序

7. 调试与运行

设计完成后，将设计的画面和程序全部存储并将其配置成主画面，启动运行系统。

给传感器升温或降温，画面中显示测量温度值及实时变化曲线。当测量温度值大于50℃时，画面中指示灯改变颜色，线路中指示灯亮，如图 6-20 所示。

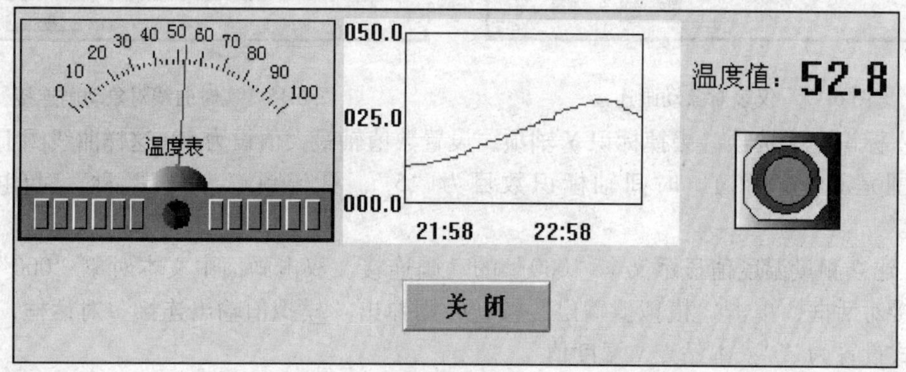

图 6-20 运行画面

二、利用 Visual Basic 实现 PC 与远程 I/O 模块串口通信

1. 程序界面设计

运行 VB 6.0，创建标准的工程项目文件，设计程序窗体。

1）添加 1 个 MSComm 控件。默认的工具箱中没有 MSComm 串口通信控件，因此首先要把它加入到工具箱中，再将 MSComm 控件加到程序窗体上。

2）为了实现连续的自动发送，将工具箱中的 Timer 控件（形似“钟表”）加到程序窗体上。

3）为了绘制温度变化曲线，添加 1 个图形控件 PictureBox。

4）添加其他控件。3 个标签控件 Label，1 个文本控件 TextBox，1 个形状控件 Shape，1 个按钮控件 CommandButton。

设计的程序界面如图 6-21 所示。

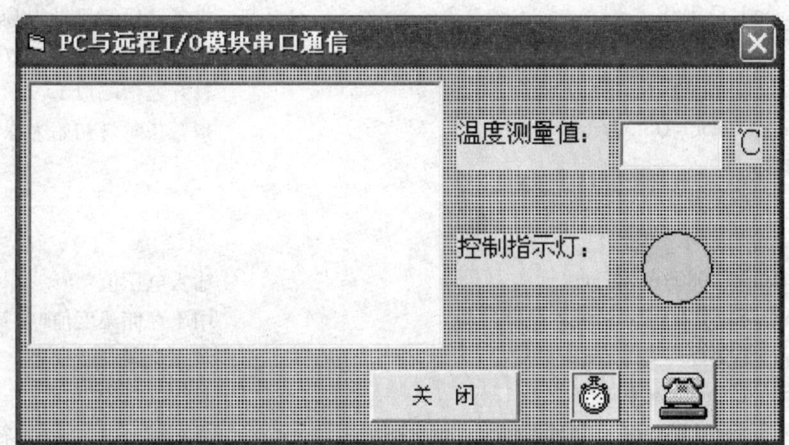

图 6-21　程序窗体界面

2. 属性设置

程序窗体、控件对象的主要属性设置见表 6-2。

表 6-2　程序窗体、控件对象的主要属性设置

控件类型	名　称	主要属性	功　能
Form	frmMain	BorderStyle = 3	运行时窗体固定大小
		Caption = PC 与远程 I/O 模块串口通信	窗体标题栏显示程序名称
Picture	Picture1	BackColor 设为白色	绘制曲线
TextBox	DataText	Text 为空	当前温度值显示框
Label	Label1	Caption = 温度测量值:	标签
Label	Label2	Caption = ℃	标签
Label	Label3	Caption = 控制指示灯:	标签
Shape	Shape1	FillStyle = 0 – Solid	填充样式，实线
		Shape = 3 – Circle	圆形，上限报警指示

（续）

控件类型	名　称	主要属性	功　能
CommandButton	Cmdexit	Caption = 关闭	关闭程序命令
MSComm	MSComm1	在程序中设置	串口参数设置
Timer	Timer1	Interval = 1000	设置发送周期(毫秒)

3. 编写程序代码

以下是 PC 与远程 I/O 模块串口通信的参考程序。

```
'定义变量
  Dim datatemp(1000) As Single                    '用于存储温度值(数值)
  Dim num As Integer                              '用于存储采集值个数
'初始化串口
Private Sub Form_Load()
  MSComm1.CommPort = 1                            '设置通信端口号为 COM1
  MSComm1.Settings = "9600,n,8,1"                 '设置串口 1 通信参数
  MSComm1.PortOpen = True                         '打开通信端口 1
  alarm.FillColor = QBColor(10)                   '报警指示灯初始为绿色
End Sub
'定时发送指令,从 1 通道读取模拟电压值
Private Sub Timer1_Timer()
  Dim DataV(1000) As String                       '输入电压值
  Dim strtemp(1000) As String                     '用于存储温度值(字符串)
  If num > 199 Then Call renew                    '调用绘图刷新程序
  MSComm1.Output = "#01" & Chr(13)                '发送读指令
  DataV(num) = RTrim(Mid(MSComm1.Input,2,10))     '得到输入电压值(带符号)
  If Val(DataV(num)) >= 1 Then
    datatemp(num) = (Val(DataV(num))-1) * 50      '得到温度值
    strtemp(num) = Format$(datatemp(num), "0.0")  '十进制显示,保留一位小数
    DataText.Text = strtemp(num)                  '显示温度值
    Call alarm_out                                '调用报警控制子程序
    num = num + 1
    Call draw                                     '调用绘图子程序
  End If
End Sub
'超温报警控制指示
Sub alarm_out()
If datatemp(num) > 50 Then
  Call delay                                      '调用延时子程序
  MSComm1.Output = "#021001" & Chr(13)            '发送控制指令(开)
  alarm.FillColor = QBColor(12)                   '报警指示灯设为红色
Else
  Call delay                                      '调用延时子程序
```

```
    MSComm1. Output = "#021000 " & Chr(13)                    '发送控制指令(关)
    alarm. FillColor = QBColor(10)                            '报警指示灯设为绿色
    End If
  End Sub
  '延时
  Sub delay( )
    For i = 0 To 2000000
      n = n + 1
    Next i
  End Sub
  '绘制温度实时变化曲线
  Private Sub draw( )
    Picture1. Cls '清除曲线
    Picture1. DrawWidth = 1                                   '线条宽度
    Picture1. BackColor = QBColor(15)                         '背景白色
    Picture1. Scale(0,100)-(200,0)                            '绘制曲线的坐标系
    For i = 1 To num-1
      X1 = (i-1) : Y1 = datatemp(i-1)                         '坐标值(x1,y1)
      X2 = i : Y2 = datatemp(i)                               '坐标值(x2,y2)
      Picture1. Line (X1,Y1)-(X2,Y2), QBColor(0)              '连线(x1,y1)和(x2,y2), 黑色
    Next i
  End Sub
  '刷新
  Private Sub renew( )
    If num = 0 Then Exit Sub
    DataText. Text = ""
    Picture1. Cls
    For i = 0 To num-1
      datatemp(i) = 0
    Next i
    num = 0
  End Sub
  '关闭程序
  Private Sub Cmdexit _ Click( )
    Call delay                                                '调用延时子程序
    MSComm1. Output = "#021000 " & Chr(13)                    '发送控制指令(关)
    MSComm1. PortOpen = False                                 '关闭串口
    Unload Me                                                 '卸载窗体
  End Sub
```

4. 运行程序

程序设计、调试完毕，执行菜单“运行/启动”命令或单击工具栏快捷按钮“启动”，运行程序。

给传感器升温或降温，画面中显示测量温度值及实时变化曲线。当测量温度值大于50℃时，画面中指示灯改变颜色，线路中指示灯亮。

单击“关闭”按钮，程序结束。

程序运行画面如图6-22所示。

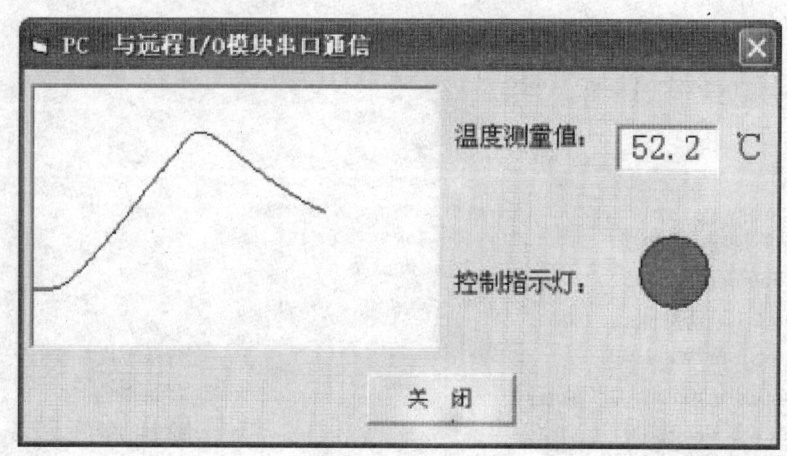

图6-22 程序运行画面

巩固与提高

1）在程序中增加“手动”和“自动”控制方式，当选择“手动”时，可通过“打开”和“关闭”命令按钮控制指示灯的亮灭；当选择“自动”方式时，当温度超过设定值时，指示灯亮。

2）在系统中各增加1块ADAM4012和ADAM4050，相应增加1路温度采集和1路控制输出，如何编写程序？

知识链接一 中小型DCS的基本结构

目前的DCS系统的总体性能基本上可以满足各大中型企业生产过程的控制需求。许多成熟技术和标准部件的直接使用，也促使DCS系统逐步向标准化、组件化和PC化方向发展。尽管如此，专业厂家生产的DCS系统仍有部分专用的软、硬件技术和通信技术，使得系统的价位超过了中小型企业的经济承受能力，极大地制约了我国中小型企业迈向生产自动化的进程。中小型企业的这种社会需求，促使许多厂家利用现有的工业PC、工业标准通信控制网络和通用控制级设备，构成中小型DCS系统。美国的AD公司将这类DCS系统命名为μDCS，如AD公司的μDCS6000系统。目前正在进入市场的现场总线控制系统(FCS)尽管解决了某些专业DCS系统的不足，但我国在一个相当长时间内，仍将处于DCS和FCS并存的时期，因此，讨论中小型DCS的实现方法仍然具有现实意义。

中小型DCS的拓扑结构一般采用专业DCS中用得比较广泛的总线拓扑结构，监控级设备(也可以称为上位机或操作站)一般使用工业PC，控制级设备使用产品化的调节仪表、可编程序控制器(PLC)和远程 I/O 模块等。上位机和控制级设备的网络通信则使用 RS-485 总线和面向字符型的通信协议。中小型 DCS 的基本结构如图 6-23 所示。

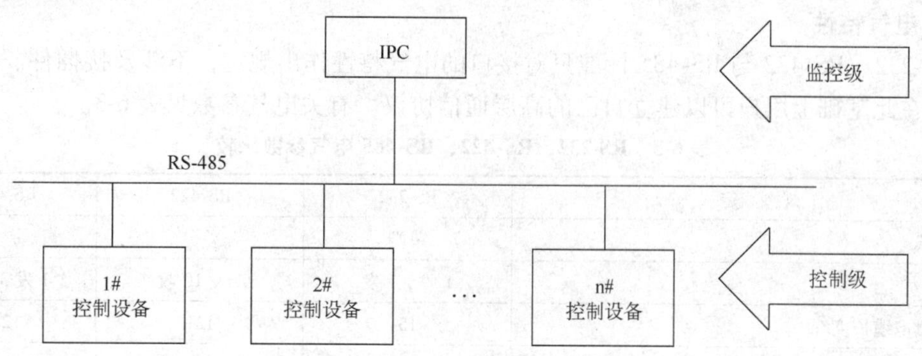

图 6-23　中小型 DCS 的基本结构

根据控制级所采用的不同控制设备，可以将中小型 DCS 系统分为工业 PC + 仪表、工业 PC + PLC、工业 PC + 远程 I/O 三种基本形式。由工业 PC + 仪表这种方式构成的中小型 DCS 系统侧重于过程控制，该系统在脱开工业 PC 后仍是 1 个独立的仪表控制系统，具有仪表的基本调节功能和显示功能。由工业 PC + PLC 构成的中小型 DCS 系统侧重于逻辑控制和顺序控制，由于 PLC 可靠性极高，因此由此构成的中小型 DCS 系统具有高可靠性。但是由于一般的 PLC 都不自带显示功能，因此由 IPC + PLC 构成的中小型 DCS 在脱开工业 PC 后，只能借助于 PLC 的显示单元才能实现过程信息的监视。由工业 PC + 远程 I/O 构成的中小型 DCS 系统适用于过程控制和逻辑控制。如果远程 I/O 为子系统，则整个系统在脱开工业 PC 后仍然可以独立运行，如 OPTO 公司的 OPT022 系统和研华公司的 ADAM5000 系统。如果远程 I/O 为输入/输出模块，则整个系统在脱开工业 PC 后将无法自主运行，如研华公司的 ADAM4000 系列。

图 6-24 为模拟量输入模块 ADAM4017 和数字量 I/O 模块 ADAM4050。

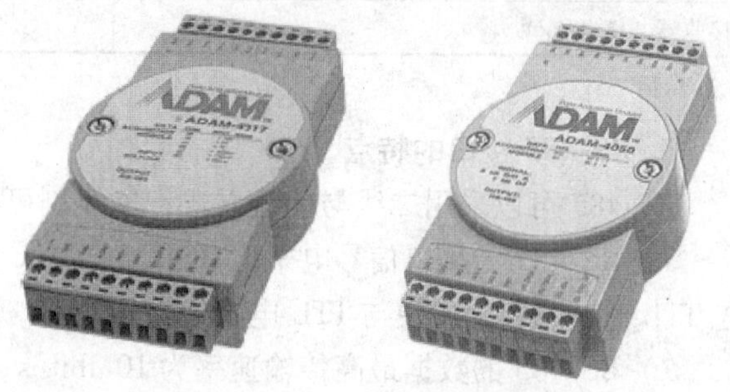

图 6-24　ADAM 模拟量输入与数字量 I/O 模块

知识链接二　RS-485 串口通信标准

1. 概述

RS-422 由 RS-232 发展而来，它是为弥补 RS-232 的不足而提出的。为改进 RS-232 抗干扰能力差、通信距离短、通信速率低的缺点，RS-422 定义了一种平衡通信接口，将传输速率提高到 10Mbit/s，传输距离延长到 1219m(速率低于 100kbit/s 时)，并允许在一条平衡总线上连接最多 10 个接收器。RS-422 是一种单机发送、多机接收的单向、平衡传输规范，被命名为 TIA/EIA-422-A 标准。为扩展应用范围，EIA 又于 1983 年在 RS-422 基础上制定了 RS-485 标准，增加了多点、双向通信能力，即允许多个发送器连接到同一条总线上，同时增加了发送器的驱动能力和冲突保护特性，扩展了总线共模范围，后命名为 TIA/EIA-485-A

标准。由于 EIA 提出的建议标准都是以“RS”作为前缀，所以在通信工业领域，仍然习惯将上述标准以 RS 作前缀称谓。

2. 电气特性

RS-232、RS-422 与 RS-485 标准只对接口的电气特性作出规定，不涉及接插件、电缆或协议，在此基础上用户可以建立自己的高层通信协议。有关电气参数见表 6-3。

表 6-3 RS-232、RS-422、RS-485 电气参数比较

规定		RS-232	RS-422	RS-485
工作方式		单端	差分	差分
节点数		1 收、1 发	1 发 10 收	1 发 32 收
最大传输电缆长度/m		15	121	121
最大传输速率		20kbit/s	10Mbit/s	10Mbit/s
最大驱动输出电压/V		±25	-0.25 ~ +6	-7 ~ +12
驱动器输出信号电平(负载最小值)/V	负载	±5 ~ ±15	±2	±1.5
驱动器输出信号电平(空载最大值)/V	空载	±25	±6	±6
驱动器负载阻抗/Ω		3000 ~ 7000	100	54
接收器输入电压范围/V		±15	-10 ~ +10	-7 ~ +12
接收器输入门限/mV		±3000	±200	±200
接收器输入电阻/Ω		3000 ~ 7000	4000(最小)	≥12000
驱动器共模电压/V			-3 ~ +3	-1 ~ +3
接收器共模电压/V			-7 ~ +7	-7 ~ +12

3. RS-485 接口的特点

RS-485 可以采用二线与四线方式，二线制可实现真正的多点双向通信。其主要特点有：

1）RS-485 的接口信号电平比 RS-232C 降低了，就不易损坏接口电路的芯片，且该电平与 TTL 电平兼容，方便与 TTL 电路连接。

2）RS-485 的数据最高传输速率为 10Mbit/s。其平衡双绞线的传输距离与传输速率成反比，在 100kbit/s 速率以下，才可能使用规定最长的电缆长度。只有在很短的距离下才能获得最高传输速率。一般 100m 长的双绞线最大传输速率仅为 1Mbit/s。因为 RS-485 接口组成的半双工网络，一般只需二根连线，所以 RS-485 接口均采用屏蔽双绞线传输。

3）RS-485 接口是采用平衡驱动器和差分接收器的组合，抗共模干扰能力增强，即抗噪声干扰性好，抗干扰性能大大高于 RS-232 接口，因而通信距离远，RS-485 接口的最大传输距离大约为 1200m，实际上可达 3000m。

4）RS-485 需要 2 个终端电阻，其阻值要求等于传输电缆的特性阻抗。在短距离传输时可不需接终端电阻，即在 300m 以下可不接终端电阻，终端电阻接在传输总线的两端。理论上，在每个接收数据信号的中点进行采样时，只要反射信号在开始采样时衰减到足够低就可以不考虑匹配。

5）RS-485 接口在总线上是允许连接多达 128 个收发器，即具有多站能力，这样用户可以利用单一的 RS-485 接口方便地建立起设备网络。

RS-485协议可以看作是RS-232协议的替代标准，与传统的RS-232协议相比，其在通信速率、传输距离、多机连接等方面均有了非常大的提高，这也是工业系统中使用RS-485总线的主要原因。

由于RS-485总线是RS-232总线的改良标准，所以在软件设计上它与RS-232总线基本一致，如果不使用RS-485接口芯片提供的接收器和发送器选通的功能，为RS-232总线系统设计的软件部分完全可以不加修改直接应用到RS-485网络中。

RS-485总线工业应用成熟，而且大量的已有工业设备均提供RS-485接口，因而时至今日，RS-485总线仍在工业应用中占有十分重要的地位。

习题与思考题

6.1 采用智能仪器、PLC和个人计算机如何组成集散控制系统?

6.2 中小型DCS的体系结构是什么? 构成中小型DCS需要哪些条件?

6.3 RS-485总线的传输距离为多少? 支持多少个通信节点?

6.4 集散控制系统存在哪些问题?

6.5 阐述集散控制系统的发展历程和发展趋势。

6.6 通过上网，查询基于网络的计算机控制技术的发展动态。

项目七

数据采集板卡的安装

项目背景

20 世纪 90 年代，随着超大规模集成电路技术和微处理器结构体系研究的不断发展，促使 CPU 更新换代速度加快，导致 IBM-PC 及其兼容机迅速由 16 位机升级到 32 位机，并且大量涌入市场，伴随而来的是微机硬件价格越来越低，其性价比则以惊人的速度迅速提高。

由于 IBM-PC 及其兼容机是世界主流机，与之相配合的软件资源极其丰富，能熟练使用这类计算机的工程技术人员非常多。因此，与 IBM-PC 兼容，用于工业现场测控的工业 PC (简称 IPC)得到了迅速地发展。在计算机技术发展潮流的推动下，IBM-PC 在工业测控领域中得到了愈来愈广泛的应用。

为了满足 IBM-PC 及其兼容机用于数据采集与控制的需要，国内外许多厂商生产了各种各样的数据采集板卡(或 I/O 板卡)。这类板卡均参照 IBM-PC 的总线技术标准设计和生产，用户只要把这类板卡插入 IBM-PC 主板上相应的 I/O 扩展槽中，就可以迅速方便地构成一个数据采集与处理系统，从而大大节省了硬件的研制时间和投资，又可以充分利用 IBM-PC 的软硬件资源，还可以使用户集中精力进行程序设计、系统设计以及对数据采集与处理中的理论和方法进行研究等。

数据采集卡实际上就是过程通道板卡，它在一块印刷电路板上集成了模拟多路开关、程控放大器、采样/保持器、A/D 和 D/A 转换器、地址译码、控制逻辑、光电隔离等总线接口电路和应用电路。

在各种计算机控制系统中，PC 插卡式是最基本最廉价的构成形式。它充分利用了 PC (或 IPC)的机箱、总线、电源及软件资源。一块多功能板卡可以完成模拟量输入/输出，开关量输入/输出等多种测控实验，因此，多功能板卡特别适合学校用于构成数据采集与控制实验系统。

项目八到项目十三以研华(中国)公司生产的 PCI-1710HG 多功能数据采集卡为例详细介绍数据采集卡的软硬件安装过程，以此为基础，对基于板卡的模拟量输入/输出、开关量输入/输出程序的设计过程进行了详细的描述。

学习目标

1）掌握数据采集卡的硬件安装方法。

2）掌握数据采集卡驱动程序的安装方法。

实训用软硬件

本项目用到的硬件和软件清单见表 7-1。

表 7-1　实训用软、硬件清单

序号	名　称	数量	序号	名　称	数量
1	PC(或 IPC)	1	5	PCI1710. exe(研华板卡驱动程序)	1
2	PCI-1710HG 多功能板卡	1	6	DevMgr. exe(研华设备管理程序)	1
3	PCL-10168 数据线缆	1	7	ActiveDAQ. exe(研华数据采集控件集)	1
4	ADAM-3968 接线端子	1			

实训任务

1）认识 PCI-1710HG 多功能数据采集卡及其配套部件。

2）将 PCI-1710HG 多功能数据采集卡安装到计算机主机板上。

3）安装 PCI-1710HG 多功能数据采集卡的驱动程序。

4）用配置和测试程序对 PCI-1710HG 多功能数据采集卡进行配置和测试。

实训操作

一、认识 PCI-1710HG 多功能数据采集卡

1. PCI-1710HG 多功能数据采集卡简介

PCI-1710HG 是研华(中国)公司生产的一款功能强大的低成本多功能 PCI 总线数据采集卡，如图 7-1 所示。其先进的电路设计使它具有更高的质量和更多的功能，这其中包含五种最常用的测量和控制功能：16 路单端或 8 路差分模拟量输入、12 位 A/D 转换器(采样速率可达 100kHz)、2 路 12 位模拟量输出、16 路数字量输入、16 路数字量输出以及计数器/定时器功能。

图 7-1　PCI-1710HG 多功能卡

PCI-1710HG 多功能板卡的主要性能如下：

1）单端或差分混合的模拟量输入。PCI-1710HG 有一个自动通道/增益扫描电路。该电路能代替软件控制采样期间多路开关的切换。卡上的 SRAM 存储了每个通道不同的增益值及配置。

2）卡上可编程计数器。PCI-1710HG 提供了可编程的计数器，用于为 A/D 变换

提供触发脉冲。计数器芯片为 8254 或与 8254 兼容的芯片，它包含了 3 个 16 位的 10MHz 时钟的计数器。其中有一个计数器作为事件计数器，用来对输入通道的事件进行计数。

3）支持即插即用功能。PCI-1710HG 完全符合 PCI 规格 Rev2. 1 标准，支持即插即用：在安装插卡时，用户不需要设置任何跳线和 DIP 拨码开关，所有与总线相关的配置，比如基地址、中断等均由即插即用功能完成。

2. 用 PCI-1710HG 数据采集卡组成测控系统

用 PCI-1710HG 板卡构成完整的数据采集与控制系统还需要接线端子板和通信电缆，如图 7-2 所示。电缆采用 PCL-10168 型，如图 7-3 所示，是两端针型接口的 68 芯 SCSI-II 电缆，用于连接板卡与 ADAM-3968 接线端子板。该电缆采用双绞线，并且模拟信号线和数字信号线是分开屏蔽的，这样能使信号间的交叉干扰降到最小，并使 EMI/EMC 问题得到了最终的解决。接线端子板采用 ADAM-3968 型，如图 7-4 所示，是 DIN 导轨安装的 68 芯 SCSI-II 接线端子板，用于各种输入输出信号线的连接。

用 PCI-1710HG 板卡构成的控制系统框图如图 7-5 所示。

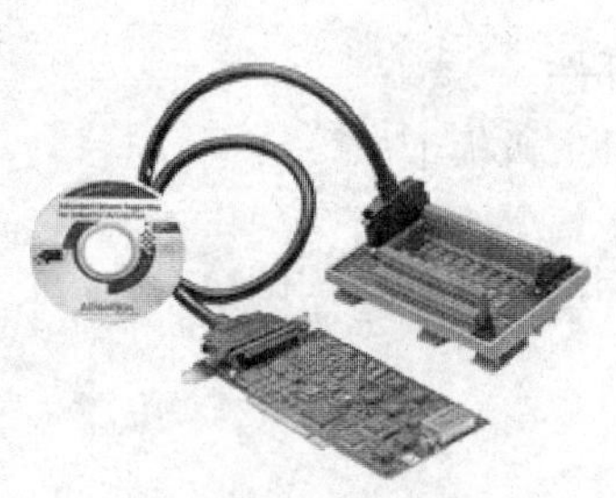

图 7-2 PCI-1710HG 产品的成套性

图 7-3 PCL-10168 电缆

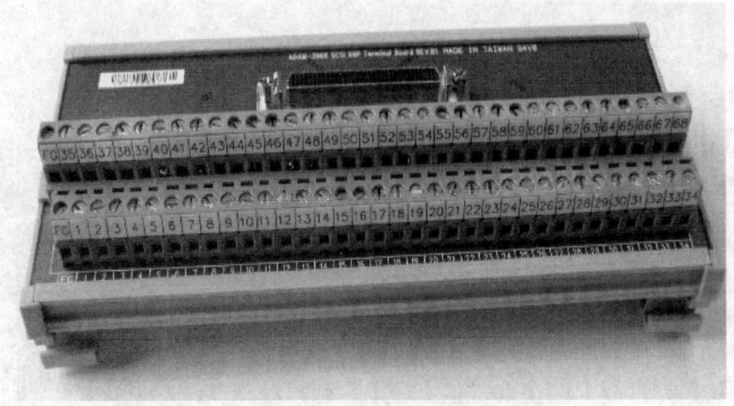

图 7-4 ADAM-3968 接线端子板

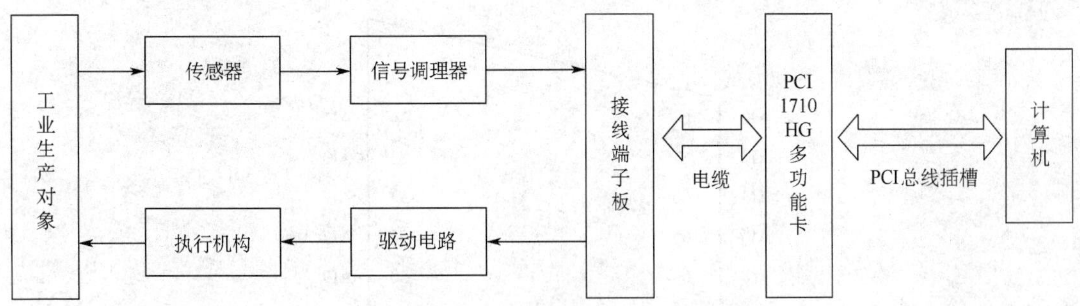

图 7-5　基于 PCI-1710HG 板卡的控制系统框图

使用时用 PCL-10168 电缆将 PCI-1710HG 板卡与 ADAM-3968 接线端子板连接，这样 PCL-10168 的 68 个针脚和 ADAM-3968 的 68 个接线端子一一对应。

接线端子板各端子的位置及功能如图 7-6 所示，信号描述见表 7-2。

表 7-2　ADAM-3968 接线端子板各端子信号功能描述

信号名称	参考端	方向	描述
AI <0 ~ 15>	AIGND	Input	模拟量输入通道：0 ~ 15
AIGND	—	—	模拟量输入地
AO0 _ REF AO1 _ REF	AOGND	Input	模拟量输出通道 0/1 外部基准电压输入端
AO0 _ OUT AO1 _ OUT	AOGND	Output	模拟量输出通道：0/1
AOGND	—	—	模拟量输出地
DI <0 ~ 15>	DGND	Input	数字量输入通道：0 ~ 15
DO <0 ~ 15>	DGND	Output	数字量输出通道：0 ~ 15
DGND	—	—	数字地（输入或输出）
CNT0 _ CLK	DGND	Input	计数器 0 通道时钟输入端
CNT0 _ OUT	DGND	Output	计数器 0 通道输出端
CNT0 _ GATE	DGND	Input	计数器 0 通道门控输入端
PACER _ OUT	DGND	Output	定速时钟输出端
TRG _ GATE	DGND	Input	A/D 外部触发器门控输入端
EXT _ TRG	DGND	Input	A/D 外部触发器输入端
+12V	DGND	Output	+12V 直流电源输出
+5V	DGND	Output	+5V 直流电源输出

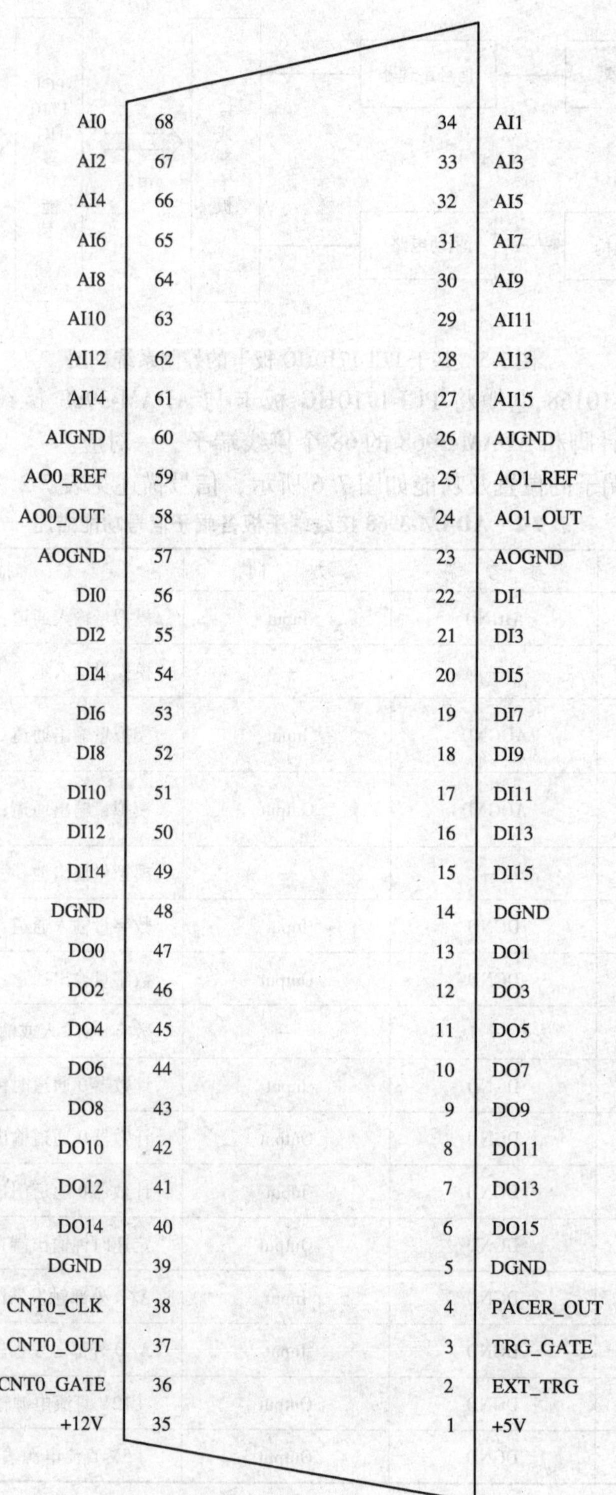

图 7-6 ADAM-3968 接线端子板信号端子位置及功能

二、PCI-1710HG 数据采集卡的安装

首先进入研华公司官方网站 www. advantech. com. cn 找到并下载下列程序：设备管理程序 DevMgr. exe 和驱动程序 PCI1710. exe 等。

1. 安装设备管理程序和驱动程序

在测试板卡和使用研华驱动编程之前必须首先安装研华设备管理程序 Device Manager 和 32bitDLL 板卡驱动程序。

首先执行 DevMgr. exe 程序，根据安装向导完成配置管理软件的安装；接着执行 PCI1710. exe 程序，按照提示完成驱动程序的安装。

安装完 Device Manager 后，相应的设备驱动手册 Device Driver's Manual 也会自动安装。有关研华 32bitDLL 驱动程序的函数说明、例程说明等资料的快捷方式的位置为：开始/程序/Advantech Automation/Device Manager/Device Driver's manual。

2. 将板卡安装到计算机中

关闭计算机电源，打开机箱，将 PCI-1710HG 板卡正确地插到一空闲的 PCI 插槽中，如图 7-7 所示，检查无误后合上机箱。

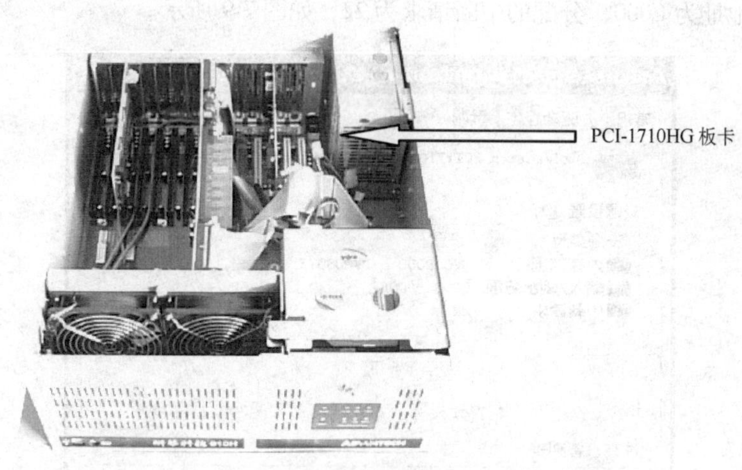

图 7-7　PCI-1710HG 板卡安装

注意：在用手持板卡之前，请先释放手上的静电（例如：通过触摸电脑机箱的金属外壳释放静电），不要接触易带静电的材料（如塑料材料），手持板卡时只能握它的边沿，以免手上的静电损坏面板上的集成电路或组件。

重新开启计算机，进入 WindowsXP 系统，首先出现“找到新的硬件向导”对话框，选择“自动安装软件”项，点击“下一步”按钮，计算机将自动完成 Advantech PCI-1710HG Device 驱动程序的安装。

系统自动地为 PCI 板卡设备分配中断和基地址，用户无需关心。

注意：其他公司的 PCI 设备一般都会提供相应的 . inf 文件，用户可以在安装板卡的时候指定相应的 . inf 文件给安装程序。

检查板卡是否安装正确：右击“我的电脑”，点击“属性”项，弹出“系统属性”对话框，选中“硬件”项，点击“设备管理器”按钮，进入“设备管理器”画面，若板卡安装成功后会在设备管理器列表中出现 PCI-1710HG 的设备信息，如图 7-8 所示。

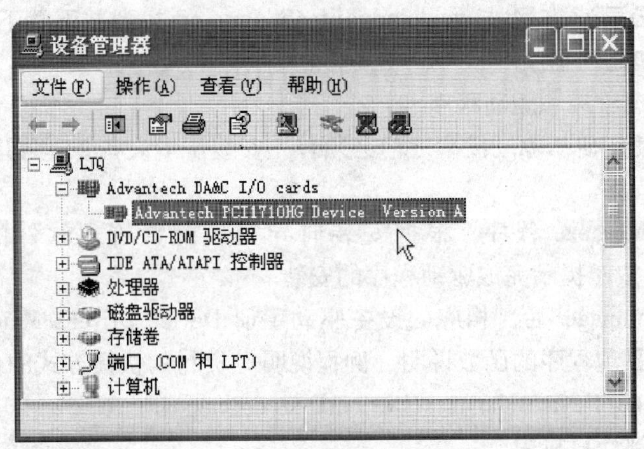

图 7-8 设备管理器中的板卡信息

查看板卡属性“资源”选项中，可获得计算机分配给板卡的地址输入/输出范围：C000 ~ C0FF，其中首地址为 C000，分配的中断请求为 22，如图 7-9 所示。

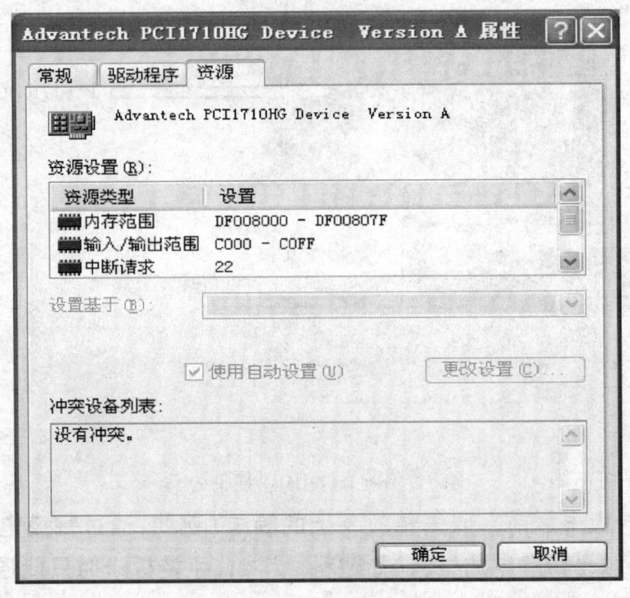

图 7-9 板卡资源信息

3. 配置板卡

在测试板卡和使用研华驱动编程之前必须首先对板卡进行配置，通过研华板卡配置软件 Device Manager 来实现。

从开始菜单/所有程序/Advantech Automation/Device Manager 打开设备管理程序 Advantech Device Manager，如图 7-10 所示。

当您的计算机上已经安装好某个产品的驱动程序后，设备管理软件支持的设备列表前将

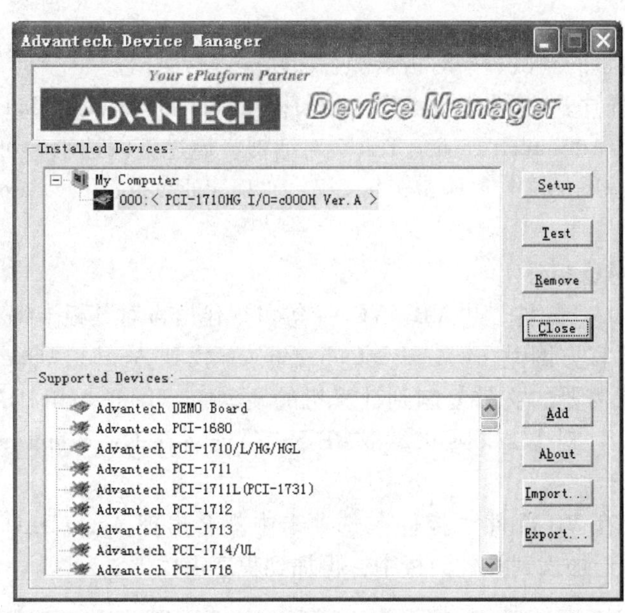

图 7-10　配置板卡

没有红色叉号，说明驱动程序已经安装成功，比如图 7-10 中 Supported Devices 列表的 Advantech PCI-1710/L/HG/HGL 前面就没有红色叉号，选中该板卡，单击“Add”按钮，该板卡信息就会出现在 Installed Devices 列表中。

PCI 总线的插卡插好后计算机操作系统会自动识别，在 Device Managerde 的 Installed Devices 栏中 My Computer 下会自动显示出所插入的器件，这一点和 ISA 总线的板卡不同。

点击“Setup”按钮，弹出“PCI-1710HG Device Setting”对话框，如图 7-11 所示，在对话框中可以设置 A/D 通道是单端输入还是差分输入，可以选择两个 D/A 转换输出通道通用的基准电压来自外部还是内部，也可以设置基准电压的大小(0 ~ 5V 还是 0 ~ 10V)，设置好后，点击“OK”按钮即可。

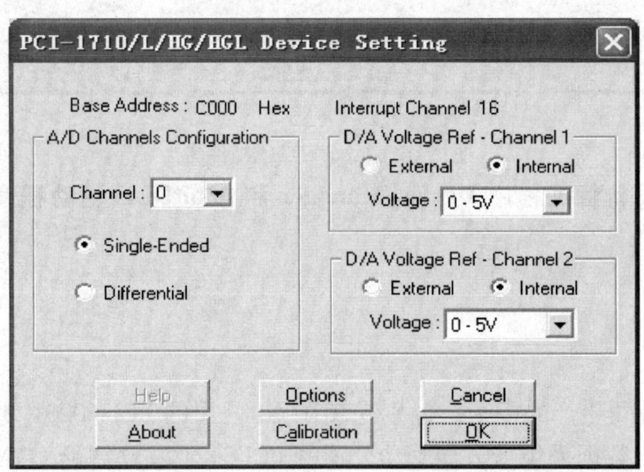

图 7-11　板卡 A/D、D/A 通道配置

到此，PCI-1710HG 数据采集卡的硬件和软件已经安装完毕，可以进行板卡测试。

4. 板卡测试

可以利用板卡附带的测试程序对板卡的各项功能进行测试。

运行设备测试程序：在研华设备管理程序 Advantech Device Manager 对话框中点击“Test”按钮，出现“Advantech Device Test”对话框，通过不同选项卡可以对板卡的“Analog Input”、“Analog Output”、“Digital Input”、“Digital Output”、“Counter”等功能进行测试。

5. 安装 ActiveDAQ 控件

研华提供 ActiveDAQ 控件，供 VB、VC ++ 等可视化语言对其板卡编程使用。

首先在研华公司官方网站 www. advantech. com. cn 找到 ActiveDAQ. exe 文件，运行该程序，安装程序会把所需要的文件复制到计算机的硬盘中，并把 ActiveDAQ 控件安装在 C:\windows\system 路径下(对 Windows 95/98/ME 而言)或者在 C:\Winnt\system32 路径下(对 Windows NT/2000/XP)。

安装完文件后，在 VB 部件“控件”选项卡中就会出现 ActiveDAQ 控件集，如图 7-12 所示。使用时先把它们加入到控件面板中，再加到程序窗体上。

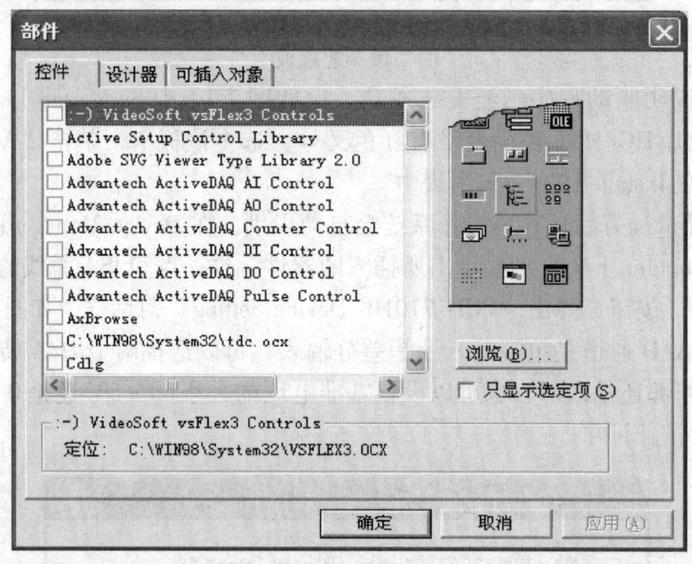

图 7-12 ActiveDAQ 控件集

注意：安装完设备管理程序 Device Manager 和 32bitDLL 驱动程序后，ActiveDAQ 控件才能正常使用。

巩固与提高

现有 3 块不同公司生产的板卡，分别是美国 NI 公司的 PCI-6023E 数据采集卡，科日新控公司的 KPCI-812F 数据采集卡，周立功公司的 PCI-5121 双路智能 CAN 接口卡，请将它们正确地安装到计算机中，并查看其资源，测试其工作性能。

知识链接一 数据采集卡的类型

基于 PC 总线的板卡是指计算机厂商为了满足用户需要，利用总线模板化结构设计的通用功能模板。基于 PC 总线的板卡种类很多，其分类方法也有很多种。按照板卡处理信号的不同可以分为模拟量输入板卡(A/D 卡)、模拟量输出板卡(D/A 卡)、开关量输入板卡、开关量输出板卡、脉冲量输入板卡和多功能板卡等。其中多功能板卡可以集成多个功能，如数字量输入/输出板卡将模拟量输入和数字量输入/输出集成在同一张卡上。根据总线的不同，可分为 PCI 板卡和 ISA 板卡。各种类型板卡依据其所处理的数据不同，都有相应的评价指标，现在较为流行的板卡大都是基于 PCI 总线设计的。

数据采集卡的性能优劣对整个系统举足轻重。选购时不仅要考虑其价格，更要综合考虑，比较其质量、软件支持能力、后继开发和服务能力。

表 7-3 列出了部分数据采集的种类和用途，板卡详细的信息资料请查询有关公司的宣传资料。

表 7-3 数据采集卡的种类和用途

输入/输出信息来源及用途	信 息 种 类	相配套的接口板卡产品
温度、压力、位移、转速、流量等来自现场设备运行状态的模拟电信号	模拟量输入信息	模拟量输入板卡
限位开关状态、数字装置的输出数码、接点通断状态、“0”、“1” 电平变化	数字量输入信息	数字量输入板卡
执行机构的测控执行、记录等(模拟电流/电压)	模拟量输出信息	模拟量输出板卡
执行机构的驱动执行、报警显示蜂鸣器其他(数字量)	数字量输出信息	数字量输出板卡
流量计算、电功率计算、转速、长度测量等脉冲形式输入信号	脉冲量输入信息	脉冲计数/处理板卡
操作中断、事故中断、报警中断及其他需要中断的输入信号	中断输入信息	多通道中断控制板卡
前进驱动机构的驱动控制信号输出	间断信号输出	步进电机测控板卡
串行/并行通信信号	通信收发信息	多口 RS-232/RS-422 通信板卡
远距离输入/输出模拟(数字)信号	模拟/数字量远端信息	远程 I/O 板卡(模块)

还有其他一些专用 I/O 板卡，如虚拟存储板(电子盘)、信号调理板、专用(接线)端子板等，这些种类齐全、性能良好的 I/O 板卡与 IPC 配合使用，使系统的构成十分容易。

值得一提的是智能接口板卡。在多任务实时测控系统中，为了提高实时性，要求模拟量板卡具有更高的采集速度，要求通信板卡具有更高的通信速度。当然可以采用多种办法来提高采集和通信速度，但在实时性要求特别高的场合，则需要采用所谓智能接口板卡，如图 7-13所示。简言之，所谓“智能” 就是在接口板卡增加了 CPU 或控制器的 I/O 板卡，使 I/O 板卡与 CPU 具有一定的并行性。例如：除了 IPC 主机从智能模拟量板卡读取结果时是串行操作外，模拟量的采集和 IPC 主机处理其他事件是同时进行的(并行)。当然，智能通信板卡的通信工作与IPC主机基本上是并行的。

下面简要介绍几类数据采集卡。

(1) 模拟量输入卡(A/D卡) 在工业测控系统中，输入信号往往是模拟量，这就需要一个装置把模拟量转换成数字量，各种A/D芯片就是用来完成此类转换的。在实际的计算机测控系统中，不是以A/D芯片为基本单元，而是制成商品化的A/D板卡。

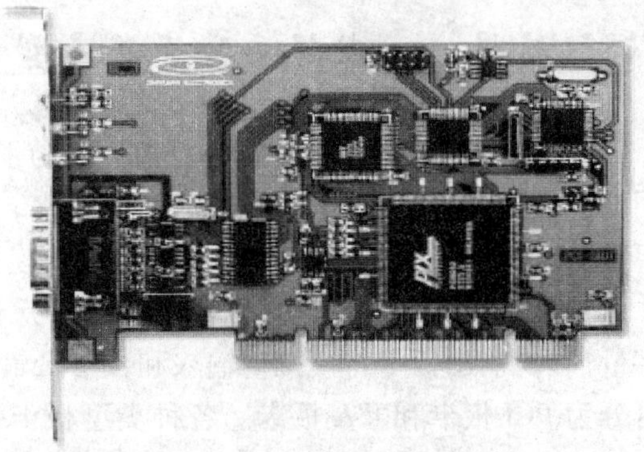

图7-13 PCI-5110智能CAN接口卡

模拟量输入板卡根据使用的A/D转换芯片和总线结构不同，性能有很大的区别。板卡通常有单端输入、差分输入以及两种方式组合输入三种。板卡内部通常设置一定的采样缓冲器，对采样数据进行缓冲处理，缓冲器的大小也是板卡的性能指标之一。在抗干扰方面，A/D板卡通常采取光电隔离技术，实现信号的隔离。板卡模拟信号采集的精度和速度指标通常由板卡所采用的A/D转换芯片决定。

(2) 模拟量输出卡(D/A卡) 计算机内部处理采用的是数字量，而执行机构采用的是模拟量。计算机通过D/A板卡将数字量转化为模拟量，从而通过控制执行机构的动作去控制生产工艺过程。

D/A转换板卡同样依据其采用的D/A转换芯片的不同，转换性能指标有很大的差别。

(3) 数字量输入/输出卡(I/O卡) 计算机测控系统通过数字量输入板卡采集工业生产过程的离散输入信号，并通过数字量输出板卡对生产过程或控制设备进行开关式控制(二位式控制)。将数字量输入和数字量输出功能集成在一块板卡上，就称为数字量输入/输出板卡，简称I/O板卡。数字量输入有隔离/非隔离、触点/电平等多种输入方式。数字量输出有触点/电平、隔离/非隔离等方式，触点输出本身是隔离的，不需要隔离电源。隔离型电平输出必须提供隔离电源。

数字量输入/输出接口相对简单，一般都需要缓冲电路和光电隔离部分，输入通道需要输入缓冲器和输入调理电路，输出通道需要有输出锁存器和输出驱动器。

(4) 脉冲量输入/输出板卡 工业控制现场有许多高速的脉冲信号，如旋转编码器、流量检测信号等，这些都要用脉冲量输入板卡或一些专用测量模块进行测量。脉冲量输入/输出板卡可以实现脉冲数字量的输出和采集，并可以通过跳线选择计数、定时、测频等不同工作方式，计算机可以通过该板卡方便地读取脉冲计数值，也可测量脉冲的频率或产生一定频率的脉冲。考虑到现场强电的干扰，该类型板卡多采用光电隔离技术，使计算机与现场信号之间全部隔离，从而提高板卡测量的抗干扰能力。

知识链接二 基于板卡的计算机控制系统

基于板卡的计算机测控系统的组成如图7-14所示，它可分为硬件和软件两大部分。

1. 硬件子系统

(1) 传感器 传感器的作用是把非电物理量(如温度、压力、速度等)转换成电压或电流

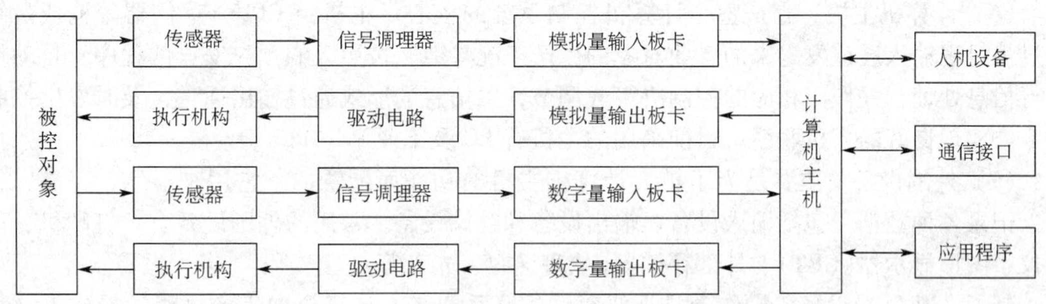

图 7-14　基于板卡的测控系统组成框图

信号。例如，使用热电偶可以获得随着温度变化而变化的电压信号，转速传感器可以把转速转换为电脉冲信号。

(2) 信号调理器　信号调理器(电路)的作用是对传感器输出的电信号进行加工和处理，转换成便于输送、显示和记录的电信号(电压或电流)。例如：传感器输出信号是微弱的，就需要放大电路将微弱信号加以放大，以满足过程通道的要求；为了与计算机接口方便，需要 A/D 转换电路将模拟信号变换成数字信号等。常见的信号调理电路有：电桥电路、调制/解调电路、滤波电路、放大电路、线性化电路、A/D 转换电路、隔离电路等。

如果信号调理电路输出的是规范化的标准信号(如 4～20mA、1～5V 等)，这种信号调理电路称为变送器。在工业控制领域，常常将传感器与变送器做成一体，统称为变送器。变送器输出的标准信号一般送往智能仪表或计算机系统。

(3) 输入输出板卡　应用 IPC 对工业现场进行控制，首先要采集各种被测物理量，计算机对这些被测物理量进行一系列处理后，将结果数据输出。计算机输出的数字量还必须转换成可对生产过程进行控制的量。因此，构成一个工业控制系统，除了 IPC 主机外，还需要配备各种用途的 I/O 接口产品，即 I/O 板卡。

常用的 I/O 板卡包括模拟量输入输出(AI/AO)板卡、数字量(开关量)输入输出(DI/DO)板卡、脉冲量输入输出板卡及混合功能的接口板卡等。

各种板卡是不能直接由计算机主机控制的，必须由“I/O”接口来传送相应的信息和命令。I/O 接口是主机和板卡与外围设备进行信息交换的纽带。目前绝大部分 I/O 接口都是采用可编程接口芯片，它们的工作方式可以通过编程设置。

常用的 I/O 接口有并行接口、串行接口等。

(4) 执行机构　它的作用是接受计算机发出的控制信号，并把它转换成执行机构的动作，使被控对象按预先规定的要求进行调整，保证其正常运行。生产过程按预先规定的要求正常运行，即控制生产过程。

常用的执行机构有各种开关、电液伺服阀、交直流电动机、步进电机、电磁阀等。在系统设计中需根据系统的要求来进行选择。

(5) 驱动电路　要想驱动执行机构，必须具有较大的输出功率，即向执行机构提供大电流、高电压驱动信号，以带动其动作。另一方面，由于各种执行机构的动作原理不尽相同，有的用电动，有的用气动或液动，如何使计算机输出的信号与之匹配，也是执行机构必须解决的重要问题。因此为了实现与执行机构的功率配合，一般都要在计算机输出板卡与执行机构之间配置驱动电路。

(6) 计算机主机　它是整个计算机控制系统的核心。主机由 CPU、存储器等构成。它通过由过程输入通道发送来的工业对象的生产工况参数，按照人们预先安排的程序，自动地进行信息处理，并作出相应的控制决策或调节，以信息的形式通过输出通道，及时发出控制命令，实现良好的人机联系。目前采用的主机有 PC 及工业 PC(IPC)等。

(7) 外围设备　主要是为了扩大计算机主机的功能而配置的。它用来显示、存储、打印、记录各种数据。包括输入设备、输出设备和存储设备。常用的外围设备有：打印机、记录仪、图形显示器(CRT)、外部存储器(软盘、硬盘、光盘等)、记录仪、声光报警器等。

(8) 人机联系设备　操作台是人机对话的联系纽带。计算机向生产过程的操作人员显示系统运行状态、运行参数，发出报警信号；生产过程的操作人员通过操作台向计算机输入或修改控制参数，发出各种操作命令；程序员使用操作台检查程序；维修人员利用操作台判断故障等。

(9) 网络通信接口　对于复杂的生产过程，通过网络通信接口可构成网络集成式计算机控制系统。系统采用多台计算机分别执行不同的控制功能，既能同时控制分布在不同区域的多台设备，同时又能实现管理功能。

数据采集硬件的选择要根据具体的应用场合并考虑到自己现有的技术资源。

2. 软件子系统

软件使 PC 和数据采集硬件形成一个完整的数据采集、分析和显示系统。没有软件，数据采集硬件是毫无用处的，甚至使用比较差的软件，数据采集硬件也几乎无法工作。

大部分数据采集应用实例都使用了驱动软件。软件层中的驱动软件可以直接对数据采集件的寄存器编程，管理数据采集硬件的操作并把它和处理器中断，DMA 和内存这样的计算机资源结合在一起。驱动软件隐藏了复杂的硬件底层编程细节，为用户提供容易理解的接口。

随着数据采集硬件、计算机和软件复杂程度的增加，好的驱动软件就显得尤为重要。合适的驱动软件可以最佳地结合灵活性和高性能，同时还能极大地降低开发数据采集程序所需的时间。

为了开发出用于测量和控制的高质量数据采集系统，用户必须了解组成系统的各个部分。在所有数据采集系统的组成部分中，软件是最重要的。这是由于插入式数据采集设备没有显示功能，软件是您和系统的唯一接口。软件提供了系统的所有信息，您也需要通过它来控制系统。软件把传感器、信号调理、数据采集和分析硬件集成为一个完整的多功能数据采集系统。

3. 系统特点

随着计算机和总线技术的发展，越来越多的科学家和工程师采用基于 PC 的数据采集系统来完成实验室研究和工业控制中的测试测量任务。

基于 PC 的 DAQ 系统(简称 PCs)的基本特点是，输入输出装置为板卡的形式，并将板卡直接与个人计算机的系统总线相连，即直接插在计算机主机的扩展槽上。这些输入输出板卡往往按照某种标准由第三方批量生产，开发者或用户可以直接在市场上购买，也可以由开发者自行制作。一块板卡的点数(指测控信号的数量)少的有几点，多的可达 32 点甚至更多。

构成 PCs 的计算机可以用普通的商用机，也可以用 DIY 的计算机，还可以使用工业控制计算机。早期使用比较多的是 STD 总线，近年来占主导地位的是 ISA 总线和 PCI 总线，且

PCI 总线有取代 ISA 总线的趋势。

PCs 的操作系统早期都采用 DOS 操作系统，20 世纪 90 年代中期后，Windows 和 WindowsNT 操作系统开始流行。应用软件可以由开发者利用 C、VC + +、VB、Delphi 等语言自行开发，也可以在市场上购买组态软件进行组态后生成。

早期的 PCs 的最大问题就是其性能不够可靠。20 世纪 90 年代中期后，随着计算机软硬件技术的发展，PCs 的可靠性已越来越高，特别是工控机，其机箱、电源、主板等都进行了强化，可靠性直逼 PLC。

总之，由于 PCs 价格低廉、组成灵活、标准化程度高、结构开放、配件供应来源广泛、应用软件丰富等特点，PCs 是一种很有应用前景的计算机测控系统。

习题与思考题

7.1 工业过程控制中常见的物理量有哪些？

7.2 数据采集卡的作用是什么？它和过程通道的关系是什么？

7.3 如何正确安装数据采集卡？应注意什么事项？

7.4 如何提高数据采集系统的测量精度？

7.5 基于板卡的计算机测控系统由哪几部分组成？各部分的作用是什么？

7.6 现有一块 PCI 总线数据采集卡，要想用它在 Kingviw 和 VB 环境下开发测控程序，你需要做哪些工作？

7.7 上网搜索商品化的各种数据采集卡、远程 I/O 模块的技术资料，列出它们的型号、生产厂家、性能特点等。

项目八

计算机模拟量输入

项目背景

在工业测控系统中，输入信号往往是模拟量，这就需要一个装置把模拟量转换成数字量，各种 A/D 芯片就是用来完成此类转换的。在实际的计算机测控系统中，不是以 A/D 芯片为基本单元，而是制成商品化的 A/D 板卡。

模拟量输入板卡根据使用的 A/D 转换芯片和总线结构不同，性能有很大的区别。板卡通常有单端输入、差分输入以及两种方式组合输入三种。板卡内部通常设置一定的采样缓冲器，对采样数据进行缓冲处理，缓冲器的大小也是板卡的性能指标之一。在抗干扰方面，A/D 板卡通常采取光电隔离技术，实现信号的隔离。板卡模拟信号采集的精度和速度指标通常由板卡所采用的 A/D 转换芯片决定。

学习目标

1）掌握用数据采集板卡进行模拟量信号计算机采集的硬件线路连接方法。

2）掌握用 Kingview、Visual Basic 编写板卡模拟量输入(AI)程序的方法。

实训用软硬件

1. 设备清单

本项目用到的硬件和软件清单见表 8-1。

表 8-1　实训用软硬件清单

序　号	名　称	数　量
1	PC(或 IPC)	1
2	PCI-1710HG 多功能板卡 + PCL-10168 数据线缆 + ADAM-3968 接线端子(使用模拟量输入 AI 通道)	1
3	电位器(10kΩ)	1
4	指示灯(DC5V)	1
5	直流电源(输出:DC5V)	1
6	Kingview 6.5	1
7	Visual Basic 6.0	1

2. 硬件线路

直流稳压电源输出5V接到一电位器2端，通过电位器产生一个模拟变化电压(范围是0～5V)，送入板卡模拟量输入0通道(管脚68和60)，同时在电位器电压输出端接一信号指示灯，如图8-1所示。

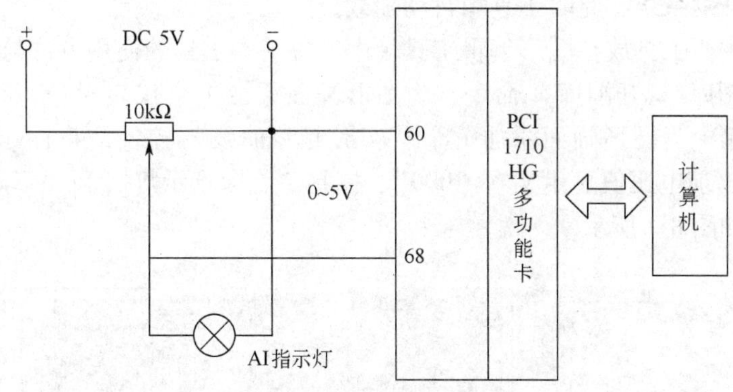

图8-1　计算机模拟电压输入线路

实训任务

分别利用Kingview和Visual Basic编写应用程序实现PCI-1710HG多功能板卡模拟量输入。任务要求如下：

1）以间隔或连续方式读取电压测量值，并以数值或曲线形式显示电压测量变化值。

2）当测量电压小于或大于设定下限或上限值时，程序画面中相应指示灯变换颜色。

实训操作

一、利用Kingview实现模拟量输入

1. 建立新工程项目

运行组态王程序，出现组态王工程管理器画面。

为建立一个新工程，请执行以下操作。

1）在工程管理器中选择菜单“文件\新建工程”或单击快捷工具栏“新建”命令，出现“新建工程向导之一欢迎使用本向导”对话框。

2）单击“下一步”按钮出现“新建工程向导之二选择工程所在路径”对话框。选择或指定工程所在路径。如果您需要更改工程路径，请单击“浏览”按钮。

3）单击“下一步”按钮出现“新建工程向导之三工程名称和描述”对话框。

在对话框中输入工程名称：“AI”（必需,可以任意指定)；在工程描述中输入：“模拟量输入项目”（可选)。

4）单击“完成”按钮，新工程建立，单击“是”按钮，确认将新建的工程设为组态王

当前工程，此时组态王工程管理器中出现新建的工程。

2. 制作图形画面

在工程浏览器左侧树形菜单中选择“文件/画面”，在右侧视图中双击“新建”，出现画面属性对话框，输入画面名称模拟量输入，设置画面位置、大小等，然后单击“确定”按钮，进入组态王开发系统，此时工具箱自动加载。

绘制图素的主要工具放在图形编辑工具箱中，各基本工具的使用方法与“画笔”类似。

执行菜单“图库/打开图库”命令，为图形画面添加1个仪表对象，2个指示灯对象；在开发系统工具箱中为图形画面添加1个“实时趋势曲线”控件，4个文本对象——标签“当前电压值”、当前电压值显示文本“000”、标签“上限指示灯”和“下限指示灯”。

设计的画面如图8-2所示。

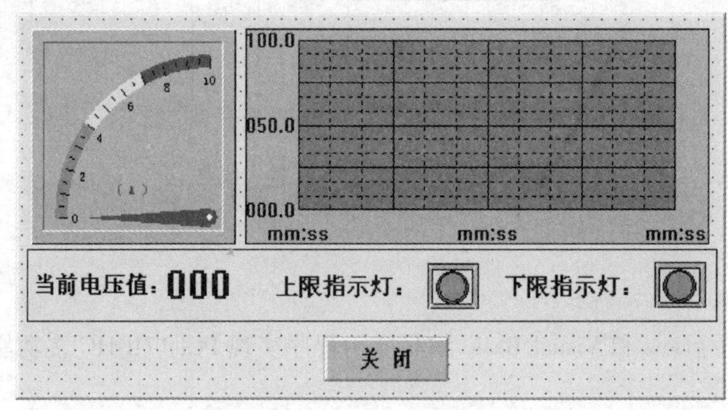

图8-2 图形画面

3. 定义板卡设备

在组态王工程浏览器的左侧选择“设备”中的“板卡”，在右侧双击“新建…”，运行“设备配置向导”。

选择：智能模块→研华PCI板卡→YHPCI1710→YHPCI1710，如图8-3所示。

1）单击“下一步”按钮，给要安装的设备指定唯一的逻辑名称，如：“PCI-1710HG。”

2）单击“下一步”按钮，给要安装的设备指定地址：“C000”（与板卡所在插槽的位置有关）。

3）单击“下一步”按钮，不改变通信参数。

4）单击“下一步”按钮，显示所安装设备的所有信息。

5）请检查各项设置是否正确，确认无误后，单击“完成”按钮。

设备定义完成后，您可以在工程浏览器的右侧看到新建的外部设备“PCI1710”。在左侧看到设备逻辑名称“PCI-1710HG”。

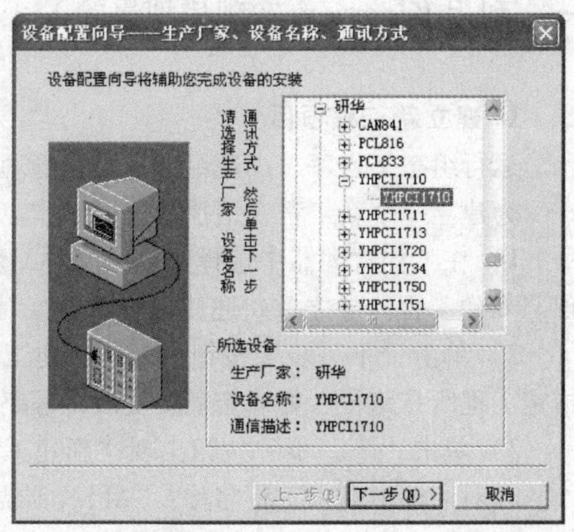

图8-3 选择板卡设备

在定义数据库变量时，您只要把 I/O 变量连接到这台设备上，它就可以和组态王交换数据了。

4. 定义变量

在工程浏览器的左侧树形菜单中选择“数据库/数据词典”，在右侧双击“新建”，弹出“定义变量”对话框。

1）定义变量“模拟量输入”。变量类型选“I/O 实数”，变量的最小值 0、最大值 5（按输入电压范围 0 ~ 5V 确定）。

定义 I/O 实数变量时，最小原始值、最大原始值的设置是关键。它们是根据采集板卡的电压输入范围和 A/D 转换位数确定的。

因采用的 PCI-1710HG 板卡模拟电压输入范围是 -5 ~ +5V，A/D 是 12 位，因此 -5V 对应 0，+5V 对应 4095（$2^{12}-1=4095$），电压与采样值成线性关系，因为电位器的输出电压范围是 0 ~ 5V，那么变量属性中的最小原始值应为“2048”，最大原始值为“4095”。

连接设备选“PCI-1710HG”（前面已定义），电位器的输出电压接板卡 AI0 通道，故寄存器为 AD0，数据类型选“USHORT”（注：Kingview6.0 版数据类型选 UINT），读写属性选只读。

变量“模拟量输入”的定义如图 8-4 所示。

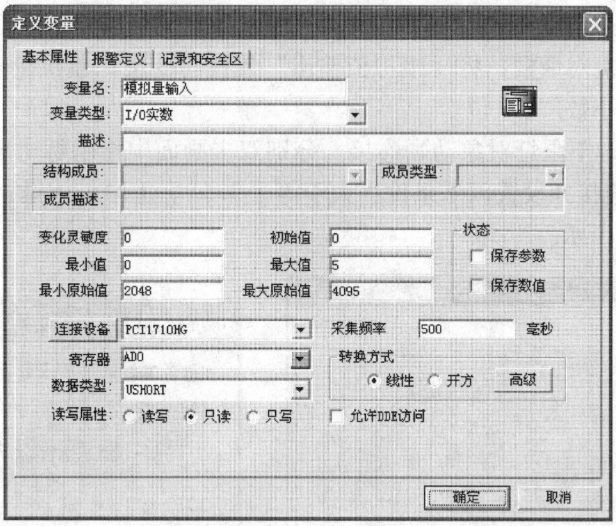

图 8-4　定义模拟量输入 I/O 实数变量

2）定义变量“上限灯”、“下限灯”。变量类型选“内存离散”，初始值选“关”。

5. 建立动画连接

1）建立仪表对象的动画连接。双击画面中仪表对象，弹出“仪表向导”对话框，单击变量名文本框右边的“?”按钮，出现“选择变量名”对话框。

选择已定义好的变量名“模拟量输入”，单击“确定”按钮，仪表向导对话框变量名文本框中出现“\\本站点\模拟量输入”表达式，仪表表盘标签改为“(V)”，填充颜色设为白色，其他为默认设置，如图 8-5 所示。

2）建立实时趋势曲线对象的动画连接。双击画面中实时趋势曲线对象。在曲线定义选项中，单击曲线 1 表达式文本框右边的“?”按钮，选择已定义好的变量“模拟量输入”，

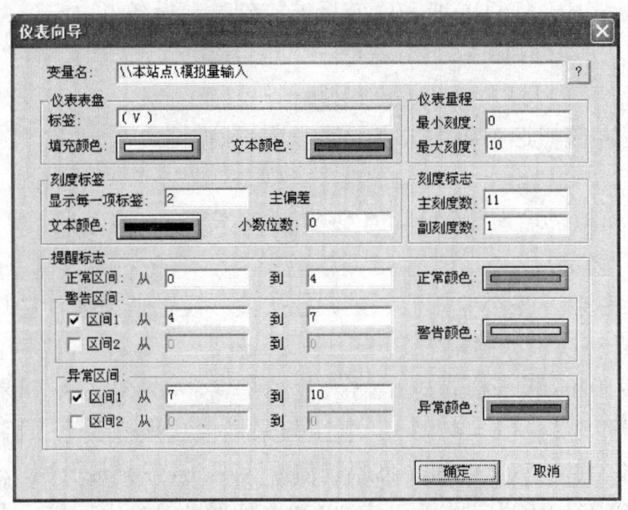

图 8-5　仪表对象动画连接

并设置其他参数值，如图 8-6 所示。在标识定义选项中，去掉“标识 Y 轴”项，设置时间轴长度为 2 分钟。

3）建立当前电压值显示文本对象动画连接。双击画面中当前电压值显示文本对象“000”，出现动画连接对话框，将“模拟值输出”属性与变量“模拟量输入”连接，输出格式：整数“1”位，小数“1”位。

4）建立上限灯、下限灯对象动画连接。分别双击画面中指示灯对象，将其与变量“上限灯”、“下限灯”连接并设置闪烁条件：大于等于 3.5V，上限灯闪烁；小于等于 0.5V，下限灯闪烁，如图 8-7 所示。

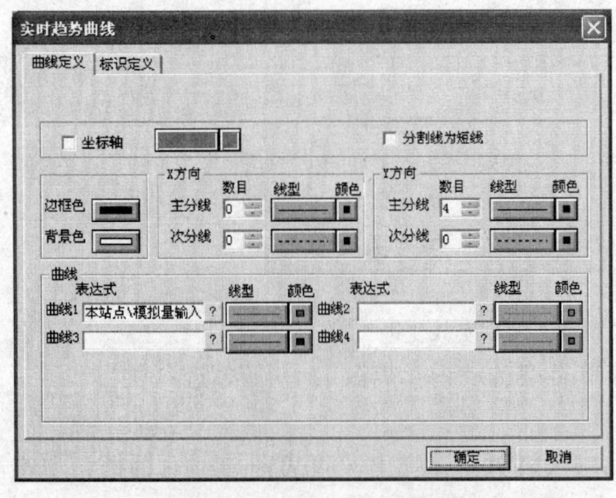

图 8-6　实时趋势曲线对象动画连接-曲线定义

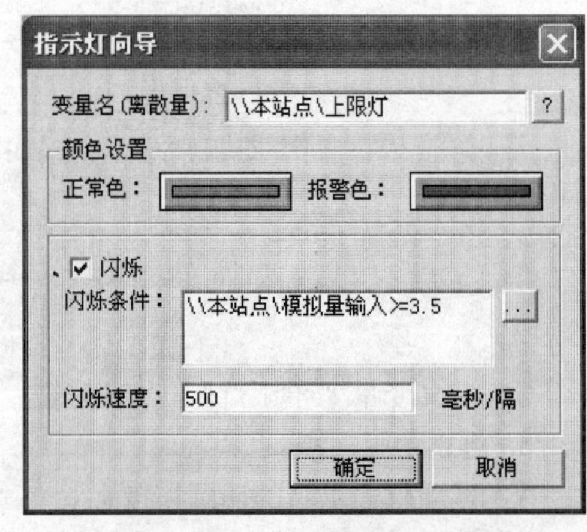

图 8-7　仪表对象动画连接

5）建立按钮对象的动画连接。双击按钮对象“关闭”，出现动画连接对话框，选择命令语言连接功能，单击“弹起时”按钮，在“命令语言”编辑栏中输入以下命令：“exit(0);”。

6. 编写命令语言

在工程浏览器左侧树形菜单中双击命令语言“应用程序命令语言”项，出现“应用程序命令语言”编辑对话框，在“运行时”选项编辑框中输入报警程序，如图 8-8 所示。

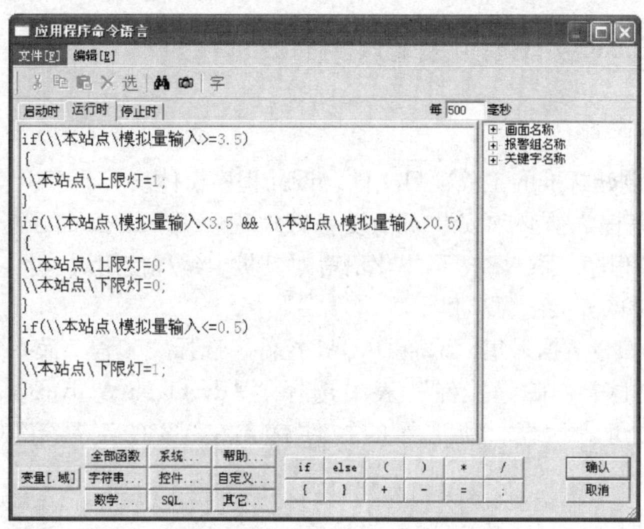

图 8-8　编写应用程序命令语言

7. 调试与运行

（1）存储　设计完成后，在开发系统“文件”菜单中执行“全部存”命令将设计的画面和程序全部存储。

（2）配置主画面　在工程浏览器中，单击快捷工具栏上“运行”按钮，出现“运行系统设置”对话框。单击“主画面配置”选项卡，选中制作的图形画面名称“模拟量输入”，单击“确定”按钮即将其配置成主画面。

（3）运行　在工程浏览器中，单击快捷工具栏上“VIEW”按钮或在开发系统中执行“文件/切换到 view”命令，启动运行系统。

1）转动电位器旋钮，改变其输出电压(范围是 0～5V)，线路中 AI 指示灯亮度随之变化，同时，程序画面文本对象中的数字、仪表对象中的指针、实时趋势曲线控件中的曲线都将随电位器输出电压变化而变化。

2）当测量电压小于等于设定的下限电压值(0.5V)或大于等于设定的上限电压值(3.5V)时，程序画面中相应指示灯变换颜色并闪烁。

程序运行画面如图 8-9 所示。

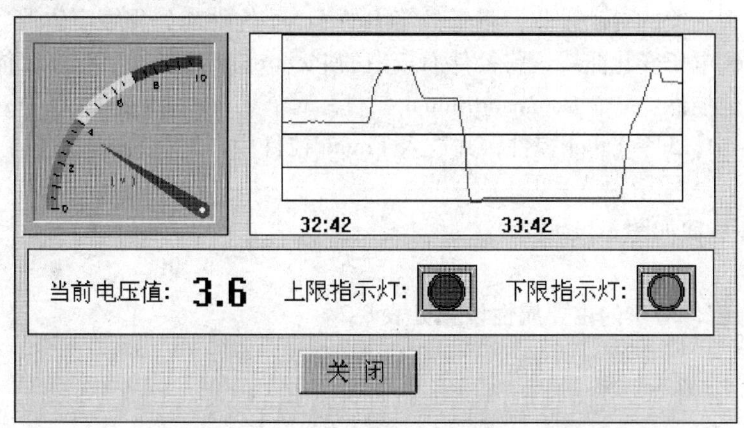

图 8-9　运行画面

二、利用 Visual Basic 实现模拟量输入

1. 程序界面设计

运行 VB 6.0，创建标准的工程项目文件，设计程序窗体。

使用研华板卡编程之前必须安装研华设备管理程序 Device Manager、32bit DLL 驱动程序、ActiveDAQ 控件程序，供 VB 等可视化语言对其板卡编程使用。

上述程序和控件的安装参见项目十。

1）为了实现模拟量数据采集，添加 DAQAI 控件。选择“工程”菜单下的“部件…”选项，在弹出的对话框中，在“控件”表中选择“Advantech ActiveDAQ AI Control”，单击“确定”按钮关闭对话框，所选择的控件就会在 VB 的工具箱中出现，如图 8-10 所示。

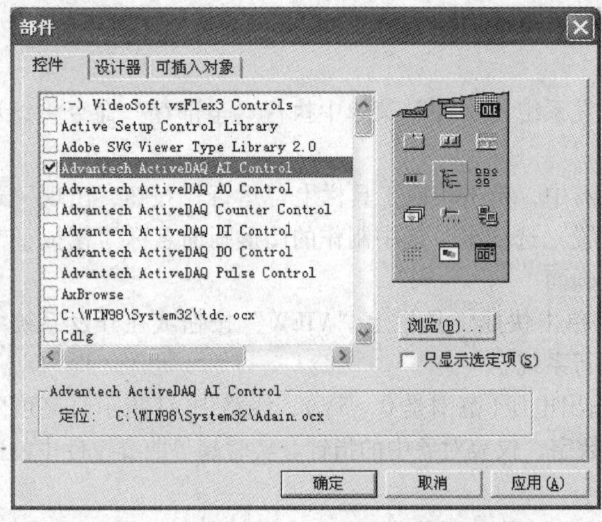

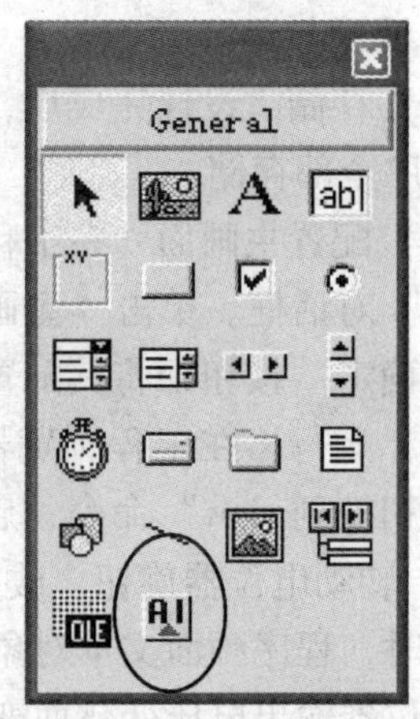

图 8-10 添加 AI 控件

再将 DAQAI 控件添加到程序窗体上。

2）为了实现连续的自动采集，将工具箱中的 Timer 控件加到程序窗体上。

3）为了绘制电压变化曲线，将控件面板中的 PictureBox 控件加到程序窗体上。

4）添加其他控件：3 个 CommandButton 控件；1 个 Frame 控件；2 个 TextBox 控件，并放入 Frame 控件中；5 个 Label 控件，并放入 Frame 控件中；2 个 Shape 控件，并放入 Frame 控件中。

设计的程序界面如图 8-11 所示。

2. 属性设置

程序窗体、控件对象的主要属性设置见表 8-2。

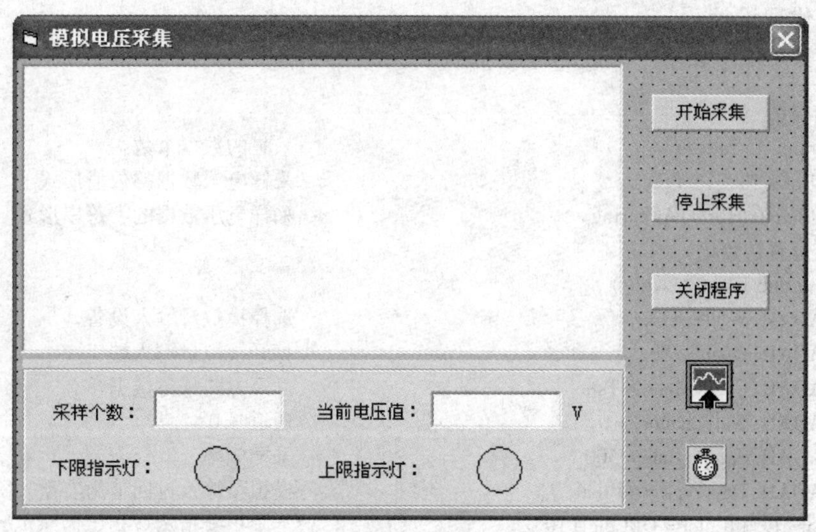

图 8-11　程序窗体界面

表 8-2　程序窗体、控件对象的主要属性设置

控件类型	名　称	主要属性	功　能
Form	DAQForm	BorderStyle = 3	运行时窗体固定大小
		Caption = 模拟电压采集	在标题栏显示程序名称
Picture	Picture1	BackColor 为白色	绘图区
Frame	Frame1	Caption 值为空	显示区
TextBox	Tnum	Text 值为空	显示采样电压个数
TextBox	Tu	Text 值为空	显示当前采样电压值
Label	Label1	Caption = 采样个数：	采样电压个数标签
Label	Label2	Caption = 当前电压值：	采样电压值标签
Label	Label3	Caption = 下限指示灯：	报警指示灯标签
Label	Label4	Caption = 上限指示灯：	报警指示灯标签
Label	Label5	Caption = V	电压单位标签
Shape	Alarm1	FillStyle = 0 – Solid	填充样式，实线
		Shape = 6 – Circle	圆形，下限报警指示灯
Shape	Alarm2	FillStyle = 0 – Solid	填充样式，实线
		Shape = 6 – Circle	圆形，上限报警指示灯
CommandButton	CmdStart	Caption = 开始采集	开始采集电压命令
CommandButton	CmdStop	Caption = 停止采集	停止采集电压命令
CommandButton	Cmdquit	Caption = 关闭程序	关闭程序命令
Timer	Timer1	Enabled = False	时钟无效
		Interval = 1000	时钟周期 1000ms
DAQAI	DAQAI1	在程序中设置	板卡模拟量输入控件

3. 程序代码设计

设计的参考程序如下：

```
'定义变量
Dim num As Integer                                          '采集的数据个数
Dim Data(1000) As Single                                    '采样电压数据的数值形式
Dim filedata(1000) As String                                '采样电压数据的字符串形式
'板卡设置初始化
Private Sub Form _ Load()
  DAQAI1. SelectDevice                                      '选择模拟量输入设备
  DAQAI1. OpenDevice                                        '打开模拟量输入端口
  DAQAI1. CyclicMode = Tsue                                 '循环方式采集数据
  DAQAI1. StartChannel = 0                                  '通道号 0
  DAQAI1. SampleRate = 500                                  '采样频率
  DAQAI1. DataType = adReal                                 '模拟量输入返回值为实型
  Alarm1. FillColor = QBColor(10)                           '上限报警指示灯初始为绿色
  Alarm2. FillColor = QBColor(10)                           '下限报警指示灯初始为绿色
End Sub
'开始采集电压值
Private Sub CmdStart _ Click()
  Timer1. Enabled = True                                    '使时钟有效
End Sub
'停止采集电压值
Private Sub CmdStop _ Click()
  Timer1. Enabled = False                                   '使时钟无效
End Sub
'连续采集电压
Private Sub Timer1 _ Timer()
  Dim u As String
  u = DAQAI1. RealInput(0)                                  '获取 AI0 通道数据(实型电压值)
  Data(num) = Val(u)                                        '将字符转换为数字
  filedata(num) = Format $(Data(num), "0. 00")              '获取电压值, 保留 2 位小数
  Tu. Text = filedata(num)                                  '显示电压值
  Call alarm                                                '调用报警子程序
  num = num + 1                                             '电压值个数
  Tnum. Text = Str(num)                                     '显示电压值个数
  Call draw                                                 '调用画曲线子程序
End Sub
'报警指示
Sub alarm()
  If Data(num) <= 0. 5 Then
    Alarm1. FillColor = QBColor(12)                         '下限报警指示灯设为红色
  End If
  If Data(num) > 0. 5 And Data(num) < 3. 5 Then
    Alarm1. FillColor = QBColor(10)                         '下限报警指示灯设为绿色
    Alarm2. FillColor = QBColor(10)                         '上限报警指示灯设为绿色
  End If
```

```
    If Data(num) >= 3.5 Then
      Alarm2. FillColor = QBColor(12)                    '上限报警指示灯设为红色
    End If
  End Sub
  '画曲线
  Sub draw()
    Picture1. Cls                                        '清除曲线
    Picture1. DrawWidth = 1                              '线条宽度
    Picture1. BackColor = QBColor(15)                    '背景白色
    Picture1. Scale(0,5)-(200,0)                         '绘制曲线的坐标系
    For i = 1 To num-1
      X1 = (i-1): Y1 = Data(i-1)                         '坐标值(x1,y1)
      X2 = i: Y2 = Data(i)                               '坐标值(x2,y2)
      Picture1. Line(X1,Y1)-(X2,Y2), QBColor(0)          '连线(x1,y1)和(x2,y2),黑色
    Next i
  End Sub
  '关闭程序
  Private Sub Cmdquit_Click()
    DAQAI1. CloseDevice                                  '关闭板卡模拟量输入端口
    Unload Me                                            '卸载窗体
  End Sub
```

4. 运行程序

程序设计、调试完毕，运行程序。首先进行板卡设置：选中板卡设备：000：{PCI-1710HG I/O = C000 Ver. A}，单击“Select”按钮。

1）转动电位器旋钮，改变其输出电压(范围是0～5V)，线路中AI指示灯亮度随之变化，单击“开始采集”按钮，程序窗体中文本对象中的数字、图形控件中的曲线都将随电位器输出电压变化而变化。

2）当测量电压小于等于设定的下限电压值(0.5V)或大于等于设定的上限电压值(3.5V)时，程序画面中相应指示灯由绿色变为红色。

程序运行画面如图8-12所示。

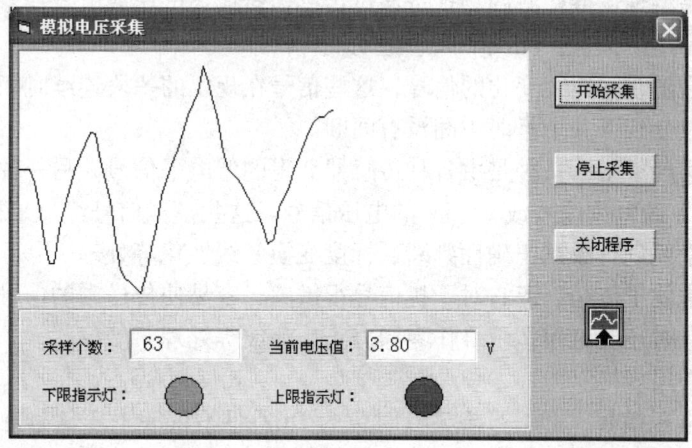

图8-12　程序运行画面

巩固与提高

(1) 当输入电压大于等于3.5V时，画面中弹出一个含有文本“电压值超过上限!”的警示对话框，当输入电压小于3.5V时，警示画面自动消失；当输入电压小于等于0.5V时，画面中弹出一个含有文本“电压值低于下限!”的警示对话框，当输入电压大于0.5V时，警示画面自动消失。

(2) 将输入量改为Pt100检测到的温度量，温度变送器的测量范围是0~200℃，线性输出4~20mA，经250Ω电阻将电流信号转换为1~5V电压信号输入板卡AI1通道。

现要求：

1) 在程序画面文本框中显示温度实际测量值。

2) 实时曲线随热电传感器测量温度变化而变化。

(3) 在Kingview程序中采集的电压值传递给VB程序并在窗体文本框中显示出来；在VB窗体文本框中输入一个数字，传递给Kingview并在画面文本框中显示出来。

知识链接一 控制系统的输入与输出信号

工业生产过程实现计算机控制的前提是，必须将工业生产过程的工艺参数、工况逻辑和设备运行状况等物理量经过传感器或变送器转变为计算机可以识别的电信号(电压或电流)或逻辑量。传感器和变送器输出的信号有多种规格，其中毫伏(mV)信号、0~5V电压信号、1~5V电压信号、0~10mA电流信号、4~20mA电流信号、电阻信号是计算机控制系统经常用到的信号规格。在实际工程中，通常将这些信号分为模拟量信号、开关量信号和脉冲量信号3大类。

针对某个生产过程设计一套计算机控制系统，必须了解输入输出信号的规格、接线方式、精度等级、量程范围、线性关系、工程量换算等诸多要素。

1. 模拟量信号

许多来自现场的检测信号都是模拟信号，如液位、压力、温度、位置、PH值、电压、电流等，通常都是将现场待检测的物理量通过传感器转换为电压或电流信号。许多执行装置所需的控制信号也是模拟量，如调节阀、电动机等。

模拟信号是指随时间连续变化的信号，这些信号在规定的一段连续时间内，其幅值为连续值，即从一个量变到下一个量时中间没有间断。

模拟信号有两种类型：一种是由各种传感器获得的低电平信号，另一种是由仪器、变送器输出的4~20mA的电流信号或1~5V的电压信号。这些模拟信号经过采样和A/D转换输入计算机后，常常要进行数据正确性判断、标度变换、线性化等处理。

模拟信号非常便于传送，但它对干扰信号很敏感，容易使传送中的信号的幅值或相位发生畸变。因此，有时还要对模拟信号作零漂修正、滤波等处理。

模拟信号的常用规格。

(1) 1~5V电压信号　此信号规格有时称为DDZ-Ⅲ型仪表电压信号规格。1~5V电压信号规格通常用于计算机控制系统的过程通道。工程量的量程下限值对应的电压信号为1V，工程量上限值对应的电压信号为5V，整个工程量的变化范围与4V的电压变化范围相对应。过程通道也可输出1～5V电压信号，用于控制执行机构。

（2）4～20mA电流信号 4～20mA电流信号通常用于过程通道和变送器之间的传输信号。工程量或变送器的量程下限值对应的电流信号为4mA，量程上限对应的电流信号为20mA，整个工程量的变化范围与16mA的电流变化范围相对应。过程通道也可输出4～20mA电流信号，用于控制执行机构。

有的传感器的输出信号是毫伏级的电压信号，如K分度热电偶在1000℃时输出信号为41.296mV。这些信号要经过变送器转换成标准信号(4～20mA)再送给过程通道。热电阻传感器的输出信号是电阻值，一般要经过变送器转换为标准信号(4～20mA)，再送到过程通道。对于采用4～20mA电流信号的系统，只需采用250Ω电阻就可将其变换为1～5V直流电压信号。

注意：以上两种标准都不包括零值在内，这是为了避免和断电或断线的情况混淆，使信息的传送更为确切。这样也同时把晶体管器件的起始非线性段避开了，使信号值与被测参数的大小更接近线性关系，所以在国际范围内受到推荐并被普遍采用。

当计算机控制系统输出模拟信号需要传输较远的距离时，一般采用电流信号而不是电压信号，因为电流信号在一个回路中不会衰减，因而抗干扰能力比电压信号好。当计算机控制系统输出模拟信号需要传输给多个其他仪器仪表或控制对象时，一般采用直流电压信号而不是直流电流信号。

2. 开关量信号

有许多的现场设备往往只对应于两种状态。例如，按钮、行程开关的闭合和断开；电动机的起动和停止；指示灯的亮和灭；继电器或接触器的释放和吸合；晶闸管的通和断；阀门的打开和关闭等，可以用开关输出信号去控制或者对开关输入信号进行检测。

开关信号是指在有限的离散瞬时上取值间断的信号。在二进制系统中，数字信号是由有限字长的数字组成，其中每位数字不是0就是1。数字信号的特点是，它只代表某个瞬时的量值，是不连续的信号。开关信号的处理主要是监测开关器件的状态变化。

开关量信号反映了生产过程、设备运行的现行状态、逻辑关系和动作顺序。例如：行程开关可以指示出某个部件是否达到规定的位置，如果已经到位，则行程开关接通，并向工控机系统输入1个开关量信号。又如工控机系统欲输出报警信号，则可以输出1个开关量信号，通过继电器或接触器驱动报警设备，发出声光报警。如果开关量信号的幅值为TTL/CMOS电平，又可将一组开关量信号称之为数字量信号。

开关量输入信号有触点输入和电平输入两种方式。触点又有常开和常闭之分，其逻辑关系正好相反，犹如数字电路中的正逻辑和负逻辑。工控机系统实际上是按电平进行逻辑运算和处理的，因此工控机系统必须为输入触点提供电源，将触点输入转换为电平输入。开关量输出信号也有触点输出和电平输出两种方式。输出触点也有常开和常闭之分。

数字(开关)信号输入计算机后，常常需要进行码制转换的处理，如BCD码转换成ASCII码，以便显示数字信号。

对于开关量输出信号，可以分为两种形式：一种是电压输出，另一种是继电器输出。电压输出一般是通过晶体管的通断来直接对外部提供电压信号，继电器输出则是通过继电器触点的通断来提供信号。电压输出方式的速度比较快且外部接线简单，但带负载能力弱，继电器输出方式则与之相反。对于电压输入，又可分为直流电压和交流电压，相应的电压幅值可以有5V、12V、24V和48V等。

3. 脉冲量信号

脉冲量信号和电平形式的开关量类似，当开关量按一定频率变化时，则该开关量就可以视为脉冲量，也就是说脉冲量具有周期性。

测量频率、转速等参数的传感器都是以脉冲频率的方式反映被测值的，有一些测流量的传感器或变送器，也是以脉冲频率为输出信号。在运动控制中，编码器送出的信号也是脉冲信号，根据脉冲的数目，可以获得电动机角位移以及转速的信息。另外，也可以通过输出脉冲来控制步进电机转角或速度。

脉冲量信号的幅值通常有TTL电平、CMOS电平、24VDC电平和任意电平等几种规格。实际上，数据采集卡的逻辑部件都是TTL/CMOS规格，其中的过程通道将不同幅值的脉冲量信号转换成了TTL/CMOS电平。

脉冲量通道或脉冲输入/输出板卡对脉冲量的上升时间和下降时间有一定的要求，对于上升时间和下降时间较长的脉冲信号，必须增加整形电路，改善脉冲信号的边沿，以确保脉冲量通道能有效识别所输入的脉冲量信号。

知识链接二　总线及其标准

一套计算机系统除中央处理器件外，还有存储器、系统总线、接口电路和外部设备等多个部分。各类外部设备和存储器，都通过各种接口电路连接到计算机系统的总线上，用户可根据不同应用，选择不同类型的外部设备，设置相应的接口电路，把它挂接到系统总线上，构成不同用途、不同规模的计算机应用系统。

1. 总线的概念

计算机作为控制设备在测试与控制领域中得到了广泛应用，并形成了多种类型的应用系统。在应用系统内部，有各种单元模块，如I/O接口、A/D、D/A等。这些模块之间必然要进行信息交换，而在各个独立的应用系统之间，也需要进行必要的信息交换。前者一般按数据线的位数进行传递，称为并行传送。而后者则根据两个独立应用系统相互间距离的远近，可进行并行传送也可进行串行传送，无论信息传送的方式如何，都必须遵循某种原则，如内部插件的几何尺寸应相同，插头座的规格应统一，针数应相同，各个插针的定义应统一，控制插件相同、信号定义和工作时序应相同等，这就导致了“总线”的诞生。

所谓总线就是在模块和模块之间或设备与设备之间的一组进行互连和传输信息的信号线，信息包括指令、数据和地址。总线就是一组信号线的集合，用这个集合可以组成系统的标准信息通道，它定义了各引线的信号、电气、机械特性，使计算机内部各组成部分之间以及不同的计算机之间建立信号联系，进行信息传送和通信。它可以把计算机或控制系统的模板或各种设备连成一个整体以便彼此间进行信息交换。

当今世界上的计算机系统基本上有两种结构：一种是以CPU为中心的面向处理器的结构，另一种则是以总线为中心的面向总线的结构。对于面向处理器的结构，虽然可以根据处理器的特点来进行整个系统的设计，使处理效率等达到最优，但是，在通用性、兼容性等诸多方面却不如面向总线的结构。

2. 总线的类别

总线的类别很多。按其传送数据的方式可分为串行总线和并行总线；按应用的场合可分为芯片总线、板内总线、机箱总线、设备互连总线、现场总线及网络总线等；按用途可分为计算机总线、外设总线和控制系统总线；按总线的作用域可分为全局总线和本地总线；按标准化程度可分为标准总线和非标准化(专用)总线等。

计算机中的总线可为分内部总线和外部总线。内部总线是计算机内部功能模板之间进行通信的总线，它按功能又可分为数据总线、地址总线、控制总线和电源总线四部分，每种型号的计算机都有自身的内部总线。外部总线是计算机与计算机之间或计算机与其他智能设备之间进行通信的连线，又称为通信总线。常用的外部总线有 IEEE-481 并行总线和 RS-232C 串行总线。如果数据在信号线上是以位为单位进行传输的，则称为串行总线；如果数据在信号线上是以字节甚至多个字节为单位进行传输，则称为并行总线。

下面介绍计算机内部总线的功能。图 8-13 所示为总线结构示意图。

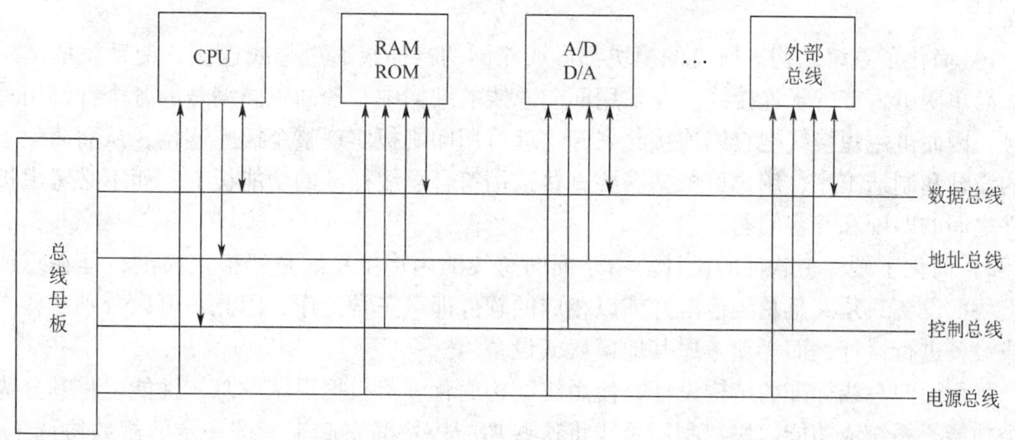

图 8-13 总线结构

(1) 数据总线 数据总线用于 CPU 与其他部件之间传送信息(数据和指令代码)。具有三态(高阻、“1”和“0”三种状态)控制功能，而且是双向传输的，即 CPU 通过数据总线可以接收来自其他部件的信息，也可以通过数据总线向其他部件发送信息。如 ISA 总线数据线是 16 位，PCI 总线是 32 位或 64 位。数据线的宽度表示了总线的数据传输能力，反映了总线的性能。

(2) 地址总线 地址总线用来传送 CPU 要访问的存储单元或 I/O 接口地址信号。地址信号一般由 CPU 发往其他芯片，属于单向总线，但也具有三态控制功能。

地址总线的数据位数决定了该总线构成的微机系统的寻址能力。例如，ISA 总线有 24 位地址线，可寻址 16MB，PCI 总线有 32 位地址线，可寻址到 4GB。地址总线的宽度视 CPU 所能直接访问的存储空间的容量而定。

(3) 控制总线 控制总线用于传输控制命令和状态信息。根据不同的使用条件，控制总线有的为单向，有的为双向，有的为三态，有的为非三态。

控制总线用于传送控制信息、时序信息和状态信息。比如，I/O 读写信号、存储器读写信号和中断信号等等。控制总线是最能体现总线特色的信号线，它决定总线功能的强弱和适应性。

（4）电源线与地线　电源线与地线为挂在总线上的模块或设备提供了电能以及电流通路。电源的区别在一定程度上也体现了总线标准的特色。例如，ISA 总线采用 +12V 和 +5V，PCI 总线采用 +5V 和 +3V。一般来说，越是先进的总线标准，采用的电压越低。

通常，微机系统总线都做成多个插槽的形式，各插槽相同的引脚通过总线连在一起。总线接口引脚的定义、传输速率的设定、驱动能力的限制、信号电平的规定、时序的安排以及信息格式的约定等，都有统一的标准。外总线则使用标准的接口插头，其结构和通信规约也是标准的。

3. 采用总线的优点

总线是联系计算机及控制设备的纽带，由于总线中每一条线、每一个信号都有严格的定义，因此总线标准就是系统的结构法规，一旦选中某种总线，任何厂家和用户都要严格遵守这个法规，这就使系统设计、生产、使用和维护具有很多优越性。概括起来采用总线有以下优点。

1）简化了系统结构。所有的模块都做成相同的接插板通过总线连接，使系统的结构清晰，简单明了，节省了连接线。在采用面向总线的结构中，各插座同编号的各个针都用总线信号，因而可用短接线把它们连接起来，这就可用印刷板实现整个插座连接，从而简化了系统的设计和制造工序，用户可根据需要直接选用符合总线标准的功能板卡，而不必考虑板卡插件之间的匹配和兼容问题。

2）简化了硬件与软件的设计。由于面向总线的结构中总线是严格定义的，挂在总线上的模块或设备只须满足总线标准并辅以相应的软件即可正常工作，因此，可以分别对各个模块或设备进行设计，而无须考虑其他模块或设备。

采用面向总线标准的结构设计，使系统结构简化。可根据系统的总体性能，将其分为若干个功能子系统或功能模块，利用总线将这些功能模块联系起来，按一定的规约协调工作，使系统的结构紧凑、明快。由于硬件是积木式接插件结构，也给整个软件设计带来了特有的模块性，每一块插件在系统中仅与总线打交道，从而使硬件的调试简单，调试周期短，节省工时。加之模块化程序设计可供多个用户重复使用，提高了效率，降低了成本，缩短了研制周期。

3）便于系统的扩充与更新。由于总线的标准具有国际性，规范是公开的，各国厂商都可根据市场的需要，设计生产符合某总线标准的功能模块和配套软件。如果要扩充规模，只需往总线上多插几块同类型的插件；如果要变换功能，用户只需选择相应功能的板卡插在总线插槽即可构成新的系统，无需重新设计；如果要扩充新功能，只要根据总线标准，设计制造新的模块即可。随着电子技术的发展，产品的更新换代是必然的。采用总线结构时，只要更换新型器件，提高产品性能，不必对系统作出大的更改，有时只需更换个别模块即可。

4）便于组织生产，提高产品质量，降低产品造价。由于采用总线的系统产品模块化，各模块间可通过总线规约进行联系。又由于各模块有一定的独立性，这就可组织专业化生产，使产品的性能和质量得到进一步提高。模块的单一性又可简化调试设备，降低对调试工人的技术要求，便于组织大规模生产，降低产品的造价。接插板由多个厂家生产，用户有了选择的余地，并能选到最优的产品，而且，接插板可以由多个生产厂家生产，有利于产品的更新换代。

5）可维护性好。采用总线标准模块化设计的产品，一般都有较好的诊断软件，很容易诊断到模块级的故障，因此，一旦发现故障可立即更换模块，系统很快就可修复。

4. 总线标准

（1）总线标准的含义　总线是计算机系统的组成基础和重要资源，是联系计算机内部各部分资源的高速公路体系。因此，计算机系统中总线结构性能的好坏、速度的高低和总线结构的优化合理程度将直接影响到计算机的性能。总线标准的建立对计算机应用和普及是至关重要的。

对于总线上的各个单元如芯片之间、扩展卡之间以及系统之间，如果要进行正确的连接与信息传输，就应遵守一些协议与规范，这些协议与规定就被称为总线标准。总线标准包括：各个信号线的功能定义、总线工作的时钟频率、总线系统的结构、总线仲裁机构与配置机构、信号的逻辑电平、时序要求、电路驱动能力、抗干扰能力、机械规范（包括接插件的几何形状与尺寸）和实施总线协议的驱动与管理程序。

为了可靠有效地进行各种信息交换而对总线信号传送规则及传送信号的物理介质所做的一系列物理规定称为总线规约，对某一标准化组织批准或推荐的总线规约称为某种总线标准。

计算机中使用的总线标准有两类，一类是由 IEC（国际电工委员会）和 IEEE（美国电气与电子工程师协会）制订的总线标准，如 S-100 总线、STD 总线、MultiBus 总线、VMESCSI 总线等。这类标准的特点是通用性、兼容性、可扩展性和适应能力很强，适用于各类 CPU 系统，世界上许多厂商均支持这些标准。另一类各大计算机厂商如 IBM、Intel、Microsoft、Compaq、HP、Motorola、Apple 等对自己生产的计算机或兼容机系统联合推出了自己的总线标准，这些标准因计算机的大量推广而普及，并成为事实上的国际标准。许多外围设备提供商和兼容机生产厂商都遵循这些标准，使这类标准与国际标准有同等的作用，最典型的是 IBM PC-XT 总线、PC 总线、ISA 总线、PCI 总线等。

（2）常用的总线标准

1）ISA 总线。ISA（Industry Standard Architecture）总线是 IBM 公司 1984 年为推出 PC/AT 机而建立的系统总线标准，所以也叫 AT 总线，它是对 XT 总线的扩展，以适应 8 位或 16 位数据总线要求。

ISA 总线的主要特点：它有比 XT 总线更强的支持能力，它是一种多主控（Multi Master）总线，可支持 8 种类型的总线周期。

ISA 总线共包含 98 根信号线，它们是在原 XT 总线 62 线的基础上再扩充 36 线而形成的。其扩充卡插头插槽也由两部分组成，一部分是原 XT 总线的 62 线插头插槽（分 A、B 两面，每面 31 线），另一部分是新增加的 36 线插头插槽（分 C、D 两面，每面 18 线），新增的 36 线与原有的 62 线之间由一凹槽隔开。

ISA 总线共有 16 条数据线、24 条地址线（寻址空间为 16MB）、总线时钟频率为 8MHz、总线最大传输速率为 16MB/s、最大负载能力为 8 个、采用半同步的工作方式。

2）PCI 总线。PCI（Peripheral Component Interconnect）是计算机外围设备互连的意思。1992 年由 Intel 发布，很快就成为了商用计算机的总线标准。发展至今，PCI 实际上已经不是一个简单的总线标准，而是一类标准。

图 8-14 所示为某型号计算机主板上的 PCI 和 ISA 插槽示意图。其中有 5 个短白色的 PCI

扩展槽，2 个长黑色的 ISA 扩展槽。

图 8-14 计算机主板上的 PCI 和 ISA 插槽示意图

PCI 总线的提出极大地扩展了 PC 的数据传输能力，使 PC 对高速外设如图形显示器、硬盘等的支持能力得到极大提高，它是目前各种总线标准中定义最完善、性价比最高的一种总线标准，除在 PC 中广泛应用和普及外，在目前小型工作站等高档计算机中也得到日益推广。

归纳起来，PCI 总线具有以下特点：总线传输速率高，可达 528MB/s，不受处理器限制，兼容性强，自动配置功能，支持即插即用，高性能价格比，是立足现在放眼未来的标准。

PCI 总线的接口芯片将大量系统功能高度集成，节省了逻辑电路，耗用较小的电路板空间，使成本降低。PCI 总线采用地址/数据总线复用方式，使 PCI 总线上的接口引脚数减至 50 以下。

PCI 局部总线既迎合了当今的技术要求，又能满足未来的发展需要，是计算机界公认的最具发展前景的局部总线标准。PCI 总线的高性能、高效率及与现有总线标准的兼容性和充裕的发展潜力，是其他总线不可及的。

习题与思考题

8.1 如何理解总线与接口的概念？它们在计算机控制系统中各有什么作用？

8.2 计算机控制系统中采用总线结构有什么优点？

8.3 总线有哪些基本操作？总线有哪些性能指标？

8.4 总线标准与接口标准有什么不同？

8.5 目前工业控制计算机中常用的总线标准有哪些？各自的特点是什么？

8.6 模拟量有单端和差分两种输入方式，它们的区别是什么？各用在什么场合？

8.7 在信号采集中，对模拟信号的采样频率是依据什么来确定？

项目九

计算机模拟量输出

项目背景

许多执行装置所需的控制信号是模拟量，如调节阀、电动机等的控制信号。模拟量输出信号可以直接控制过程设备，而过程又可以对模拟量信号进行反馈。闭环 PID 控制系统采取的就是这种形式。模拟量输出还可以用来产生波形，这种情况下 D/A 变换器就成了一个函数发生器。

学习目标

1）掌握数据采集板卡进行模拟量信号计算机输出的硬件线路连接方法。

2）掌握 Kingview、Visual Basic 编写板卡模拟量输出(AO)程序的方法。

实训用软硬件

1. 设备清单

本项目用到的硬件和软件清单见表 9-1。

表 9-1　实训用软硬件清单

序　号	名　称	数　量
1	PC(或 IPC)	1
2	PCI-1710HG 多功能板卡 + PCL-10168 数据线缆 + ADAM-3968 接线端子(使用模拟量输出 AO 通道)	1
3	发光二极管	1
4	电子示波器	1
5	Kingview 6.5	1
6	Visual Basic 6.0	1

2. 硬件线路

如图 9-1 所示，将板卡模拟量输出(范围 0～10V)0 通道(管脚 58 和 57)接发光二极管来显示电压大小的变化，同时接电子示波器显示电压变化波形(范围:0～10V)。

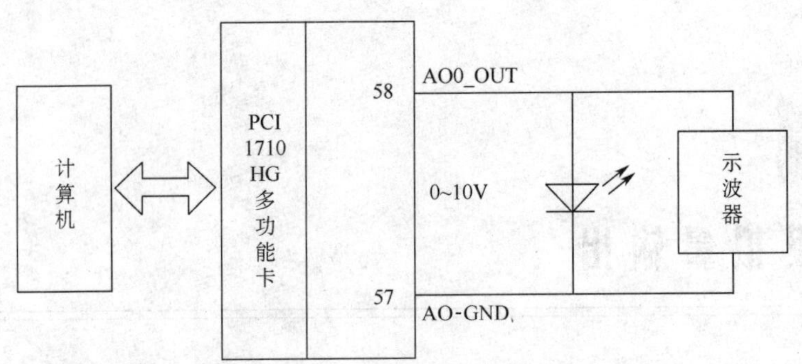

图 9-1 计算机模拟电压输出线路

注意：编程前需通过研华板卡配置软件 Device Manager 对板卡进行配置。从开始菜单/所有程序/Advantech Automation/Device Manager 打开设备管理程序 Advantech Device Manager。点击“Setup”按钮，弹出“PCI-1710HG Device Setting”对话框，在对话框中设置 A/D 通道是单端输入，选择两个 D/A 转换输出通道通用的基准电压来自内部，设置基准电压的大小为 0~10V。

实训任务

分别利用 Kingview 和 Visual Basic 编写应用程序实现 PCI-1710HG 多功能板卡模拟量输出。任务要求如下：

在程序画面中产生一个变化的数值(范围:0~10V)，绘制数据变化曲线，线路中示波器中显示电压变化波形，发光二极管亮度随电压变化(范围:0~10V)而变化。

实训操作

一、利用 Kingview 实现模拟量输出

1. 建立新工程项目

工程名称：“AO”；工程描述：“模拟量输出项目”。

2. 制作图形画面

画面名称：“模拟量输出”。

通过图库在图形画面中添加 1 个游标对象；通过工具箱添加 1 个“实时趋势曲线”控件、1 个按钮控件“关闭”、2 个文本控件(“输出电压值:”、“000”)，如图 9-2 所示。

3. 定义板卡设备

在组态王工程浏览器的左侧选择“设备”中的“板卡”，在右侧双击“新建…”，运行“设备配置向导”。

选择：智能模块→研华 PCI 板卡→YHPCI1710→YHPCI1710。

1）单击“下一步”按钮，给要安装的设备指定唯一的逻辑名称，如：“PCI-1710HG”。

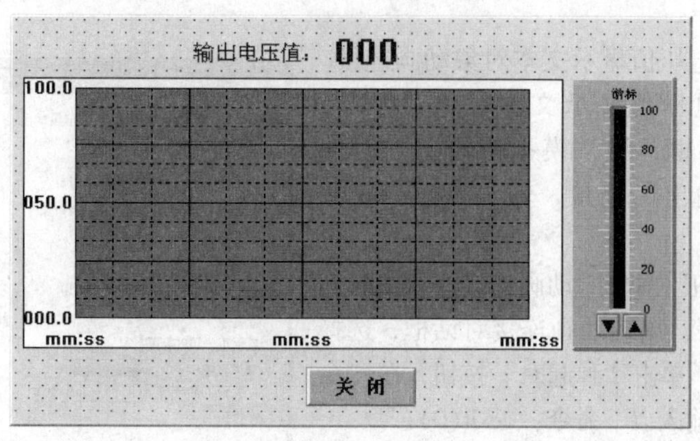

图9-2　图形画面

2）单击“下一步”按钮，给要安装的设备指定地址：“C000”。

3）单击“下一步”按钮，不改变通信参数。

4）单击“下一步”按钮，显示所安装设备的所有信息。

5）请检查各项设置是否正确，确认无误后，单击“完成”按钮。

4. 定义I/O变量

在工程浏览器的左侧树形菜单中选择“数据库/数据词典”，在右侧双击“新建”，弹出“定义变量”对话框。

定义变量“模拟量输出”。变量类型选“I/O实数”。最小值，最大值可按计算机输出电压范围(0~10V)确定；最小原始值为“2048”（对应输出0V），最大原始值为“4095”（对应输出10V）；连接设备选“PCI-1710HG”，寄存器为“DA0”，数据类型选“USHORT”（注:Kingview6.0版数据类型选UINT），读写属性选“只写”，如图9-3所示。

5. 建立动画连接

1）建立“实时趋势曲线”对象的动画连接。双击画面中实时趋势曲线对象，出现动画连接对话框。在曲线定义选项中，单击曲线1表达式文本框右边的“?”按钮，选择已定义好的变量“模拟量输出”，将背景色改为白色，将X方向和Y方向的主分线、次分线数目都改为0；在标识定义选项中，去掉“标识Y轴”项，将时间轴的时间长度改为“2”分钟。

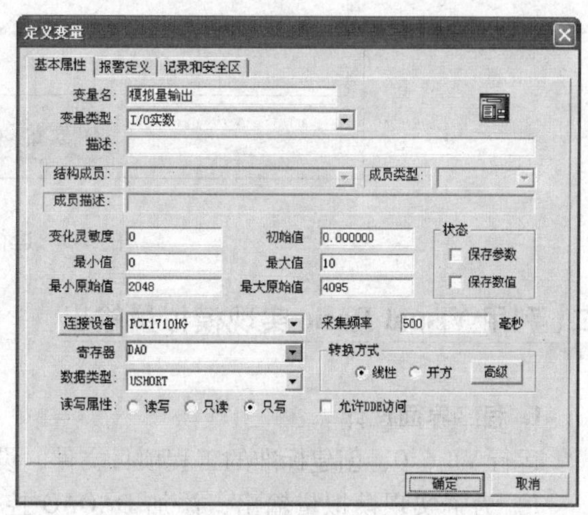

图9-3　定义模拟量输出I/O变量

2）建立“游标”对象动画连接。双击画面中游标对象，出现动画连接对话框。单击变量名(模拟量)文本框右边的“?”按钮，选择已定义好的变量“模拟量输出”；并将滑动范围的最大值改为“10”，标志中的主刻度数改为“11”，副刻度数改为

“5”，如图 9-4 所示。

3）建立输出电压值显示文本对象动画链接。双击画面中输出电压值显示文本对象“000”，出现动画连接对话框，将“模拟值输出”属性与变量“模拟量输出”连接，输出格式：整数“1”位。

4）建立“按钮”对象的动画连接。双击画面中按钮对象“关闭”，出现动画连接对话框，选择命令语言连接功能，单击“弹起时”按钮，在“命令语言”编辑栏中输入以下命令：“exit(0);”。

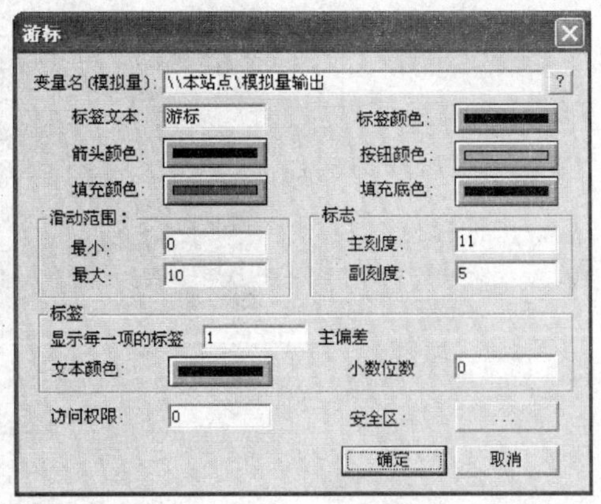

图 9-4 “游标”对象动画链接

6. 调试与运行

将设计的画面全部存储并配置成主画面，启动画面运行程序。

单击游标上下箭头，改变输出值(0～10)，画面中实时趋势曲线将随游标值变化而变化，“组态王”系统中的 I/O 变量“AO”值也会自动更新不断变化，板卡 AO0 _ OUT 通道输出电压随之改变(0～10V)，电路中发光二极管亮度随之变化，同时在示波器中显示输出电压变化波形。

程序运行画面如图 9-5 所示。

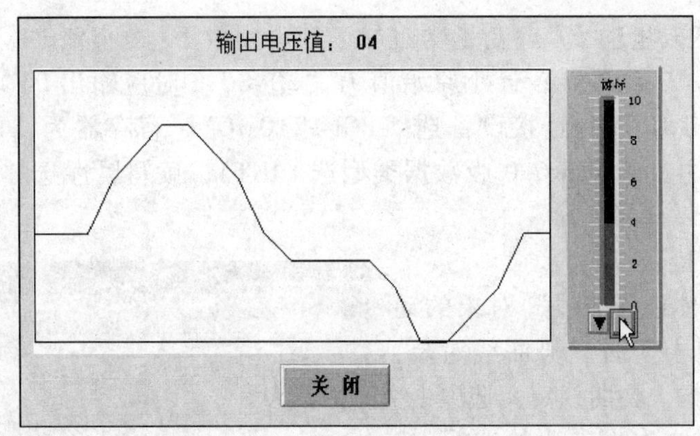

图 9-5 运行画面

二、利用 Visual Basic 实现模拟量输出

1. 程序界面设计

运行 VB 6.0，创建标准的工程项目文件，设计程序窗体。

1）为了实现模拟量输出，添加 DAQAO 控件。选择“工程”菜单下的“部件…”选项，在弹出的对话框中，在“控件”表中选择“Advantech ActiveDAQ AO Control”项，单击“确定”按钮关闭对话框，所选择的控件就会出现在 VB 的工具箱中，然后将其添加到窗体上。

2）为了产生间断变化的数值，添加 1 个垂直滚动条控件 VScrollBar。

3）添加其他控件：1 个 TextBox 控件，1 个 PictureBox 控件，1 个 CommandButton 控件。设计的窗体界面如图 9-6 所示。

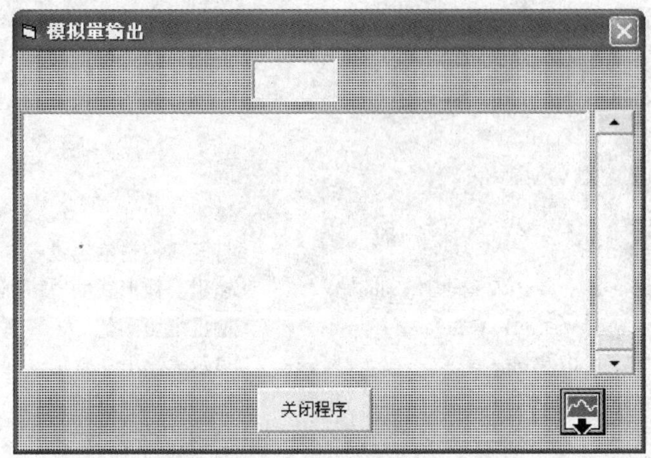

图 9-6　程序窗体界面

2. 属性设置

程序窗体、控件对象的主要属性设置见表 9-2。

表 9-2　程序窗体、控件对象的主要属性设置

控件类型	名　称	主要属性	功　能
Form	DAQForm	BorderStyle = 3	运行时窗体固定大小
		Caption = 模拟量输出	在标题栏显示程序名称
TextBox	Tdata	Text 值为空	显示变化的数据值
VScrollBar	VScroll1	VScroll1. Max = 0	输出电压最小值为 0
		VScroll1. Min = 10	输出电压最大值为 10
		VScroll1. Value = 0	电压初始值为 0
Picture	Picture1	BackColor 为白色	绘图区
CommandButton	Cmdquit	Caption = 关闭程序	关闭程序命令
DAQAO	DAQAO1	在程序中设置	板卡模拟量输出控件

3. 程序代码设计

设计的参考程序如下：

```
'定义变量
Dim num As Integer                              '采集的数据个数
Dim Data(1000) As Integer                       '采样电压数据的数值形式
'板卡初始化
Private Sub Form_Load()
```

```
    DAQAO1. SelectDevice                         '选择模拟量输出设备
    DAQAO1. Channel = 0                          '输出的通道号
    DAQAO1. OutputRate = 500                     '输出频率
    DAQAO1. DataType = adReal                    '模拟量输出数值类型(实型)
    DAQAO1. OutputType = adVoltage               '模拟量输出类型(电压)
    DAQAO1. NumberOfOutputs = 200                '输出数据的个数
End Sub
'间断产生变化的数值(范围:0 ~ 10)
Private Sub VScroll1 _ Change( )
    DAQAO1. OpenDevice                           '打开模拟量输出设备
    DAQAO1. RealOutput Val( VScroll1. Value)     '输出实数形式的电压到指定的板卡通道
    Data( num) = Val( VScroll1. Value)           '输出电压数值
    Tdata. Text = VScroll1. Value                '显示输出电压数值
    num = num + 1                                '输出电压数值个数
    Call draw                                    '调用画曲线子程序
End Sub
'画曲线
Sub draw( )
    Picture1. Cls                                '清除曲线
    Picture1. DrawWidth = 1                      '线条宽度
    Picture1. BackColor = QBColor(15)            '背景白色
    Picture1. Scale (0,10)-(200,0)               '绘制曲线的坐标系
    For i = 1 To num-1
        X1 = (i-1): Y1 = Data(i-1)               '坐标值(x1,y1)
        X2 = i: Y2 = Data(i)                     '坐标值(x2,y2)
        Picture1. Line(X1,Y1)-(X2,Y2), QBColor(0) '连线(x1,y1)和(x2,y2),黑色
    Next i
End Sub
'关闭程序
Private Sub Cmdquit _ Click( )
    DAQAO1. CloseDevice                          '关闭板卡模拟量输出端口
    Unload Me                                    '卸载窗体
End Sub
```

4. 运行程序

程序设计、调试完毕，运行程序。首先进行板卡设置，选中板卡设备：000：{PCI-1710HG I/O = C000 Ver. A}，单击“Select”按钮。

单击“垂直滚动条”的上下箭头，生成一间断变化的数值(0 ~ 10)，在程序画面中产生一个随之变化的曲线。同时，线路中发光二极管亮度随之变化，同时在示波器中显示程序画面中相同波形。

程序运行画面如图 9-7 所示。

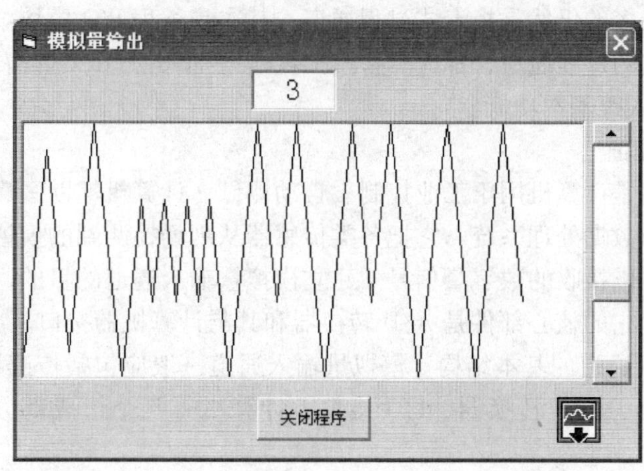

图 9-7　程序运行画面

巩固与提高

程序画面中增加“连续输出”按钮，编写程序自动生成连续循环变化的数值(0～10)，执行“连续输出”命令，在程序画面中产生一个脉冲三角波形，同时，线路中发光二极管亮度随之交替变化，在示波器中显示三角波形。

知识链接一　过程通道

在计算机控制系统中，计算机需要从生产过程中输入现场情况的信息，接受操作人员的控制，向操作人员报告现场情况和操作结果，还要把相应的控制信息传送给生产过程，有时还需要从其他外部设备输入相关的信息，从而实现对过程的控制。以上任务的实现，都需要通过输入输出过程通道来完成，如果计算机没有输入输出过程通道，它将毫无用处。

1. 过程通道的作用

过程通道是计算机控制系统中计算机与被监控过程的现场设备之间的物理信息通道。如果将计算机控制系统视为一个人体系统，计算机就类似于人体的大脑，它接收外部信息，并对接收到的信息进行加工处理；而输入通道就类似于人体的五官，其作用是获取外部信息并传输给计算机处理；输出通道就类似于人体的四肢，用于执行计算机处理信息后得出的命令或结果。这样，在计算机和生产过程之间就需要建立一种能对现场设备信息进行传递和变换的连接装置，这种连接装置就称为输入输出过程通道，即从现场设备(传感器、变送器等)到计算机(主要指 CPU)或从计算机到现场设备(执行机构)的物理信息通道。输入通道的作用是将传感器或变送器的电流/电压信号转换为计算机可以识别的数字信号。输出通道的作用则是将计算机输出的数字信号转换为可直接推动执行机构的电气信号。输入输出通道技术属于计算机接口技术的一部分，它是组成计算机控制系统的重要组成部分。

工业过程通道实现计算机信号和工业现场信号的互连与转换，是工业生产过程实现自动控制的输入输出通道。工业过程通道有过程通道板卡、过程通道子系统和远程 I/O 三种基本形式。目前，使用最多的仍然是板卡式过程通道，其次是远程 I/O 模块。

无论是何种形式的过程通道，都应具备模拟量输入/输出、开关量输入/输出、脉冲量输入/输出和中断量输入等基本功能。

2. 模拟量输入通道

模拟量输入通道是计算机用于工业控制、自动测试、计算机辅助医疗诊断、机器人等科学研究时必需的模拟数据处理系统。它把各类传感器从现场检测到的模拟量信号如温度、压力等转换成计算机可以接收的数字量信号。建立模拟量输入通道的目的，通常是为了进行参数测量或数据采集。它的核心部件是 A/D 转换器和其与计算机的接口。

(1) 模拟量输入通道的基本结构　模拟量输入通道一般应包括传感器、多路转换开关、放大器、采样保持器、A/D 转换器、I/O 接口、计算机等几个组成部分，其组成如图 9-8 所示。

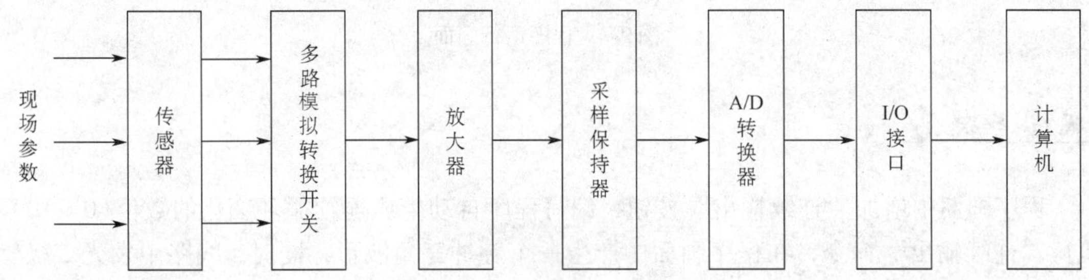

图 9-8　模拟量输入通道组成

1) 传感器。传感器是将现场待检测的物理量转换为电压或电流信号的器件。

2) 多路模拟转换开关。在微机控制系统中，经常需要有多路或多参数的测量和控制。如果每一路都采用各自的输入回路，即每一路都采用采样保持、放大及 A/D 转换等环节，不仅成本增加，而且导致系统体积庞大，结构复杂，可靠性差。因此，除特殊情况下采用独立放大的 A/D 或 D/A 外，通常都采用公共的采样保持及 A/D 转换电路。而要实现这种设计，往往采用多路模拟转换开关。

多路模拟开关主要用作信号的切换，能在某一时刻接通某一路，让该路信号输入而让其他各路断开，从而达到信号切换的目的，并使一台微机能获取多个回路的测量数据。

由于被检测的模拟信号，直接通过多路开关，所以开关性能的好坏，直接影响整个控制系统的精度和速度。因此，对多路开关的性能要求是：动作速度快、精度高、使用寿命长和具有接近理想开关的特性。

3) 放大器。来自传感器的模拟输出信号一般都是比较微弱的低电平信号，为了满足 A/D 转换器的量程输入，充分利用 A/D 转换器的满刻度分辨率，必须将这种微弱的输出信号按线性加以放大。此外，大多数 A/D 转换器的输入阻抗较低，对高阻抗信号源的信号进行测量转换时，会带来较大误差，因而需要用放大器来实现阻抗的匹配。

模拟量输入通道中所用的放大器对速度和精度都有较高要求。在许多实际应用中，为了在整个测量范围内获取合适的分辨率，常采用可变增益放大器。在计算机控制系统中，可变增益放大器的增益由计算机的程序控制，称为程控增益放大器。

4) 采样保持器。简称 S/H。对模拟信号进行 A/D 转换时，需要一定的转换时间，在这个期间应保持进入 A/D 转换器的输入信号值基本不变，以免 A/D 转换的输出发生差错。这种保持 A/D 转换器转换期间输入信号不变的电路称为采样保持电路。

采样保持器有两种工作方式，即采样方式和保持方式。在采样方式下，采样/保持器的输出必须跟踪模拟输入电压。在保持方式下，采样/保持器的输出将保持采样命令发出时刻的电压输入值，直到保持命令撤消为止。

集成采样保持器将采样电路和保持器制作在一个芯片上，保持电容器外接，由用户选用。电容的大小与采样频率及要求的采样精度有关，一般采样频率越高，保持电容越小，但此时衰减也越快，精度较差；反之，如果采样频率比较低，但要求精度比较高，则可选用较大电容。通常保持电容选用聚苯乙烯电容或聚四氟乙烯电容。

在 A/D 转换过程中，S/H 电路对保证 A/D 转换的精度有重要的作用。

5）A/D 转换器。用于将模拟量信号转变成计算机能接收和处理的数字量信号。模/数转换过程包括采样、量化和编码，其实质是对时间和幅值的离散化。

在工业控制系统和数据采集以及许多其他领域中，A/D 转换器常常是不可缺少的重要部件。A/D 转换器的品种繁多，目前使用较广泛的主要有三种类型：逐次逼近型、V/F 转换型和双积分型。其中，双积分型 A/D 转换器电路简单，抗干扰能力强，但转换速度较慢；逐次逼近型 A/D 转换器易于用集成工艺实现，且具有较高的分辨率和转换速度。因此，目前市场上的 A/D 转换器采用逐次逼近型的较多，例如 ADC0809 是 NSC 公司生产的 8 路模拟输入逐次逼近型 A/D 转换器，AD574A/AD674A 是美国 AD 公司生产的 12 位逐次逼近型 ADC 芯片。

（2）模拟量输入通道的结构形式　一般来讲，计算机控制系统是多路模拟量输入通道系统，其结构形式按 A/D 转换器的使用方式可分为共享 A/D 形式和多 A/D 形式。所谓共享 A/D 形式是指所有输入模拟量共用一个 A/D 实现分时模数转换，这种形式结构简单、成本低。多 A/D 形式是指每个输入模拟量分别采用对应的 A/D 转换器实现同时转换，这种形式结构复杂、成本高，但数据采集速度快。在工业控制中，多数系统都是采用共享 A/D 形式，在极特殊的情况下，才采用多 A/D 形式，如对数据采集速度要求极高系统。

模拟输入通道按采样保持器 S/H 的使用方式可分为共享 S/H 形式和多路 S/H 形式。共享 A/D 和 S/H 形式的模拟量输入通道如图 9-9 所示。

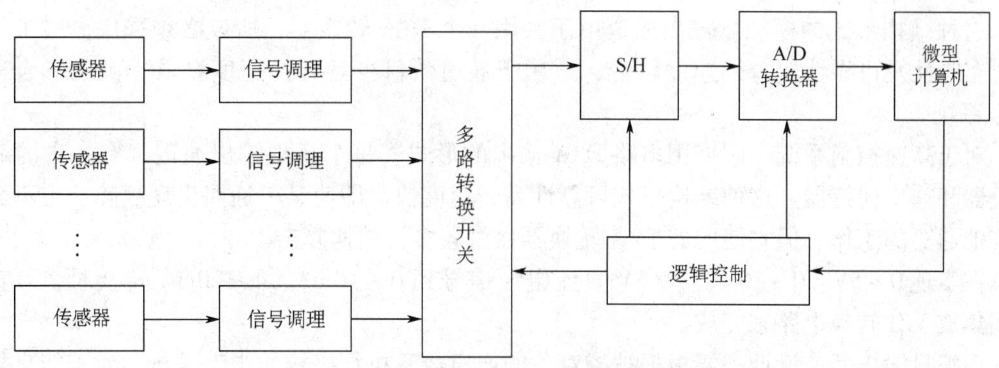

图 9-9　共享 S/H 和 A/D 形式的模拟量输入通道

在这一系统中，被测参数经多路开关一个一个地被切换到 S/H 和 A/D 转换器进行转换，共享 S/H 和 A/D 形式的模拟量输入通道实现分时采样、分时模数转换。由于各参数是串行输入的，所以转换时间比较长，且采样的各模拟量是不同时刻的数值。但它的最大优点是节省硬件开销，降低了系统成本。这种系统可用于参数变化速度缓慢或被测参数不相关的系统中。当被测参数为几个相关量时，需选用多路 S/H，共享 A/D 形式。

当模拟量输入通道不全部使用时，应将不使用的通道接地，不要使其悬空，以避免造成通道间的串扰和损坏通道。

3. 模拟量输出通道

在计算机控制系统中，被采样的过程参数经运算处理后输出控制量，但计算机输出的是数字信号，必须转换为模拟信号才能驱动执行元件工作。众所周知，计算机输出的控制量仅在程序执行瞬时有效，无法被利用，因此，如何把瞬时输出的数字信号保持，并转换为能推动执行元件工作的模拟信号，以便可靠地完成对过程的控制作用，就是模拟量输出通道的任务。

模拟量输出通道的作用就是将计算机输出的数字量转换为执行机构能接收的模拟电压或模拟电流，去驱动相应的执行机构，以达到用计算机实现控制的目的。

模拟量输出通道一般应包括：接口电路、D/A 转换器、多路开关、保持电路、V/I 变换器等几个组成部分，如图 9-10 所示。

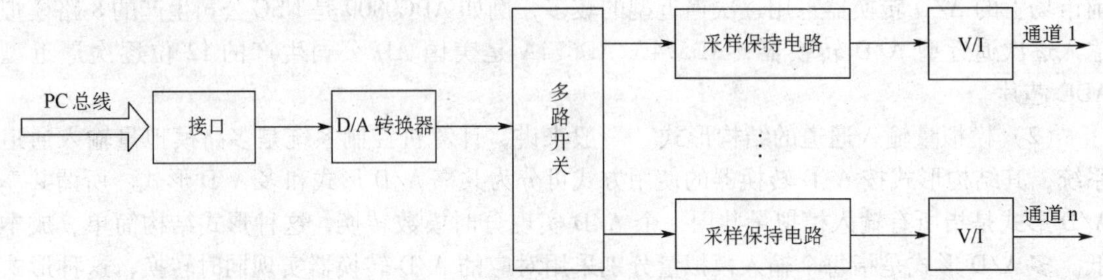

图 9-10 模拟量输出通道组成

其中，D/A 转换器将计算机输出的数字量信号转换为模拟量，其特点是接收、保持和转换数字信息，多路开关有目的地选择一条通路，保持电路将 D/A 转换器输出的离散模拟信号转换为执行机构能接收的连续模拟信号。

这种结构形式的模拟量输出通道由于共用一个 D/A 转换器，所以必须采用分时工作方式，实时性及可靠性较差，速度较低，适用于通道数目少且转换速度要求不高的场合，如 DDC 系统。

对于高速控制系统，应采用多路 D/A 输出的形式，每个模拟输出通道都有各自的 D/A 转换器和输出保持器。这种结构形式可靠性高、速度快，即使某一通路出现故障，也不会影响其他通路的工作。但它使用的 D/A 转换器数量较多，结构复杂。

在实现 0 ~ 5V、0 ~ 10V、1 ~ 5V 直流电压信号到 0 ~ 10mA、4 ~ 20mA 转换时，可直接采用集成 V/I 转换电路来完成。

模拟量输出通道设计需要根据被控对象的通道数及执行机构的类型进行。对于能直接接受数字量的执行机构，可由微机直接输出数字量，如步进电机、开关、继电器系统等。对于只能接受模拟量的执行机构(如电动机、气动执行机构、液压伺服机构等)，需要用 D/A 转换器把数字量变成模拟量后，再带动执行机构。

模拟量输出通道要注意在工作时绝对不能短路，否则，将会造成器件损坏。

4. 开关量输入通道

开关量输入通道的任务主要是将现场输入的开关信号经转换、保护、滤波、隔离等措施转换成计算机能够接收的逻辑信号。

开关量输入通道在控制系统中主要起以下作用：

1）定时记录生产过程中某些设备的状态，例如电动机是否在运转、阀门是否开启等。

2）对生产过程中某些设备的状态进行检查，以便发现问题进行处理。若有异常，及时向主机发出中断请求信号，申请故障处理，保证生产过程的正常运转。

由于数字信号是计算机直接能接收和处理的信号，所以开关量输入通道比较简单，主要是解决信号的缓冲和锁存问题。因为在多通道的系统中，计算机要为多路信号进行处理，而外部设备的工作速度比较慢，所以需要对各路的信号加以锁存，以便计算机能接收和处理，防止信号的丢失。

开关量输入通道主要由输入接口电路、接口地址译码器以及相关的输入电路组成，如图9-11所示。

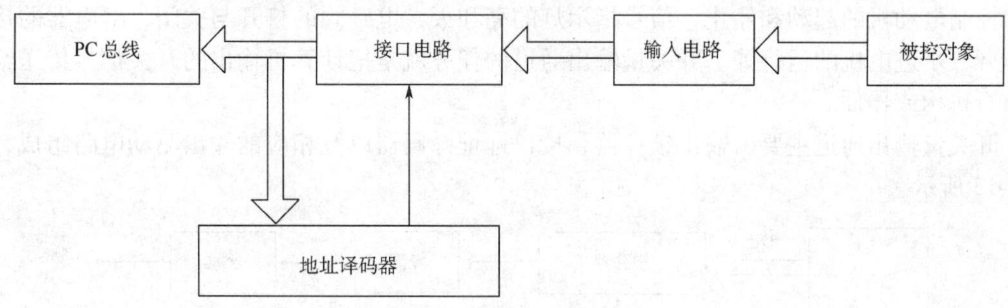

图9-11　开关量输入通道模型

输入电路主要完成对现场开关信号的滤波、电平转换、隔离和整形等；接口电路是缓冲或选通外部输入的信号，CPU通过缓冲器读入外部开关量的状态；地址译码器主要完成开关量输入通道的选通和关闭。

采用何种结构的输入电路，取决于输入的数字信号的类型。如果输入信号是TTL电平的编码数字，则可从并行口直接输入。如果输入信号是脉冲序列，当脉冲频率不高时，可采用软件计数，将脉冲信号接到并行接口，用查询方式或中断方式对脉冲计数。当脉冲频率较高时，软件计数来不及处理，则要在通道中加入可编程的定时/计数器8253。使用8253后，计数值可随时读入计算机，而且计数器在被读取计数值的同时仍然能继续计数。如果输入信号是各类开关接通或断开的开关量，则先要将这些开关量转换成TTL电平(如“开”对应0V，“关”对应5V等)，经过编码后(如0V对应二进制“0”,1V对应二进制“1”等)方能输入。

一般的机电系统既包括弱电控制部分，又包括强电控制部分。其工作环境中常常包含有强电或强电磁干扰等。为了防止电网电压等对测量回路的损坏，同时为了防止电磁等干扰造成的系统不正常运行，需要隔绝电气方面的联系，即实行弱电和强电隔离，同时又要保证系统内部控制信号的联系，使系统工作稳定，保证设备与操作人员的安全。

在计算机控制系统中往往采用光电隔离技术，使计算机与外部输入设备之间只存在光路联系而无电路上的联系。图 9-12 所示为电平转换及光电隔离电路。

光电隔离的主要器件是光耦合器。光耦合器是以光为媒介传输信号的电路，发光二极管和光电晶体管封装在同一个管壳内，发光二极管的作用是将电信号转变为光信号，光电晶体管接收光信号后将它转变为电信号。光耦合器件的特点是：输出信号与输入信号在电气上完全隔离，抗干扰能力强，隔离电压可达千伏以上；无触点，寿命长，可靠性高；响应速度快，易与 TTL 电路配合使用。

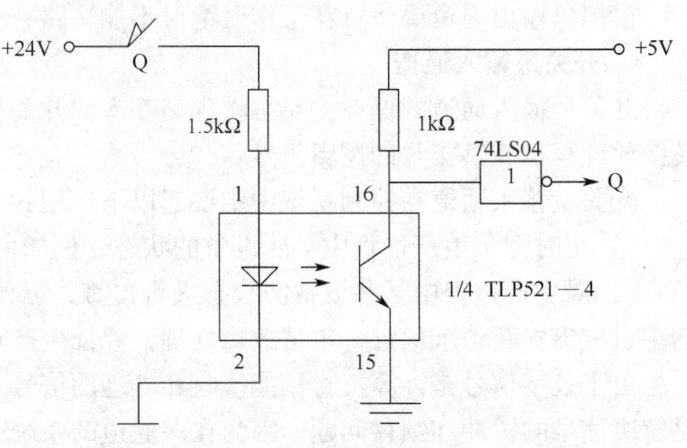

图 9-12 电平转换及光电隔离电路

5. 开关量输出通道

对于只有两种工作状态的执行机构或器件，用计算机控制系统输出开关量来控制它们，例如控制电动机的起动和停止，信号指示灯的亮和灭，电磁阀的打开与关闭，继电器的接通与断开，步进电机的运行等。开关量输出通道的任务就是把计算机输出的开关信号传送给这些执行机构或器件。

开关量输出通道主要由输出锁存器、接口地址译码器以及相应的输出驱动电路组成，如图 9-13 所示。

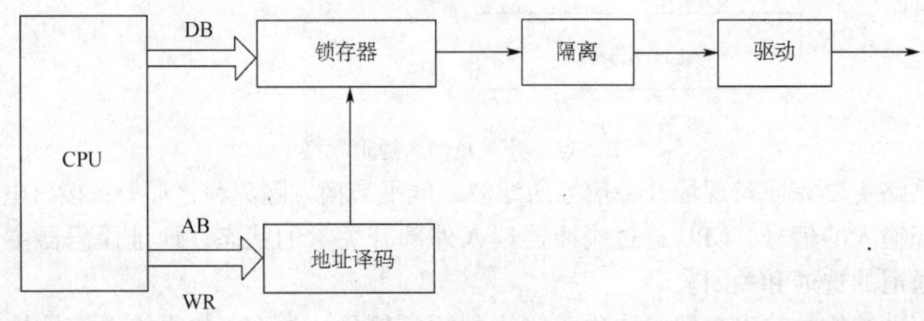

图 9-13 开关量输出通道的一般结构

地址译码电路用于产生开关量输出口地址的锁存命令信号。在开关量输出电路中，输出的开关量一般都要锁存，以便受控设备能在下一次输出量到来之前受本次输出开关量的控制。

由于驱动被控执行机构不但需要一定的电压，而且需要一定的电流，一般同计算机直接接口的 TTL 电路或 CMOS 电路的驱动能力是有限的，如果执行机构需要较大的驱动电流，就必须在开关量输出通道的末端配接能够提供足够驱动功率的输出驱动电路。

开关量输出隔离的目的在于隔断微型计算机与执行机构之间的直接电气联系，以防外界电磁场等干扰因素造成执行机构的误动作，甚至导致计算机控制系统本身的损坏。

开关量输出电路中最主要的干扰是在控制设备起动和停止时的冲激干扰，为避免干扰信号窜入计算机，输出电路往往使用光电隔离技术，切断接口与计算机之间的电联系，有时还需加入功率放大电路。对于起动停止负荷不太大的设备，可以用光电隔离来解决干扰问题。

对负荷较大的设备，输出电路可采用继电器隔离输出方式，因为继电器触点的负载能力远远大于光电耦合的负载能力，它能直接控制强电动力回路。采用继电器作开关量隔离输出时，在输出锁存器与低电压继电器间要用 OC 门(集电极开路门)作为继电器的驱动器。因此，开关量输出往往有 TTL 电平逻辑信号输出、电子无触点开关输出、继电器输出几种形式。图 9-14 给出两种开关量输出电路。

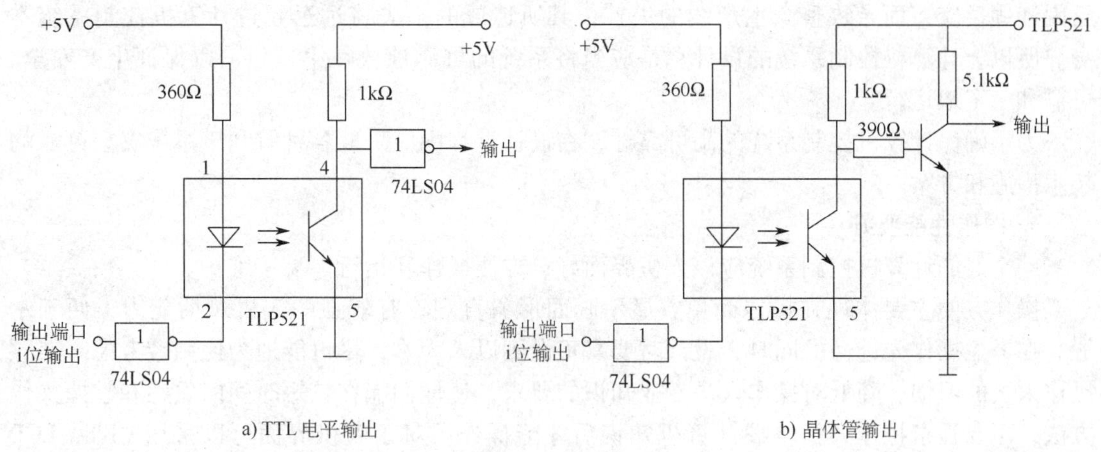

图 9-14　开关量输出电路

知识链接二　计算机控制系统的设计原则

计算机控制系统的设计既是一个理论问题，也是一个实际工程问题，既有技术性问题，也有经济性问题。它涉及自动控制理论、计算机技术、检测技术及仪表、通信技术、电气电工、电子技术、工艺设备等内容。对于不同的被控对象和控制要求，相应的设计和开发方法都不会完全一样。例如，对于小型系统，可能无论是硬件还是软件均由用户自己设计和开发。而对于大中型系统，用户可以选择市场上已有的各种硬件和软件产品，经过相对简单的二次开发后，组装成一个计算机控制系统。有时，用户也可以委托第三方进行设计和开发。

计算机控制系统从设计到实施的整个过程包括了系统总体方案的设计，控制系统的研究、开发，仪器设备和器件的选型、定货、验收，控制系统的安装、调试，工程验收和投入使用等。虽然不同的被控对象或生产过程，其控制系统的设计方案和具体的技术性能指标不同，有的甚至相差很大，但在系统设计和实施过程中，有一些原则还是必须要遵守的。

1. 满足工艺要求

在设计计算机控制系统时，首先应满足生产过程所提出的各种要求及性能指标。因为计算机控制系统是为生产过程服务的，因此设计之前必须对工艺过程有一定的熟悉和了解，系统设计人员应该和工艺人员密切结合，才能设计出符合生产工艺要求和性能指标的控制系统。设计的控制系统所达到的性能指标不应低于生产工艺要求，但片面追求过高的性能指标而忽视设计成本和实现上的可能性也是不可取的。

2. 可靠性要高

系统的可靠性是指系统在规定的条件下和规定的时间内完成规定功能的能力。在现代生产和管理中，计算机控制系统起着非常重要的作用，其安全可靠性，直接影响到生产过程连续、优质和经济地运行。计算机控制系统通常都是工作在比较恶劣的环境之中，各种干扰会对系统的正常工作产生影响，各种环境因素（如粉尘、潮湿、震动等）也是对系统的考验。而计算机控制系统所控制的对象往往都是比较重要的，一旦发生故障，轻则影响生产，造成产品质量不合格，带来经济损失，重则会造成重大的人身伤亡事故，产生重大的社会影响。甚至因连锁反应，而导致整个生产线的失控，其所造成的损失将远远超过计算机控制系统本身。所以，计算机控制系统的设计总是应当将系统的可靠性放在第一位，以保证生产安全、可靠和稳定地运行。

为了确保计算机控制系统的高可靠性，在设计过程中应采取各种有利于系统安全可靠的技术措施和方案。

3. 操作性能要好

一个好的计算机控制系统应该人机界面好、方便操作和运行、易于维护。

操作方便主要体现在操作简单、显示画面形象直观，有较强的人机对话能力，便于掌握。在考虑操作先进性的同时，设计时要真正做到以人为本，尽可能地为使用者考虑，兼顾操作人员的习惯，降低对操作人员专业知识的要求，使他们能在较短时间内熟悉和掌握操作方法，不要强求操作人员掌握计算机知识后才能操作。对于人机界面可以采用 CRT、LCD 或者是触摸屏，使得操作人员可以对现场的各种情况一目了然。

维护方便主要体现在易于查找和排除故障。为此，需要在硬件和软件设计中综合考虑。在硬件方面，宜采用标准的功能模板式结构，并能够带电插拔，便于及时查找并更换故障模板。模板上应配置工作状态指示灯和监测点，便于检修人员检查与维护。在软件方面，设置检测、诊断与恢复程序，用于故障查找和处理。

从软件角度而言，要配置查错诊断程序，以便在故障发生时能用程序帮助查找故障发生的部位，从而缩短排除故障的时间。在硬件方面，从零部件的排列位置，部件设计的标准化以及能否带电插拔等诸多因素都要通盘考虑，系统设计要尽量方便用户，简化操作规程，如面板上的控制开关不能太多、太复杂等。

在软件和硬件设计时都要考虑到操作人员会有各种误操作的可能，并尽量使这种误操作无法实现。

设计者应该注意的是，性能再好、技术再先进的产品，如果不能为使用者所接受，也就没有用。

4. 实时性要强

计算机控制系统的实时性，表现在对内部和外部事件能及时地响应，并作出相应的处理，不丢失信息，不延误操作。计算机处理的事件一般分为两类，一类是定时事件，如数据的定时采集，运算控制等，对此系统应设置时钟，保证定时处理。另一类是随机事件，如事故报警等，对此系统应设置中断，并根据故障的轻重缓急预先分配中断级别，一旦事故发生，保证优先处理紧急故障。

5. 通用性要好

通用性是指所设计出的计算机控制系统能根据各种不同设备和不同控制对象的控制要求，灵活扩充、便于修改。工业控制的对象千差万别，而计算机控制系统的研制开发又需要有一定的投资和周期。一般来说，不可能为一台装置或一个生产过程研制一台专用计算机，常常是设计或选用通用性好的计算机控制装置灵活地构成系统。当设备和控制对象有所变更时，或者再设计另外一个控制系统时，通用性好的系统一般稍作更改或扩充就可适应。

计算机控制系统的通用灵活性体现在两方面：一是硬件设计方面，首先应采用标准总线结构，配置各种通用的功能模板或功能模块，并留有一定的冗余，当需要扩充时，只需增加相应功能的通道或模板就能实现。二是软件方面，应采用标准模块结构，用户使用时尽量不进行二次开发，只需按要求选择各种功能模块，灵活地进行控制系统组态。

6. 经济效益要高

在满足计算机控制系统的技术性能指标的前提下，尽可能地降低成本，保证为用户带来更大的经济效益。经济效益表现在两方面：一是系统设计的性能价格比要尽可能的高，在满足设计要求的情况下，尽量采用物美廉价的元器件。二是投入产出比要尽可能的低，应该从提高生产的产品质量与产量、降低能耗、消除污染、改善劳动条件等方面进行综合评估。另外，要有市场竞争意识，尽量缩短开发设计周期，以降低整个系统的开发费用，使新产品尽快进入市场。

如果计算机控制系统与被控对象的距离在十几米或几十米之内，且被控对象的经济价值不是特别巨大或是发生短暂的故障时对用户的影响较小，可以考虑采用上位计算机加 I/O 板卡的方式。如果计算机控制系统所覆盖的地域比较大，系统结构可以考虑网络(串行总线)方式；如果被控对象的经济价值特别巨大或是发生短暂的故障时对用户的影响很大，则要考虑采用集散控制系统或是上位工控机加 PLC 方式。

7. 开发周期要短

如果计算机控制系统的开发时间太长，会使用户无法尽快地收回投资，影响了经济效益。而且，由于计算机技术发展非常快，只需几年的时间，原有的技术就会变得过时。设计与开发时间过长，等于缩短了系统的使用寿命。因此，在设计时，如何尽可能地使用成熟的技术，对于关键的元部件或软件，不是万不得已就不要自行开发。现在，采用上位机加 I/O 板卡加组态软件，或是上位机加 PLC 加组态软件开发一个控制点数目在 100 点左右的计算机监控系统所需的时间(包括工艺调研)往往不会超过一个月。而在如此短的时间内要想自行开发出一个可以稳定、可靠运行的软件或硬件产品是很困难的，因此，购买现成的软件和硬件进行组装与调试应该成为首选。

习题与思考题

9.1　什么是过程通道？它的作用是什么？

9.2　过程通道有哪几种模式？各有什么特点？

9.3　计算机控制系统有哪些类型的过程通道？各自完成的任务是什么？

9.4　程控增益放大器的特点是什么？在什么情况下需要使用程控增益放大器？

9.5　计算机控制系统的设计原则是什么？

9.6　设计一套计算机控制系统需要具备哪几方面的知识？

9.7　设计一套计算机控制系统一般可以采取哪几种途径？

9.8　查阅文献，了解计算机控制系统中过程通道常用的测控电路(A/D 转换器、D/A 转换器、多路转换开关、采样保持器、程控增益放大器等)的结构、工作原理。

项目十

计算机开关量输入

项目背景

开关量信号反映了生产过程、设备运行的现行状态、逻辑关系和动作顺序。例如，行程开关可以指示出某个部件是否达到规定的位置，如果已经到位，则行程开关接通，并向工控机系统输入1个开关量信号。

有许多的现场设备往往只对应于两种状态，例如，按钮、行程开关的闭合和断开、电动机的起动和停止、指示灯的亮和灭、继电器或接触器的释放和吸合、晶闸管的通和断、阀门的打开和关闭等。

计算机控制系统通过开关量输入板卡采集工业生产过程的离散输入信号，本项目采用PCI-1710HG多功能板卡的开关量输入通道来完成开关信号的检测。

学习目标

1）掌握数据采集板卡进行开关量信号计算机输入的硬件连接方法。

2）掌握Kingview、Visual Basic编写板卡开关量输入(DI)程序的方法。

实训用软硬件

1. 设备清单

本项目用到的硬件和软件清单见表10-1。

表10-1　实训用软、硬件清单

序　号	名　称	数　量
1	PC(或IPC)	1
2	PCI-1710HG多功能板卡+PCL-10168数据线缆+ADAM-3968接线端子(使用数字量输入DI通道)	1
3	开关：电气开关、光电接近开关等(DC24V)	各1
4	继电器(DC24V)	2
5	指示灯(DC24V)	2
6	直流电源(输出:DC24V)	1

（续）

序　号	名　称	数　量
7	Kingview 6.5	1
8	Visual Basic 6.0	1

2. 硬件线路

如图 10-1 所示，由电气开关和光电接近开关分别控制两个继电器，每个继电器都有 2 路常开和常闭开关，其中，2 个继电器的一个常开开关接指示灯，由电气开关控制的继电器的另一常开开关接板卡数字量输入 0 通道(管脚 56 和 48)，由光电接近开关控制的继电器的另一常开开关接板卡数字量输入 1 通道(管脚 22 和 48)。

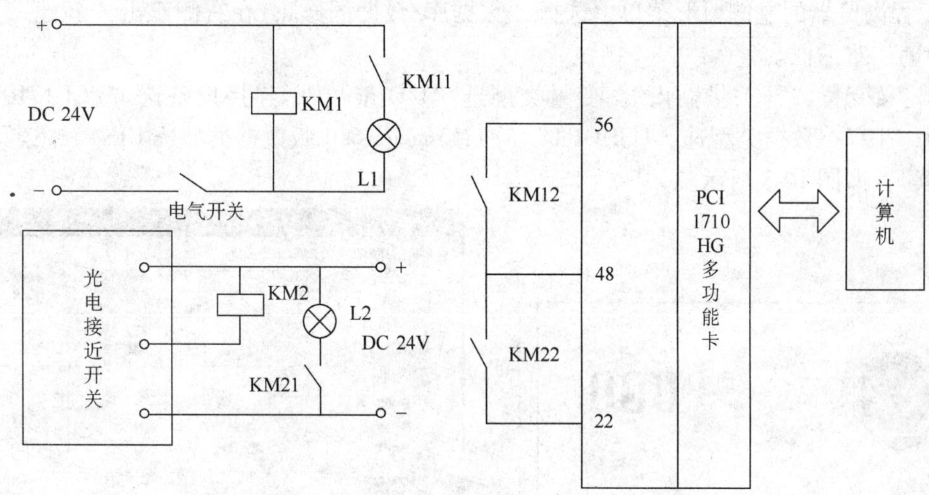

图 10-1　开关量输入线路

实训任务

分别利用 Kingview 和 Visual Basic 编写应用程序实现开关量输入。任务要求如下：

1）利用线路中电气开关产生开关(数字)信号，使程序画面中信号指示灯改变颜色。

2）用任何反光物体遮挡/离开“光电接近开关”，产生开关信号，使程序画面中计数器文本中的数字从 1 开始累加。

实训操作

一、利用 Kingview 实现开关量输入

1. 建立新工程项目

工程名称：“DI”；工程描述：“数字量输入项目”。

2. 制作图形画面

画面名称："开关量检测"。通过图库在图形画面中添加 1 个指示灯对象；通过工具箱添加 3 个文本对象，1 个按钮对象"关闭"等，如图 10-2 所示。

3. 定义板卡设备

在组态王工程浏览器的左侧选择"设备"中的"板卡"，在右侧双击"新建…"，运行"设备配置向导"。

选择：智能模块→研华→YHPCI1710→YHPCI1710。

给要安装的设备指定唯一的逻辑名称，如："PCI-1710HG"。

给要安装的设备指定地址："C000"（与板卡所在插槽的位置有关）。

4. 定义变量

在工程浏览器的左侧树形菜单中选择"数据库/数据词典"，在右侧双击"新建"，弹出"定义变量"对话框。

1）定义变量"开关量输入"。变量类型选"I/O 整数"，连接设备选"PCI-1710HG"，寄存器为"DI"，数据类型选"USHORT"（注:Kingview6. 0 版数据类型选 UINT），读写属性选"只读"，如图 10-3 所示。

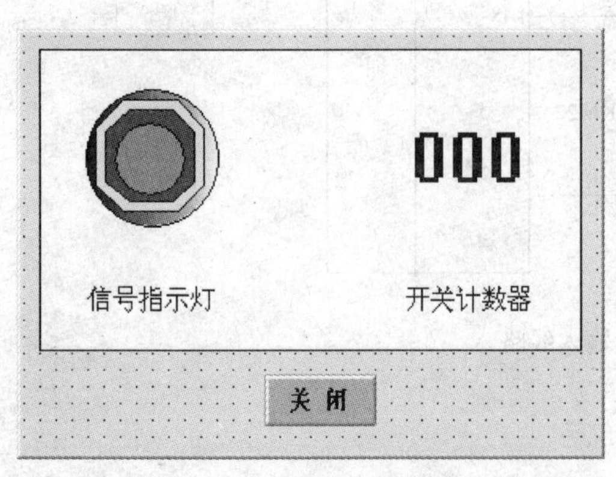

图 10-2 图形画面

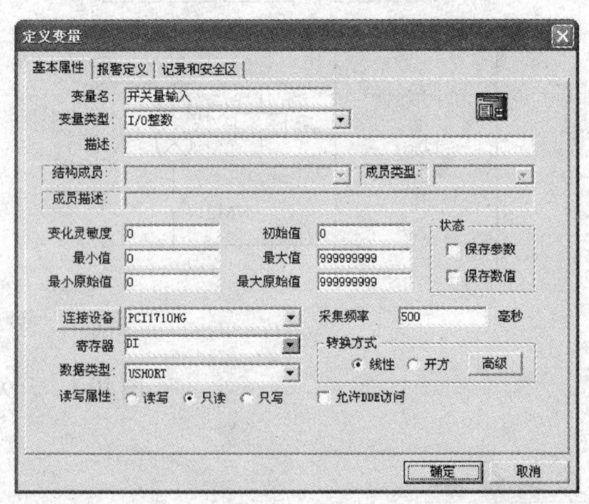

图 10-3 定义开关量输入 I/O 变量

2）定义变量"指示灯"。变量类型选"内存离散"，初始值选"关"。

3）定义变量"num"。变量类型选"内存整数"，初始值为"0"，最小值为"0"，最大值为"99999"。

5. 建立动画连接

1）建立信号指示灯对象动画连接。将指示灯对象与变量"指示灯"连接起来。

2）建立计数器文本对象"000"动画连接。将开关计数器文本对象"000"的"模拟值输出"属性与变量"num"连接起来。

3）建立按钮对象"关闭"动画连接。按钮"弹起时"执行命令："exit(0)；"。

6. 编写命令语言

在组态王工程浏览器的左侧选择"命令语言/数据改变命令语言"，在右侧双击"新建"，弹出"数据改变命令语言"对话框，在"变量[. 域]"文本框中输入"\\本站点\开关量输入"（或选择），在编辑栏中输入相应语句，如图 10-4 所示。

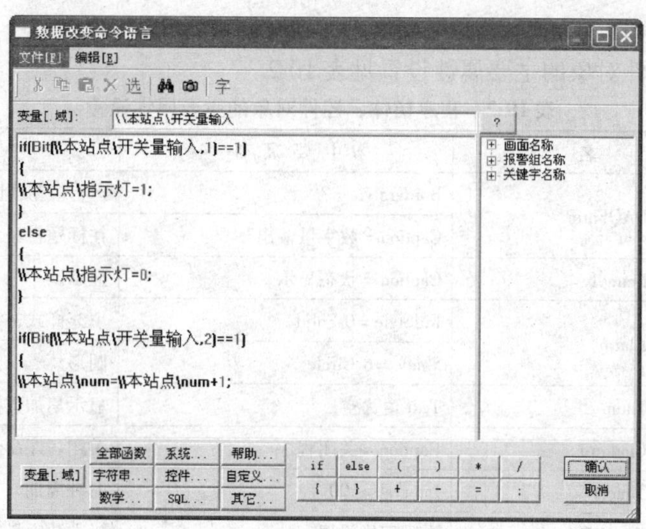

图 10-4 数据改变命令语言

7. 调试与运行

将设计的画面全部存储并配置成主画面，启动画面运行程序。

1）打开/关闭线路中电气开关，线路中DI指示灯1亮/灭，程序画面中信号指示灯亮/灭(颜色改变)。

2）用任何反光物体遮挡/离开光电接近开关，线路中DI指示灯2亮/灭，程序画面中开关计数器文本中的数字从1开始累加。

程序运行画面如图10-5所示。

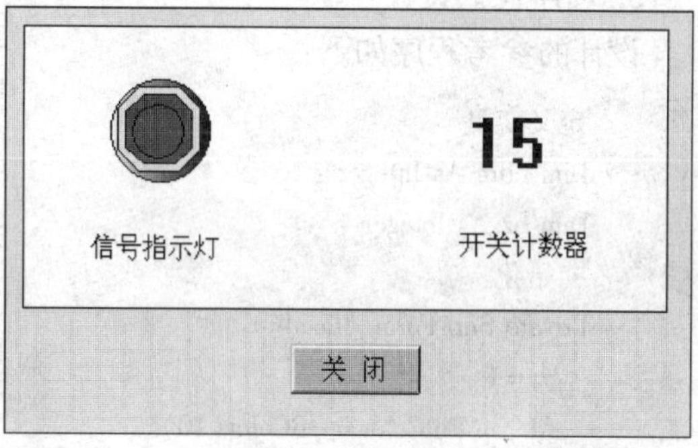

图 10-5 运行画面

二、利用 Visual Basic 实现开关量输入

1. 程序界面设计

运行VB 6.0，创建标准的工程项目文件，设计程序窗体。

1）为了实现数字量输入，添加DAQDI控件。选择“工程”菜单下的“部件…”选项，在弹出的对话框的“控件”表中选择“Advantech ActiveDAQ DI Control”项，单击“确定”按钮关闭对话框，所选择的控件就会出现在VB的工具箱中，然后将其添加到程序窗体上。

2）添加其他控件：1个Timer控件；1个Frame控件；1个Shape控件和1个TextBox控件，并放入Frame控件中；1个CommandButton控件；

设计的程序界面如图10-6所示。

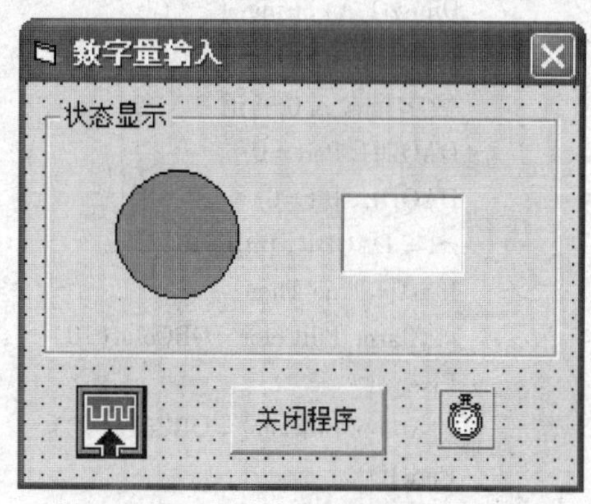

图 10-6 程序窗体界面

2. 属性设置

程序窗体、控件对象的主要属性设置见表10-2。

表10-2 程序窗体、控件对象的主要属性设置

控件类型	名称	主要属性	功能
Form	DAQForm	BorderStyle = 3	运行时窗体固定大小
		Caption = 数字量输出	在标题栏显示程序名称
Frame	Frame1	Caption = 状态显示	显示区
Shape	Alarm	FillStyle = 0-Solid	填充样式，实线
		Shape = 6-Circle	圆形
TextBox	Tnum	Text 值为空	显示累加数值
CommandButton	Cmdquit	Caption = 关闭程序	关闭程序命令
Timer	Timer1	Interval = 500	时钟周期
DAQDI	DAQDI1	在程序中设置	板卡数字量输入控件

3. 程序代码设计

设计的参考程序如下：

```
'定义变量
Dim num As Integer
Dim bz As Integer
'初始化
Private Sub Form_Load()
  bz = 1
  Alarm. FillColor = QBColor(10)
  DAQDI1. SelectDevice                    '选择板卡设备
  DAQDI1. OpenDevice                      '初始化板卡
  DAQDI1. ScanTime = 500                  '数字量输入扫描时段(毫秒)
End Sub
'周期检测数字量输入端口状态
Private Sub Timer1_Timer()
  Dim zt1 As String
  Dim zt2 As String
  '数字量输入0通道
  DAQDI1. Port = 0                        '数字量输入0端口
  DAQDI1. Bit = 0                         '数字量输入0端口第0位
  zt1 = DAQDI1. BitInput                  '数字量输入0端口第0位的状态
  If zt1 = True Then
    Alarm. FillColor = QBColor(10)        '指示灯设为绿色
  Else
    Alarm. FillColor = QBColor(12)        '指示灯设为红色
  End If
  '数字量输入1通道
```

```
        DAQDI1. Port = 0                         '数字量输入 0 端口
        DAQDI1. Bit = 1                          '数字量输入 0 端口第 1 位,即 1 通道
        zt2 = DAQDI1. BitInput                   '数字量输入 0 端口第 1 位的状态
        If zt2 = False And bz = 1 Then
          num = num + 1
          Tnum. Text = Str $( num)
          bz = 2
        End If
        If zt2 = True Then
          bz = 1
        End If
    End Sub
    '关闭程序
    Private Sub Cmdquit _ Click( )
        DAQDI1. CloseDevice                      '关闭板卡开关量输入端口
        Unload Me                                '卸载窗体
    End Sub
```

4. 运行程序

程序设计、调试完毕，运行程序。

首先进行板卡设置，选中板卡设备：000：{PCI－1710HG I/O = C000 Ver. A}，单击“Select”按钮。

1）打开/关闭线路中电气开关，线路中 DI 指示灯 1 亮/灭，程序画面中信号指示灯亮/灭（颜色改变）。

2）用任何反光物体遮挡/离开光电接近开关，线路中 DI 指示灯 2 亮/灭，程序画面中开关计数器文本中的数字从 1 开始累加。

程序运行画面如图 10-7 所示。

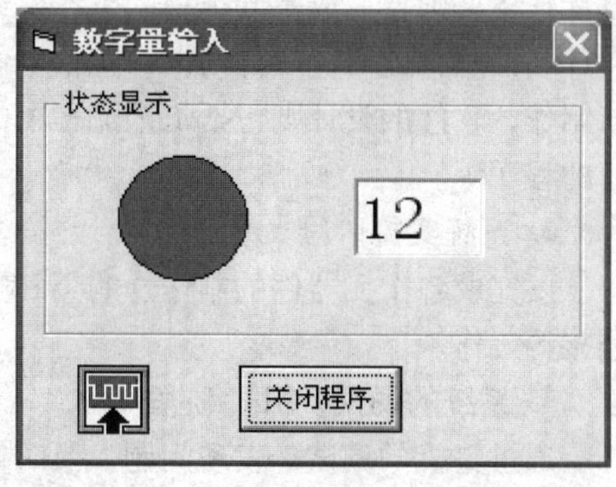

图 10-7　程序运行画面

巩固与提高

1）打开线路中电气开关时，画面中信号指示灯闪烁，关闭电气开关时，画面中信号指示灯停止闪烁。

2）反复遮挡/离开光电接近开关，当画面中开关计数器文本中的数字从 1 开始累加到 15 时，自动清零，重新开始计数。

知识链接一　计算机控制系统的设计与实施步骤

任何一个系统的设计与开发基本上是由 6 个阶段组成的。即可行性研究、初步设计、详

细设计、系统实施、系统测试(调试)和系统运行。当然，这6个阶段的发展并不是完全按照直线顺序进行的，在任何一个阶段出现了新问题后，都可能要返回到前面的阶段进行修改。

1. 可行性研究阶段

开发者要根据被控对象的具体情况，按照企业的经济能力、未来系统运行后可能产生的经济效益、企业的管理要求、人员的素质、系统运行的成本等多种要素进行分析。可行性分析的结果最终是要确定：使用计算机控制系统能否给企业带来一定经济效益和社会效益。这里要指出的是，不顾企业的经济能力和技术水平而盲目地采用最先进的设备是不可取的。

2. 初步设计阶段

也可以称为总体设计。系统的总体设计是进入实质性设计阶段的第一步，也是最重要和最为关键的一步。总体方案的好坏会直接影响整个计算机控制系统的成本、性能、设计和开发周期等。在这个阶段，首先要进行比较深入的工艺调研，对被控对象的工艺流程有一个基本的了解，包括要控制的工艺参数的大致数目和控制要求、控制的地理范围的大小、操作的基本要求等。然后初步确定未来控制系统要完成的任务，写出设计任务说明书，提出系统的控制方案，画出系统组成的原理框图，作为进一步设计的基本依据。

3. 详细设计阶段

详细设计是将总体设计具体化。首先要进行详细的工艺调研，然后选择相应的传感器、变送器、执行器、I/O通道装置以及进行计算机系统的硬件和软件的设计。对于不同类型的设计任务，则要完成不同类型的工作。如果是小型的计算机控制系统，硬件和软件都是自己设计和开发，此时，硬件的设计包括电气原理图的绘制、元器件的选择、印刷线路板的绘制与制作，软件的设计则包括工艺流程图的绘制、程序流程图的绘制、将一个个模块编写成对应的程序等。

4. 系统实施阶段

要完成各个元器件的制作、购买和安装，进行软件的安装和组态以及各个子系统之间的连接等工作。

5. 系统的调试(测试)阶段

通过整机的调试，发现问题，及时修改，例如检查各个元部件安装是否正确，并对其特性进行检查或测试，检验系统的抗干扰能力等。调试成功后，还要进行考机运行，其目的是通过连续不停机的运行来暴露问题和解决问题。

6. 系统运行阶段

该阶段占据了系统生命周期的大部分时间，系统的价值也是在这一阶段中得到体现。在这一阶段应该有高素质的使用人员，并且严格按照章程进行操作，尽可能地减少故障的发生。

知识链接二 计算机控制系统的总体方案设计

确定计算机控制系统总体方案是进行系统设计的关键而重要的一步。总体方案的好坏，直接影响到整个控制系统的成本、性能、实施细则和开发周期等。总体方案的设计主要是根据被控对象的工艺要求确定。为了设计出一个切实可行的总体方案与实施方案，设计者必须深入了解生产过程，分析工艺流程及工作环境，熟悉工艺要求，确定系统的控制目标与任务。尽管被控对象多种多样，工艺要求各不相同，在总体方案设计中还是有一定共性。

1. 工艺调研

总体设计的第一步是进行深入的工艺调研和现场环境调研，明确具体任务，确定系统所要完成的任务，然后按一定规范、标准和格式，对控制任务和过程进行描述，形成设计任务书，作为整个控制系统设计的依据。

（1）调研的任务　经过调研要完成以下几个任务：

1）弄清系统的规模。要明确控制的范围是一台设备、一个工段、一个车间，还是整个企业。

2）熟悉工艺流程，并用图形和文字的方式对其进行描述。

3）初步明确控制的任务。要了解生产工艺对控制的基本要求。要弄清楚控制的任务是要保持工艺过程稳定，还是要实现工艺过程的优化。要弄清楚被控制的参量之间是否关联比较紧密，是否需要建立被控制对象的数学模型，是否存在诸如大滞后、严重非线性或比较大的随机干扰等复杂现象。

4）初步确定I/O的数目和类型。通过调研弄清楚哪些参量需要检测、哪些参量需要控制以及这些参量的类型。

5）弄清现场的电源情况（是否经常波动，是否经常停电，是否含有较多谐波）和其他情况（如震动、温度、湿度、粉尘、电磁干扰等）。

（2）形成调研报告和初步方案　在完成了调研后，可以着手撰写调研报告，并在调研报告的基础上草拟出初步方案。如果系统不是特别复杂，也可以将调研报告和初步方案合二为一。

在对初步方案进行讨论时，往往会发现一些新问题或是不清楚之处，此时，需要再次调研，然后对原有方案进行修改。一般来说，在工艺调研、方案修改、方案讨论之间往往需要多个循环方能确定最后的总体设计方案。在这个过程中，如果系统开发者对计算机监控技术与自动控制技术的发展现状以及市场情况还不是很清楚的话，同样需要对其进行详细的调研。

（3）形成总体设计技术报告　在经过多次的调研和讨论后可以形成总体设计技术报告。它包含以下内容：

1）工艺流程的描述。可以用文字或图形的方式来描述。如果是流程型的被控制对象，可以在确定了控制算法后画出带控制点的工艺流程图（又称工艺控制流程图）。

2）功能描述。描述未来计算机控制系统应具有的功能，并在一定的程度上进行分解，然后设计相应的子系统。在此过程中，可能要对硬件和软件的功能进行分配与协调。对于一些特殊的功能，可能要采用专用的设备来实现。例如，发电机的励磁控制可以采用专用的励磁控制器。

3）结构描述。描述未来计算机控制系统的结构。是采用开环控制还是闭环控制，是采用单回路还是多回路控制，进而确定出整个系统是采用直接数字控制、计算机监督控制、还是集散控制或现场总线控制，是企业综合自动化CIMS全部层次还是其中部分层次等。如果采用分布式控制，则对于网络的层次结构的描述，可以详细到每一台主机、控制节点、通信节点和I/O设备。可以用结构图的方式对系统的结构进行描述，用箭头来表示信息的流向。

由于计算机控制系统的结构是多种多样的，为了便于理解，大致将其归纳为 3 种形式。形式 A：上位机加 I/O 板卡或一体化工作站；形式 B：单层结构，例如，上位机加 RS485 总线加 I/O 模块；形式 C：多层复合结构。

4）控制算法的确定。如果各个被控参量之间关联不是十分紧密，可以分别采用单回路控制，否则，就要考虑采用多变量控制算法。如果被控制对象的数学模型虽然不是很清楚，但也不是很复杂，可以不建立数学模型，可以直接采用常规的 PID 控制算法。如果被控制对象十分复杂，存在大滞后、严重非线性或比较大的随机干扰，则要采用其他的控制算法。一般来说，尽可能多地了解被控制对象的情况，或建立尽可能准确反映被控制对象特性的数学模型，对于提高控制质量是有益处的。

5）I/O 变量总体描述。可以用表格的方式进行描述。

2. 硬件总体方案设计

硬件总体设计主要包括：确定系统的结构和类型、系统的构成方式、现场设备的选择、人机联系方式、系统的机柜或机箱设计、抗干扰措施等。

1）确定系统的结构和类型。根据系统要求，确定采用开环还是闭环控制。闭环控制还需进一步确定是单闭环还是多闭环控制。实际可供选择的控制系统类型有：数据采集系统（DAS）、直接数字控制（DDC）系统、监督计算机控制（SCC）系统、分散型控制系统（DCS）、工业控制网络系统等。

2）确定系统的构成方式。确定系统的构成方式主要是选择机型。目前可供选择的工业控制计算机产品有可编程控制器 PLC、可编程调节器、总线式工业控制机、单片机和计算机控制系统等。

一般应优先考虑选择总线式工业控制机来构成系统的方式。工控机具有系列化、模块化、标准化和开放式系统结构，有利于系统设计者在系统设计时根据要求任意选择，像搭积木般地组建系统。这种方式可提高系统研制和开发速度，提高系统的技术水平和性能，增加可靠性。

当系统规模较大，自动化水平要求高时，可选用集散控制、现场总线控制、高档 PLC 等工控网络构成。如果被控量中数字量较多，模拟量较少或没有模拟量，则可以考虑选用普通 PLC。如果是小型控制系统或智能仪器仪表，可选用单片机。

3）现场设备选择。现场设备主要包括传感器、变送器和执行机构。传感器是影响系统控制精度的重要因素之一，所以要从信号量程范围、精度、对环境及安装要求等方面综合考虑，正确选择。

执行机构是计算机控制系统重要组成部分之一。常用的执行机构有电动执行机构、气动调节阀、液压伺服机构、步进电动机等，比较各种方案，择优选用。

4）其他方面的考虑。总体方案中还应考虑人机联系方式、系统的机柜或机箱的结构设计、抗干扰等方面的问题。

对于选用标准微机系统的设计人员来说，主要的开发工作集中在输入输出接口设计上，而这类设计又往往与控制程序设计交织在一起。为了加快研制过程，可尽量选购市场上已有批量供应的工业化制成的模板产品。这些符合工业化标准的模板产品一般都经过严格测试，并可提供各种软件和硬件接口，包括相应的驱动程序等。模板产品只要同主机系统总线标准一致，购回后直接插入主机的相应空槽即可运行，且构成系统极为方便。所以，除非无法买到满足自己要求的产品，否则绝不要随意决定自行研制。总之，通道产品一般尽量考虑选用厂家提供的现成通道产品，以同标准的微机系统配套使用。

3. 软件总体方案设计

软件总体方案设计的内容主要是确定软件平台、软件结构，任务分解，建立系统的数学模型、控制策略和控制算法等。在软件设计过程中也应采用结构化、模块化、通用化的设计方法，自上而下或自下而上地画出软件结构框图，逐级细化，直到能清楚地表达出控制系统所要解决的问题为止。

在软件总体方案设计过程中，控制算法的选择直接影响到控制系统的调节品质，是系统设计的关键问题之一。由于被控制对象多种多样，相应的控制模型也各不相同，所以控制算法也是多种多样。选择哪一种控制算法主要取决于系统的特性和要求达到的控制性能指标，同时还要考虑控制速度、控制精度和系统稳定性的要求。

在确定系统总体方案时，对系统的软件、硬件功能的划分要做统一的综合考虑，因为一些控制功能既能由硬件实现，也可用软件实现，如计数、逻辑控制等。

采用何种方式比较合适，应根据实时性要求及整个系统的性能价格比综合比较后确定。

一般的原则是在实时性满足的情况下或要求控制成本较低时，尽量采用软件实现；如果系统要求实时性比较强，控制回路比较多，相应软件设计比较困难，而用硬件实现比较简单，且系统的批量又不大的话则可考虑用硬件完成。

用硬件实现一些功能的好处是可以改善性能，加快工作速度，但系统硬件电路比较复杂，要增加部件成本，而用软件实现可降低成本，增加灵活性，但要占用主机更多的时间。一般的考虑原则是视控制系统的应用环境与今后的生产数量而定。

对于今后能批量生产的系统，为了降低成本，提高产品竞争力，在满足指定功能的前提下，应尽量减少硬件，多用软件来完成相应的功能。虽然在研制时可能要花费较多的时间或经费，但大批量生产后就可降低成本。由于整个系统的部件数减少，相应系统的可靠性也能得以提高。

硬件软件密切配合，相互间是不可分割的。在选购或研制硬件时要有软件设计的总体构思，在具体设计软件时要清楚了解硬件的性能和特点。

4. 系统总体方案

系统总体方案是硬件总体方案和软件总体方案的组合体。在确定总体方案时，应在工艺技术人员的配合下，从合理性、经济性及可行性等方面反复论证，仔细斟酌。经论证可行的总体方案，要形成文档，并建立完整的总体方案文档资料，它是系统具体设计的依据。总体方案文档应包括以下内容。

1）系统的主要功能、技术指标、原理性框图及文字说明。

2）控制策略与算法。

3）系统的硬件结构与配置。

4）主要软件平台，软件结构及功能、软件结构框图。

5）方案的比较与选择。

6）抗干扰措施与可靠性设计。

7）机柜或机箱的结构与外形设计。

8）经费和进度计划的安排。

9）对现场条件的要求等。

总之，系统的总体方案反映了整个系统的综合情况，要从正确性、可行性、先进性、可用性和经济性等角度来综合评价系统的总体方案。只有当拟定的总体方案能满足上述基本要求后，设计好的目标系统才有可能符合这样的基本要求。总体方案通过之后，才能为各子系统的设计与开发提供一个指导性的文件。

作为总体方案的一部分，设计者还应提供对各子系统功能检测的一些测试依据或标准。对于较大的系统，还要编制专门的测试规范。我们知道，当各子系统完成设计后还要进行系统综合测试，所以需要编制一些专门的测试程序和测试数据生成程序。这些程序的编制依据，很大一部分是取自于总体设计书中提供的测试标准。测试标准也为系统的测试和验收提供了依据。在进行系统测试之前，设计单位和使用单位要根据合同和功能规范要求制定系统测试验收方案，便于在验收时双方能据此逐项测试考核，决定系统是否最终予以接受和交付使用。在完成系统总体设计的同时，也应制定好完备的功能检测规范，既有利于系统的集成、测试和联调，也有利于系统交付使用前的验收测试。

习题与思考题

10.1　计算机控制系统的设计步骤是什么？

10.2　计算机控制系统有哪些常用的设计方法？

10.3　何谓计算机控制系统的规范化设计？其具体内容是什么？

10.4　计算机控制系统的硬件设计时要考虑哪些问题？

10.5　计算机控制系统的软件设计时要考虑哪些问题？

10.6　计算机控制系统设计时如何划分硬件和软件的功能？

项目十一

计算机开关量输出

项目背景

有许多的现场设备往往只对应于两种状态，例如电动机的起动和停止、指示灯的亮和灭、继电器或接触器的释放和吸合、晶闸管的通和断、阀门的打开和关闭等，它们都可以用开关量输出信号去控制。

开关量输出信号可以分为两种形式，一种是电压输出，另一种是继电器输出。电压输出一般是通过晶体管的通断来直接对外部提供电压信号，继电器输出则是通过继电器触点的通断来提供信号。电压输出方式的速度比较快且外部接线简单，但带负载能力弱；继电器输出方式则与之相反。对于电压输入，又可分为直流电压和交流电压，相应的电压幅值可以有5V、12V、24V和48V等多个等级。

可通过开关量输出板卡对生产过程或控制设备进行开关式控制(二位式控制)，本项目采用PCI-1710HG多功能板卡的开关量输出通道来完成现场设备的控制。

学习目标

1）掌握用数据采集板卡进行开关量信号计算机输出的硬件连接方法。

2）掌握用Kingview、Visual Basic编写板卡开关量输出(DO)程序的方法。

实训用软硬件

1. 设备清单

本项目用到的硬件和软件清单见表11-1。

表11-1　实训用软、硬件清单

序　　号	名　　称	数　　量
1	PC(或IPC)	1
2	PCI-1710HG多功能板卡＋PCL-10168数据线缆＋ADAM-3968接线端子(使用数字量输出DO通道)	1
3	继电器(DC24V)	1
4	指示灯(DC24V)	1

（续）

序　号	名　称	数　量
5	直流电源(输出:DC24V)	1
6	其他元件：电阻(10kΩ)、晶体管	各1
7	Kingview 6.5	1
8	Visual Basic 6.0	1

2. 硬件线路

如图11-1所示，板卡数字量输出1通道(管脚13和39)接晶体管基极，当计算机输出控制信号置13脚为高电平时，晶体管导通，继电器常开触点KM闭合，指示灯亮；当置13脚为低电平时，晶体管截止，继电器常开触点KM打开，指示灯灭。

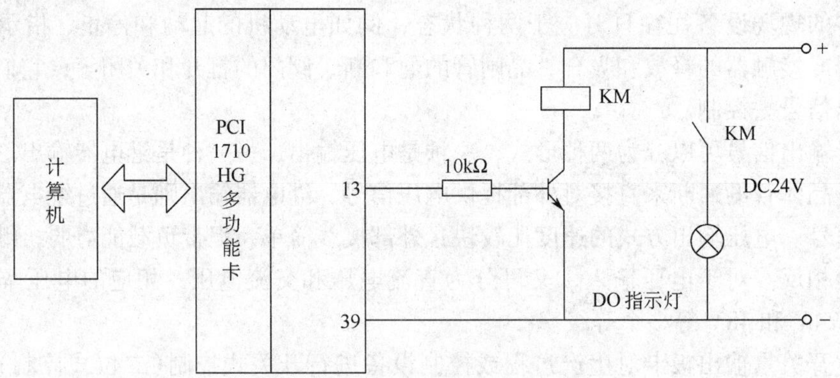

图11-1　计算机数字量输出线路

实训任务

分别利用Kingview和Visual Basic编写应用程序实现PCI-1710HG多功能板卡数字量输出。任务要求如下：

执行程序中打开/关闭指示灯(按钮)命令，画面中信号指示灯变换颜色，同时，线路中DO指示灯亮/灭。

实训操作

一、利用Kingview实现开关量输出

1. 建立新工程项目

工程名称：“DO”；工程描述：“数字量输出项目”。

2. 制作图形画面

画面名称：“开关量控制”。

通过图库在图形画面中添加1个开关对象，1个指示灯对象；通过工具箱添加1个按钮对象“关闭”，并用“直线”工具画线将它们连接起来，如图11-2所示。

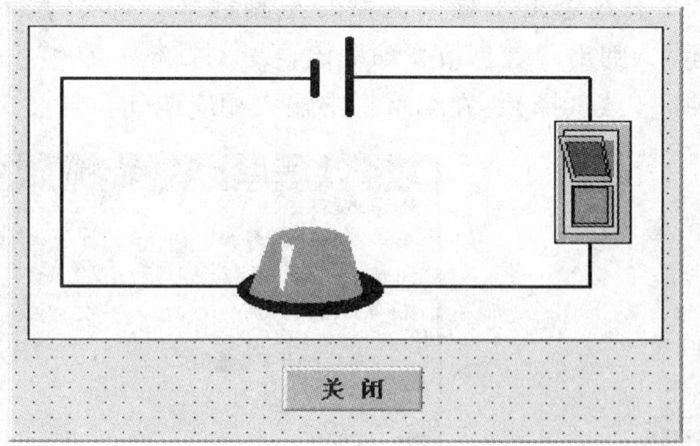

图11-2　图形画面

3. 定义板卡设备

在组态王工程浏览器的左侧选择“设备”中的“板卡”，在右侧双击“新建…”，运行“设备配置向导”。

选择：智能模块→研华PCI板卡→YHPCI1710→YHPCI1710。

1）给要安装的设备指定唯一的逻辑名称，如：“PCI-1710HG”。

2）给要安装的设备指定地址：“C000”（与板卡插槽的位置有关）。

4. 定义变量

在工程浏览器的左侧树形菜单中选择“数据库/数据词典”，在右侧双击“新建”，弹出“定义变量”对话框。

1）定义变量“开关量输出”。变量类型选“I/O整数”，连接设备选“PCI-1710HG”，寄存器选“DO”，数据类型选“USHORT”（注：Kingview6.0版数据类型选UINT），读写属性选“只写”，如图11-3所示。

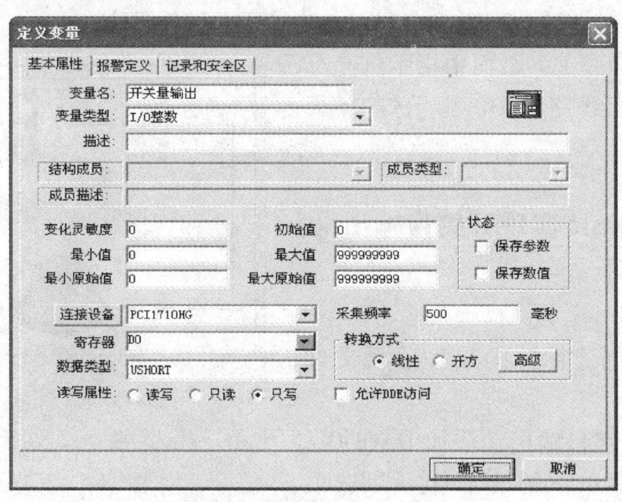

图11-3　定义开关量输出I/O变量

2）定义变量“指示灯”。变量类型选“内存离散”，初始值选“关”。

3）定义变量“开关”。变量类型选“内存离散”，初始值选“关”。

5. 建立动画链接

1）建立指示灯对象动画链接。将指示灯对象与变量“指示灯”链接起来。

2）建立开关对象动画链接。将开关对象与变量“开关”连接起来。

3）建立按钮对象“关闭”动画链接。按钮“弹起时”执行命令：“exit(0);”。

6. 编写命令语言

在组态王工程浏览器的左侧选择“命令语言/数据改变命令语言”，在右侧双击“新建”，弹出“数据改变命令语言”对话框，在“变量[. 域]”文本框中输入“\\本站点\开关”（或选择），在编辑栏中输入相应语句，如图 11-4 所示。

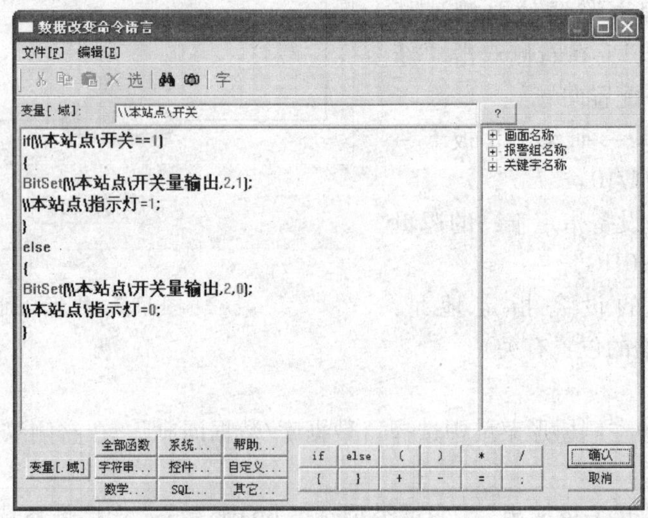

图 11-4　数据改变命令语言

7. 调试与运行

将设计的画面全部存储并配置成主画面，启动画面运行程序。

闭合/打开画面中开关，画面中指示灯亮/灭（颜色改变），同时，线路中 DO 指示灯亮/灭，如图 11-5 所示。

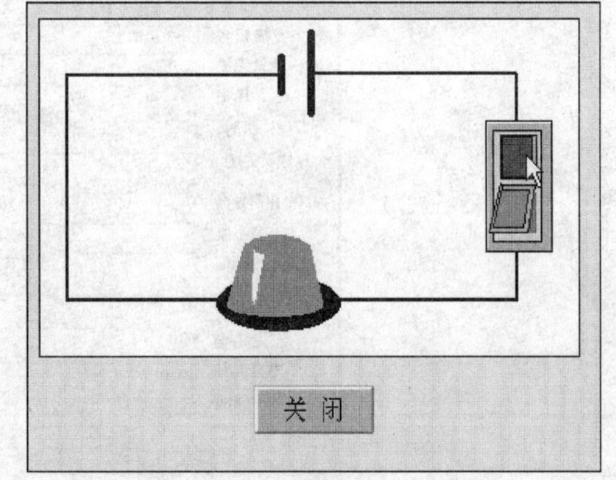

图 11-5　程序运行画面

二、利用 Visual Basic 实现开关量输出

1. 程序界面设计

运行 VB 6.0，创建标准的工程项目文件，设计程序窗体。

1）为了实现数字量输出，添加 DAQDO 控件。选择“工程”菜单下的“部件…”选项，在弹出的对话框中，在“控件”表中选择“Advantech ActiveDAQ DO Control”项，单击“确定”按钮关闭对话框，所选择的控件就会出现在 VB 的工具箱中，然后将其添加到窗体上。

2）添加其他控件。3 个 CommandButton 控件；1 个 Frame 控件；1 个 Shape 控件，并放入 Frame 控件中。

设计的程序窗体如图 11-6 所示。

2. 属性设置

程序窗体、控件对象的主要属性设置见表 11-2。

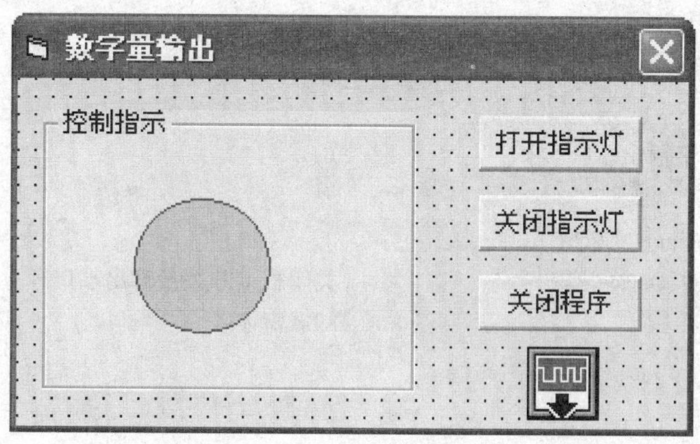

图 11-6　程序窗体界面

表 11-2　程序窗体、控件对象的主要属性设置

控件类型	名　称	主要属性	功　能
Form	DAQForm	BorderStyle = 3	运行时窗体固定大小
		Caption = 数字量输出	在标题栏显示程序名称
Frame	Frame1	Caption = 控制指示	显示区
Shape	alarm	FillStyle = 0-Solid	填充样式，实线
		Shape = 11-Circle	圆形
CommandButton	Cmdopen	Caption = 打开指示灯	打开指示灯命令
CommandButton	Cmdclose	Caption = 关闭指示灯	关闭指示灯命令
CommandButton	Cmdquit	Caption = 关闭程序	关闭程序命令
DAQDO	DAQDO1	在程序中设置	板卡数字量输出控件

3. 程序代码设计

设计的参考程序如下：

```
'程序初始化
Private Sub Form_Load()
  DAQDO1. SelectDevice                  '选择数字量输出设备
  DAQDO1. OpenDevice                    '打开数字量输出端口
  alarm. FillColor = QBColor(10)        '报警指示灯初始颜色
End Sub
'打开指示灯
  Private Sub Cmdopen_Click()
    alarm. FillColor = QBColor(12)
    DAQDO1. Bit = 1                     '指定数字量输出通道 1
    DAQDO1. BitOutput (1)               '把状态位 1 输出到 1 通道
End Sub
'关闭指示灯
Private Sub Cmdclose_Click()
    alarm. FillColor = QBColor(10)
```

```
        DAQDO1. Bit = 1                    '指定数字量输出通道 1
        DAQDO1. BitOutput (0)              '把状态位 0 输出到 1 通道
      End Sub
    '关闭板卡数字量输出端口
    '关闭程序
    Private Sub Cmdquit _ Click( )
      DAQDO1. CloseDevice                  '关闭板卡开关量输出端口
      Unload Me                            '卸载窗体
    End Sub
```

4. 运行程序

程序设计、调试完毕，运行程序。

首先进行板卡设置，选中板卡设备：000：{PCI-1710HG I/O = C000 Ver. A}，单击“Select”按钮。

1）单击“打开指示灯”按钮，程序画面中指示灯颜色变为红色，同时，线路中 DO 指示灯亮。

2）单击“关闭指示灯”按钮，程序画面中指示灯颜色变为绿色，同时，线路中 DO 指示灯灭。

程序运行画面如图 11-7 所示。

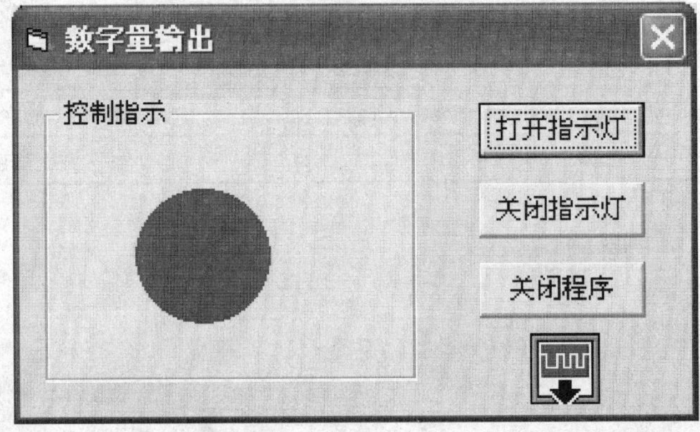

图 11-7 程序运行画面

巩固与提高

1）在程序画面中添加 2 个文本对象，其标签分别为“打开次数”和“关闭次数”。

程序运行时，指示灯每打开 1 次，打开次数文本框中数字加 1；指示灯每关闭 1 次，关闭次数文本框中数字加 1。

2）将开关量输出改为 2 通道，如何接线？如何修改程序？

知识链接一 计算机控制系统的硬件设计

在硬件总体方案的基础上，进行硬件的细化设计。它主要包括主机机型和系统总线选择、输入输出通道设计、人机联系设计、现场设备选择等。

1. 选择系统总线

采用总线式工业控制机进行系统的硬件设计，可以解决工业控制中的众多问题。由于总线式工业控制机的高度模块化和插板结构，因此，可以采用组合方式来大大简化计算机控制系统的设计。采用总线式工业控制机，只需要简单地更换几块模板，就可以很方便地变成另外一种功能的控制系统。

（1）内总线选择　内总线是计算机系统各组成部分之间进行通信的总线，按功能分为数据总线、地址总线、控制总线和电源总线四部分，每种型号的计算机都有自身的内部总线。在工业控制机中，常用的内总线有两种，即 PC 总线和 STD 总线。目前，一般常采用 PC 总线进行系统设计，即选用 PC 总线工业控制机。

（2）外总线选择　外总线是计算机与计算机之间、计算机与其他智能设备之间或智能外设与智能外设之间进行通信的连线集合，它包括 IEEE-488 并行通信总线和 RS-232C 串行通信总线。对于远距离通信、多站点互联通信，还有 RS-422 和 RS-485 通信总线。在系统设计中，具体选择哪一种，要根据通信距离、速率、系统拓扑结构、通信协议等要求来综合分析确定。有些主机没有现成的接口装置，必须选择相应的通信接口电路或通信接口板。

2. 选择主机

如果控制现场环境比较好，对可靠性的要求又不是特别高，可以选择普通的个人计算机，否则还是选择工控机为宜。在主机的配置上，以留有余地、满足需要为原则，不一定要选择最高档的配置。

在微机控制系统中，可供选择的微机有许多系列和种类。选择微机应从以下几个方面考虑。

（1）字长　字长直接影响数据的精度、寻址的能力、指令的数目和执行操作的时间。一般来说，字长越长，处理的数据值的范围越宽、精度也越高，对数据处理越有利，但同时增加了辅助电路的复杂性和成本，因此应根据设计的控制系统精度要求来确定字长，不宜一味选择字长长的微机。对于计算精度、速度要求不高，数据处理简单的控制系统可选用 4 位微机；对于计算精度要求较高、处理速度要求较快，具有较复杂数据运算及处理的控制系统可选用 8 位微机；对于计算精度要求高、处理速度快，处理十分复杂的系统可选用 16 位或 32 位微机。

（2）速度　微机的速度，应与被控对象的要求相适应。一般说来，微机的时钟频率（即 CPU 的时钟频率）越高，CPU 执行指令的速度也就越快。所以，对于处理速度要求高的系统，应选择时钟频率较高的微机；若系统本身响应慢，就不必追求过高的速度。

（3）中断系统　对于微机控制系统来说，为实现实时控制功能，要求微机要有较完善的中断系统。中断是各种输入设备和微机外设与微机传送信息的主要方式，是微机实现实时控制的重要保证。中断能力反映了实时控制性能。微机中断功能的强弱主要反映在 CPU 配置的中断源的种类多少、中断优先级判断能力高低、中断嵌套的层次和中断响应的速度快慢等方面。所选择微机的中断系统应保证控制系统能满足生产中所提出的各种控制要求。

（4）输入输出通道　输入输出通道是外部设备和主机交换信息的通道。根据控制系统不同，有的要求有开关量输入输出通道；有的要求有模拟量输入输出通道；有的则同时要求有开关量输入输出通道和模拟量输入输出通道。对于需要实现外部设备和内存之间快速、批量交换信息，还应有直接数据通道。所选择的微机应具有完备的输入输出通道，能满足控制系统的要求。

在实际应用中，应根据应用规模、控制目的和控制需要等选用性能价格比高的计算机，如：对于小型控制系统、智能仪表及智能化接口，尽量采用单片机模式；对于新产品开发或用量较大，为降低成本，也可采用单片机模式；对于中等规模的控制系统，为加快系统的开发速度，可以选用 PLC 或工控机，应用软件可自行开发；对于大型的生产过程控制系统，最好选用工控机、专用 DCS 或 FCS，软件可自行开发或购买现成的组态软件。

3. 选择输入输出板卡

对于采用工业控制计算机的控制系统，输入输出通道硬件设计非常简单，只需根据控制要求选择合适的输入输出板卡，这包括数字量 I/O(即 DI/DO)板卡、模拟量 I/O(即 AI/AO)板卡、步进电机控制板卡等。

(1) 选择模拟量输入输出板卡　AI/AO 板卡包括 A/D、D/A 板及信号调理电路等。AI 板卡输入可能是 -5~5V、1~5V、0~10mA、4~20mA 以及热电偶、热电阻和各种变送器的信号。AO 板卡输出可能是 0~5V、1~5V、0~10mA、4~20mA 等信号。选择 AI/AO 模卡应根据 AI/AO 路数、分辨率、转换速度、量程范围等。

对与模拟量输入板卡，一般都有单端输入与双端输入两种选择，以采用双端输入为好，以提高抗干扰能力。

对模拟输入通道的设计应满足两个要求。

1) 能满足生产工艺需要的转换精度，这主要体现在 A/D 转换器的位数和精度上。

2) 要有较强的抗干扰能力。

(2) 选择数字量(开关量)输入输出板卡　PCI 总线 I/O 接口板卡多种多样，通常可以分为 TTL 电平的开入开出和带光电隔离的开入开出。通常和工业控制机共地装置的接口可以采用 TTL 电平，而其他装置与工业控制机之间则采用光电隔离。对于大容量的开入开出(开关量输入输出)系统，往往选用大容量的 TTL 电平开入开出板卡，而将光电隔离及驱动功能安排在工业控制机总线之外的非总线板卡上。

在采用工业控制计算机的控制系统中，输入输出板卡可根据需要组合，不管哪种类型的系统，其板卡的选择与组合均由生产过程的输入参数和输出控制通道的种类和数量来确定。

4. 选择传感器和变送器

计算机控制系统要实现自动控制，首先要实现过程数据的自动检测，这个任务是由检测仪表来完成的，因此系统设计者必须根据现场的具体要求、工艺过程信号的检测原理、安装环境等诸多因素选择合适的检测仪表。

传感器和变送器均属于检测仪表。传感器是将被测的物理量(如温度、压力、流量、电压、电流、功率、频率等)转换为电量的装置。变送器是将被测的物理量或传感器输出的微弱电量转换为可以远距离传送且符合相关标准的电信号(一般为 4~20mA 或 1~5V 等)，其输出信号被送至计算机进行处理，实现数据采集。变送器的输出信号与被测变量有一定连续关系，反映了被测变量。

DDZ-Ⅲ型变送器输出的是 4~20mA 信号，供电电源为 24V(DC)且采用二线制，DDZ-Ⅲ型比 DDZ-Ⅱ型变送器性能好，使用方便。DDZ-S 系列变送器是在总结 DDZ-Ⅱ型和 DDZ-Ⅲ型变送器的基础上，吸收了国外同类变送器的先进技术，采用模拟技术与数字技术相结合，从而开发出的新一代变送器。近年来，出现了以微处理器为基础的智能型变送器，以及现场总线仪表的推广使用，为设计者的选择提供更大的空间。对于交流电气量的采集，如交流电压、交流电流、有功功率、无功功率、频率等的采集，目前更多地采取交流采样法，这种方法不需要电量变送器，而是根据采集的交流量，在计算机中利用程序算法计算得到所需的电气变量和参数。

常用的变送器有温度变送器、压力变送器、流量变送器、液位变送器、差压变送器、各种电量变送器等。

系统设计人员可根据被测参数的种类、量程、被测对象的介质类型和环境来选择变送器的具体型号。

5. 选择执行机构

执行机构的作用是接受计算机发出的控制信号，并把它转换成机械动作，对生产过程实施控制。

执行机构根据工作原理可分为气动、电动和液压三种类型。气动执行机构具有结构简单、操作方便、使用可靠、维护容易、防火防爆等优点。电动执行机构具有体积小、种类多、使用方便、响应速度快，与计算机接口容易等优点。液压执行机构的特点是输出功率大、能传送大扭矩和较大推力，控制和调节简单，方便省力等。

电动执行机构可直接接受来自工业控制机的输出信号(4～20mA 或 0～10mA)，实现控制作用。4～20mA 或 0～10mA 电信号经电—气转换器转换成标准的 0.02～0.1MPa 气压信号之后，可与气动执行机构配套使用。

常用的执行机构有电动机、电机起动器、变频器、调节阀、电磁阀、晶闸管整流器或者继电器线圈等。另外，还有各种有触点和无触点开关，也是执行机构，实现开关动作。

在系统设计中，需根据系统的要求来选择执行机构，如对于要实现连续的精确的控制，必须选用气动或电动调节阀，而对于要求不高的控制系统可选用电磁阀。

执行机构是自动控制的最后一道环节，必须考虑环境要求、行程范围、驱动方式、调节介质、防爆等级等方面的因素。

6. 控制操作面板设计

控制操作面板也称为控制操作台，是人机对话的纽带，也是微机控制系统中的重要设备。根据具体情况，操作面板可大可小，大到可以是一个庞大的操作台，小到只是几个功能键和开关，如智能仪器中，操作面板都比较小。不同系统，操作面板可能差异很大，所以一般需要根据实际需要自行设计。在设计中应遵循安全可靠、使用方便、操作简单、板面布局适宜美观、符合人性工程学要求的原则。

控制操作面板的主要功能有：输送源程序到存储器，或者通过面板操作来监视程序执行情况；打印、显示中间结果或最终结果；根据工艺要求，修改一些检测点和控制点的参数及给定值；设置报警状态，选择工作方式以及控制回路等；完成手动—自动无扰动切换；进行现场手动操作；完成各种画面显示。

为完成上述功能，控制操作面板一般设置有操作器件、显示器件、打印装置和报警装置四类设备。

1）操作器件。操作器件主要是键盘按键，分为功能键和数字键两种，各有相应的键盘子程序与其配合，执行相应的管理程序和控制程序。通过键盘操作可实现给定值的设定、控制参数的修改、各种功能的执行等。

除键盘外，控制面板还可以设置各种按钮和开关，开关的形式可采用拨动开关、旋转开关、拨盘开关和滑动开关等形式，有些需要连锁的开关还可采用琴键式组合开关。

2）显示器件。显示器件是用于微机对各被测参数、控制参数、功能参数、系统状态、各种画面的显示。显示器件主要是指示灯、LED 显示器、LCD 显示器，较高级的控制操作面板还可配置 CRT 彩色或单色显示器。

3）打印装置。打印装置用于打印所需的状态参数及表格，需要配置较好的打印机或普通的微型打印机。

4）报警装置。控制操作面板一般都安装警铃或扬声器等报警装置，一旦各控制参数或测量值越限，铃或扬声器就会发出声响，报警灯闪烁，声光同时报警，使操作人员能及时发现并做相应处理。

知识链接二　计算机控制系统的软件设计

在一个计算机控制系统中，除了硬件(计算机、传感器、执行机构等)外，软件也是非常重要的部分。控制系统的硬件电路确定之后，控制系统的主要功能将依赖于软件来实现。对同一个硬件电路，配以不同的软件，它所实现的功能也就不同，而且有些硬件电路功能常可以用软件来实现。研制一个复杂的微机化控制系统，软件研制的工作量往往大于硬件，可以认为，微机化控制系统设计，很大程度上是软件设计，因此，设计人员必须掌握软件设计的基本方法和编程技术。

1. 控制应用软件的模块结构

目前，在计算机控制系统中，控制软件除控制生产过程之外，还对生产过程实现管理，因此，一个工业控制应用软件应包含以下几个主要模块。

(1) 数据采集及处理模块　实时数据采集程序，主要是完成多路信号(包括模拟量、开关量、数字量和脉冲量)的采样、输入变换、存储等。数据处理程序主要包括数字滤波程序、线性化处理程序、数字信号采集与处理程序、脉冲信号处理程序、开关信号处理程序和数据可靠性程序。其中数字滤波程序用来滤除干扰造成的错误数据或不宜使用的数据；线性化处理程序用来对检测元件或变送器的非线性作软件补偿；标度变换程序，把采集到的数字量转换成操作人员所熟悉的工程量；数字信号采集与处理程序用来对数字输入信号进行采集及码制之间的转换，如 BCD 码转换成 ASCII 码等；脉冲信号处理程序用来对输入的脉冲信号进行电平高低判断和计数；开关信号处理程序用来判断开关信号输入状态的变化情况，如果发生变化，则执行相应的处理程序；数据可靠性检查程序用来检查是可靠输入数据还是故障数据。

(2) 控制模块　控制算法程序是计算机控制系统中的一个核心程序模块，主要实现所选控制规律的计算，产生对应的控制量。它主要实现对系统的调节和控制，它根据各种各样的控制算法和千差万别的被控对象的具体情况来编写，控制程序的主要目标是满足系统的性能指标。常用的有数字式 PID 调节控制程序、最优控制算法程序、顺序控制及插补运算程序等。还有运行参数设置程序，对控制系统的运行参数进行设置。运行参数有采样通道号、采样点数、采样周期、信号量程范围、放大器增益系数、工程单位等。

（3）监控报警模块　将采样读入的数据或经计算机处理后的数据进行显示或打印，以便实现对某些物理量的监视。根据控制策略，判断是否超出工艺参数的范围，计算机要加以判别，如果超越了限定值，就需要由计算机或操作人员采取相应的措施，实时地对执行机构发出控制信号，完成控制，或输出其他有关信号，如报警信号等，确保生产的安全。

（4）系统管理模块　首先用来将各个功能模块程序组织成一个程序系统，并管理和调用各个功能模块程序；其次用来管理数据文件的存储和输出。系统管理程序一般以文字菜单和图形菜单的人机界面技术来组织、管理和运行系统程序。

（5）数据管理模块　这部分程序用于生产管理部分，主要包括变化趋势分析、报警记录、统计报表、打印输出、数据操作、生产调度及库存管理等程序。

（6）人机交互模块　分为两部分，即人机对话程序和画面显示程序。人机对话程序包括显示、键盘、指示等程序；画面显示程序包括用图、表及曲线在 CRT 屏幕上形象地反映生产状况的远程监控程序等。

（7）数据通信模块　数据通信程序是用于完成计算机与计算机之间、计算机与智能设备之间信息传递和交换。它的主要功能有：设置数据传送的波特率(速率)；上位机向数据采集站发送机号；上位机接收和判断数据采集站发回的机号；命令相应的数据采集站传送数据；上位机接收数据采集站传送来的数据。

2. 控制应用软件的设计流程

一个完整的应用软件设计流程可以用图 11-8 来说明。

（1）需求分析　需求分析是分析用户的要求，主要是确定待开发软件的功能、性能、数据、界面等要求。系统的功能要求，即应用软件必须完成的所有功能；系统的性能要求，如响应时间、处理时间、振荡次数、超调量等；数据要求，如采集量、导出量、输出量、显示量等，确定数据类型、数据结构、数据之间的关系等；系统界面要求描述了系统的外部特性；系统的运行要求，如对硬件、支撑软件、数据通信接口等的要求，安全性、保密性和可靠性方面的要求，异常处理要求，即在运行过程中出现异常情况时应采取的行动及需显示的信息。

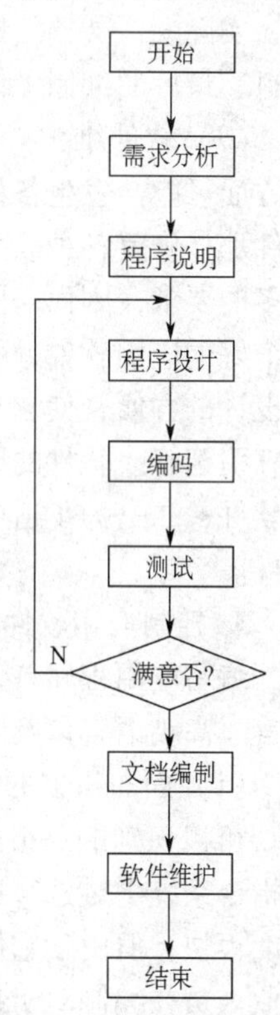

图 11-8　软件设计流程

（2）程序说明　根据需求分析，编写程序说明文档，作为软件设计的依据。其中一个重要的工作是绘制流程图。

我们可以把控制系统整个软件分解为若干部分，它们各自代表了不同的分立操作，把这些不同的分立操作用方框表示，并按一定顺序用连线连接起来，表示它们的操作顺序。这种互相联系的表示图称为功能流程图。

功能流程图中的模块，只表示所要完成的功能或操作，并不表示具体的程序。在实际工作中，设计者总是先画出一张非常简单的功能流程图，然后随着对系统各细节认识的加深，逐步对功能流程图进行补充和修改，使其逐渐趋于完善，并转换为程序流程图。

（3）程序设计　可分为概要设计和详细设计。概要设计的任务是确定软件的结构，进行模块划分，确定每个模块的功能和模块间的接口，以及全局数据结构的设计。详细设计的任务是为每个模块实现的细节和局部数据结构的设计。所有设计中的考虑都应以设计说明书的形式加以描述，以供后续工作使用。

(4) 软件编码　它的任务是用某种语言编写程序。编写程序可用机器语言、汇编语言或各种高级语言。究竟采用何种语言则由程序长度、控制系统的实时性要求及所具备的研制工具而定。在复杂的系统软件中，一般采用高级语言。对于规模不大的应用软件，大多用汇编语言来编写，因为从减少存储容量、降低器件成本和节省机器时间的观点来看，这样做比较合适。

在编码过程中还必须进行优化工作，即仔细推敲，合理安排，利用各种程序设计技巧使编出的程序所占内存空间较小，而执行时间又短。自然，写出的程序应当是结构良好、清晰易读，且与设计相一致。

(5) 软件测试　测试是保证软件质量的重要手段，是微机控制系统软件设计中很关键的一步，其目的是为了在软件引入控制系统之前，找出并改正逻辑错误或与硬件有关的程序错误。可利用各种测试方法检查程序的正确性，发现软件中的错误，修改程序编码，改进程序设计，直至程序运行达到预定要求为止。

(6) 文档编制　文档编制也是软件设计的重要内容。它不仅有助于设计者进行查错和测试，而且对程序的使用和扩充也是必不可少的。如果文档编得不好，不能说明问题，程序就难于维护、使用和扩充。一个完整的应用软件文档，一般应包括流程图、程序的功能说明、所有参量的定义清单、存储器的分配图、完整的程序清单和注释、测试计划和测试结果说明。

实际上，文档编制工作贯穿着软件研制的全过程。各个阶段都应注意收集和整理有关的资料，最后的编制工作只是把各个阶段的文件连贯起来，并加以完善而已。

(7) 软件维护　软件的维护是指软件的修复、改进和扩充。当软件投入现场运行后，一方面可能会发生各种现场问题，因而必须利用特殊的诊断方式和其他的维护手段，像维护硬件那样修复各种故障。另一方面，用户往往会由于环境或技术业务的变化，提出比原计划更多的要求，因而需要对原来的应用软件进行修改或扩充，以适应情况变化的需要。因此，一个好的应用软件，不仅要能够执行规定的任务，而且在开始设计时，就应该考虑到维护和再设计的方便，使它具有足够的灵活性、可扩充性和可移植性。

引起修改软件的原因主要有三种，一是在软件运行过程中发现了软件中隐藏的错误而修改软件；二是为了适应变化了的环境而修改软件；三是为修改或扩充原有软件的功能而修改软件。

3. 控制应用软件的开发工具选择

编写应用程序首先面临的一个问题是选用什么语言设计程序。可以选用机器语言、汇编语言、高级语言以及组态语言来编写程序。

(1) 面向机器的语言　机器语言是一种 CPU 指令系统，也称为 CPU 的机器语言，它是 CPU 可以识别的一组由 0 和 1 序列构成的指令码。用机器语言编程序，就是从所使用的 CPU 的指令系统中挑选合适的指令，组成一个指令序列。这种程序可以被机器直接理解并执行，速度很快，但由于它们不直观、难记、难以理解、不易查错、开发周期长，所以，现在只有专业人员在编制对于执行速度有很高要求的程序时才采用。

为了减轻编程者的劳动强度，人们使用一些用于帮助记忆的符号来代替机器语言中的

0、1 指令，使得编程效率和质量都有了很大的提高。由这些助记符组成的指令系统，称为汇编语言。汇编语言指令与机器语言指令基本上是一一对应的。因为这些助记符号不能被机器直接识别，所以汇编语言程序必须被编译成机器语言程序才能被机器理解和执行。编译之前的程序被称为“源程序”，编译之后的程序被称为“目标程序”。

汇编语言与机器语言都是因 CPU 的不同而不同，所以统称为“面向机器的语言”。使用这类语言，可以编出效率极高的程序，但对程序设计人员的要求也很高。他们不仅要考虑解题思路，还要熟悉机器的内部结构，所以，一般的人很难掌握这类程序设计语言。

用汇编语言编写的程序代码针对性强，代码长度短，程序执行速度快，实时性强，要求的硬件也少，但编程繁琐，工作量大，调试困难，开发周期长，通用性差，不便于交流推广。

(2) 高级语言　常用的面向过程语言有 C、Fortran、Basic、Pascal 等。使用这类编程语言，程序设计者可以不关心机器的内部结构甚至工作原理，把主要精力集中在解决问题的思路和方法上。这类摆脱了硬件束缚的程序设计语言被统称为高级语言。高级语言的出现是计算机技术发展的里程碑，它大大地提高了编程效率，使人们能够开发出越来越大、功能越来越强的程序。

随着计算机技术的进一步发展，特别是像 Windows 这样具有图形用户界面的操作系统的广泛使用，人们又形成了一种面向对象的程序设计思想。这种思想把整个现实世界或是其一部分看做是由不同种类对象组成的有机整体。同一类型的对象既有共同点，又有各自不同的特性。各种类型的对象之间通过发送消息进行联系，消息能够激发对象做出相应的反应，从而构成了一个运动的整体。采用了面向对象思想的程序设计语言就是面向对象的程序设计语言，当前使用较多的面向对象的语言有 Visual Basic、Visual C ++、Java、Object Pascal 等。

高级语言通用性好，编程容易，功能多，数据运算和处理能力强，但实时性相对差些。

在计算机发展过程的早期，应用软件的开发大多采用汇编语言。在工业过程控制系统中，目前仍大量应用汇编语言编制应用软件。由于计算机技术的发展，工业控制计算机的基本系统逐渐与广泛使用的个人计算机相兼容，而各种高级语言也都有各种 I/O 口操作语句，并具有对内存直接存取的功能。这样，就有可能用高级语言来编写需要进行许多 I/O 操作的工业控制系统的应用程序。从许多成功的应用来看，用高级语言开发工业控制和检测系统的应用程序，其速度快，可靠性高，质量好。

汇编语言和高级语言各有其优点和局限性。在程序设计中，应发挥汇编语言实时功能强、高级语言运算能力强的优点，所以在应用软件设计中，一般采用高级语言与汇编语言混合编程的方法，即用高级语言编写数据处理、数据管理、图形绘制、显示、打印、网络管理等程序，用汇编语言编写时钟管理、中断管理、输入输出、数据通信程序等实时性强的程序。

(3) 组态软件　组态软件是一种针对控制系统而设计的面向问题的开发软件，它为用户提供了众多的功能模块，比如控制算法模块(如 PID)、运算模块(四则运算、开方、最大值/最小值选择、一阶惯性、超前滞后、工程量变换、上下限报警等数十种)、计数/计时模块、逻辑运算模块、输入模块、输出模块、打印模块、CRT 显示模块等。系统设计者只需根据控制要求，选择所需的模块就能十分方便地生成系统控制软件。

监控组态软件是标准化、规模化、商品化的通用开发软件，只需进行标准功能模块的软件组态和简单的编程，就可设计出标准化、专业化、通用性强、可靠性高的上位机人机界面监控程序(HMI系统)，且工作量较小，开发调试周期较短，对程序设计员要求也低一些，因此，监控组态软件是性能优良的软件产品，将成为开发上位机监控程序的主流开发工具。

工业控制软件包是由专业公司开发的现成控制软件产品，它具有标准化、模块化、组态生成化等特点，通用性强，实时性和可靠性高。利用工业控制软件包和用户组态软件，设计者可根据控制系统的需求来组态生成各种实际的应用软件。这种开发方式极大地方便了设计者，他们不必过多地了解和掌握如何编制程序的技术细节，只需要掌握工业控制软件包和组态软件的操作规程和步骤，就能开发、设计出符合需要的控制系统应用软件，从而大大缩短研制时间，也提高了软件的可靠性。

在软件技术飞速发展的今天，各种软件开发工具琳琅满目，每种开发语言都有其各自的长处和短处。在设计控制系统的应用程序时，究竟选择哪种开发工具，还是几种软件混合使用，要根据被控对象的特点、控制任务的要求以及所具备的条件而定。

习题与思考题

11.1 计算机控制应用软件应包含哪几个主要模块?

11.2 计算机控制系统对应用软件的要求有哪些?

11.3 计算机控制应用软件有哪些种类和功能?

11.4 计算机控制应用软件的设计方法有哪些?

11.5 计算机控制应用软件的设计流程是什么?

11.6 在设计计算机控制系统时，如何选择合适的开发软件?

项目十二

计算机温度测量与控制

项目背景

生产中的各种参数都有不同的量纲和数值，但在计算机控制系统的采集、A/D 转换过程中都已变为无量纲的数据。在实际应用中，被测模拟信号被检测出来经 A/D 转换成数字量后送入到计算机，常需要转换成操作人员所熟悉的有量纲的工程量。因为转换后的数字量并不能直接代表原来带有量纲的物理量的数值，必须经过转换变成对应量纲的物理量才能运算、显示或打印输出。例如：温度的单位为℃，压力单位为 Pa，流量的单位为 m^3/h 等。

将数字量转换成相应量纲的物理量称为标度变换。

本项目通过温度检测与控制，设计一套完整的测控系统，并从中学习标度变换的实现方法。

学习目标

1）掌握数据采集板卡进行温度采集与控制的硬件线路连接方法。

2）掌握 Kingview、Visual Basic 编写板卡温度量采集与控制程序的方法。

实训用软硬件

1. 设备清单

本项目用到的硬件和软件清单见表 12-1。

表 12-1　实训用到的软、硬件清单

序　号	名　称	数　量
1	PC(或 IPC)	1
2	PCI-1710HG 多功能板卡 + PCL-10168 数据线缆 + ADAM-3968 接线端子(使用模拟量输入 AI 通道、数字量输出 DO 通道)	1
3	热电阻传感器(Pt100)	1
4	温度变送器(输入:0 ~ 200℃,输出:4 ~ 20mA)	1
5	250Ω 电阻	1
6	指示灯(DC24V)	2

（续）

序　号	名　称	数　量
7	直流电源（输出：DC24V）	1
8	其他元件：继电器（DC24V）、电阻（10kΩ），晶体管	各2
9	Kingview 6.5	1
10	Visual Basic 6.0	1

2. 硬件线路

如图12-1所示，Pt100热电阻检测温度变化，通过变送器和250Ω电阻转换为1~5V电压信号送入板卡模拟量1通道（管脚34和60）。当检测温度小于计算机程序设定的下限值，计算机输出控制信号，使板卡DO1通道13管脚置高电平，指示灯1亮。当检测温度大于计算机设定的上限值，计算机输出控制信号，使板卡DO2通道46管脚置高电平，指示灯2亮。

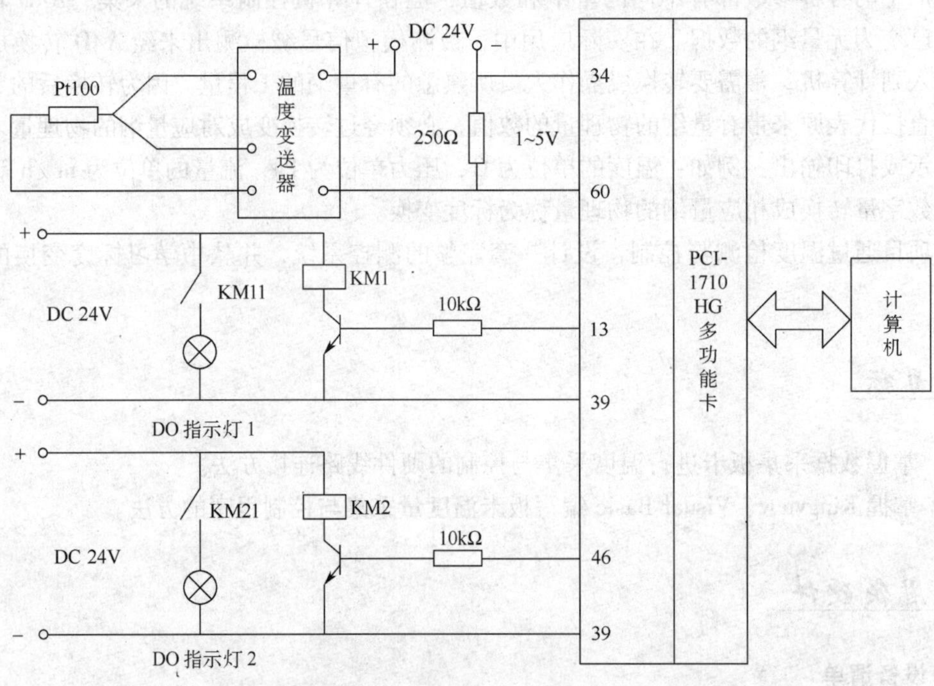

图12-1　温度测量与控制线路

实训任务

分别利用Kingview和Visual Basic编写应用程序实现温度测量与报警控制。

任务要求如下：

1）自动连续读取并显示温度测量值。

2）绘制测量温度实时变化曲线。

3）统计采集的温度平均值、最大值与最小值。

4）实现温度上、下限报警指示并能在程序运行中设置报警上、下限值。

实训操作

一、利用 Kingview 实现温度测量与报警控制

1. 建立新工程项目

工程名称：“AI&DO”；工程描述：“温度测量与控制”。

2. 制作图形画面

1）制作画面 1。画面名称“超温报警与控制”（主画面）。

图形画面 1 中有 1 个仪表对象、3 个指示灯对象、3 个按钮对象、10 个文本对象、1 个传感器对象等，如图 12-2 所示。

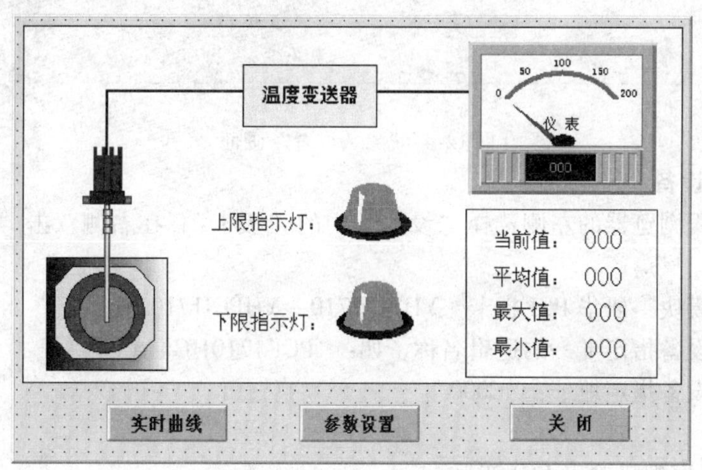

图 12-2　主画面“超温报警与控制

2）制作画面 2。画面名称“温度实时曲线”。

图形画面 2 中有 1 个“实时趋势曲线”对象，1 个按钮对象，如图 12-3 所示。

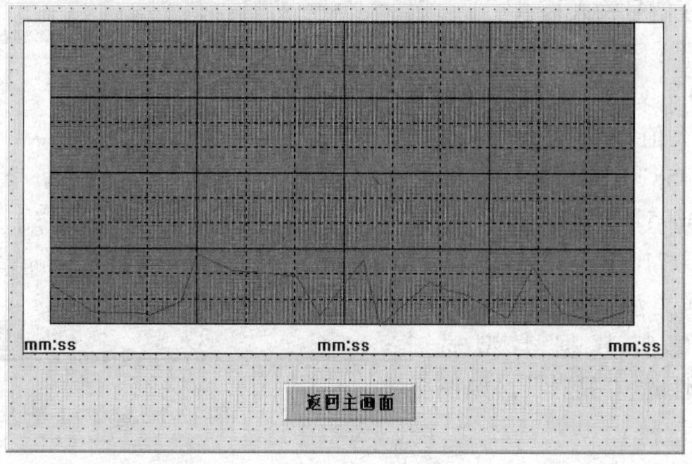

图 12-3　“温度实时曲线”画面

3）制作画面3。画面名称“参数设置”。

图形画面3中有4个文本对象，即“上限温度值”及其显示文本“000”；“下限温度值”及其显示文本“000”；2个按钮对象——“确定”和“取消”，如图12-4所示。

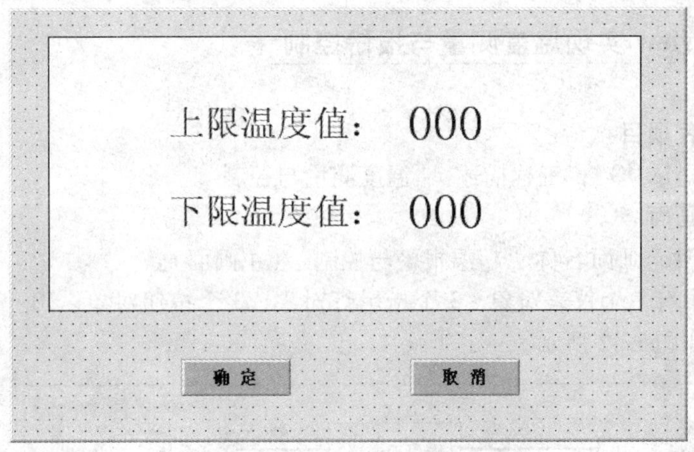

图12-4 “参数设置”画面

3. 定义板卡设备

在组态王工程浏览器的左侧选择“设备”中的“板卡”，在右侧双击“新建…”，运行“设备配置向导”。

选择：智能模块→研华PCI板卡→YHPCI1710→YHPCI1710。

给要安装的设备指定唯一的逻辑名称，如：“PCI-1710HG”。

给要安装的设备指定地址：“C000”。

4. 定义变量

1）定义1个模拟量输入I/O变量。

已知：传感器为Pt100，其变送器的温度测量范围是0~200℃，线性输出4~20mA，经250Ω电阻将电流信号转换为1~5V电压信号输入板卡。

定义变量如下：变量名为“AI”，变量类型选“I/O”实数，变量的最小值设为“0”，最大值设为“200”，最小原始值设为“2458”（对应0℃），最大原始值设为“4095”（对应200℃），连接设备选“PCI-1710HG”，寄存器设为“AD1”；数据类型选“USHORT”（注：Kingview6.0版数据类型选UINT），读写属性选“只读”，如图12-5所示。

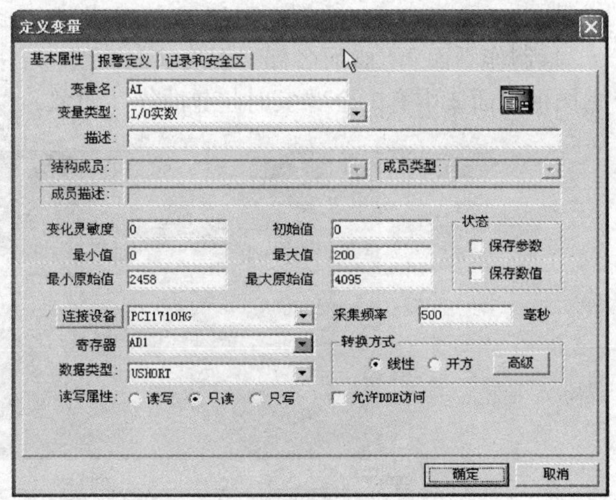

图12-5 定义AI变量

2）定义1个数字量输出I/O变量。变量名为“DO”，变量类型选“I/O整数”，连接设备选“PCI-1710HG”，寄存器设为“DO”，数据类型选“USHORT”（注：Kingview6.0版数据类型选UINT），读写属性选“只写”，如图12-6所示。

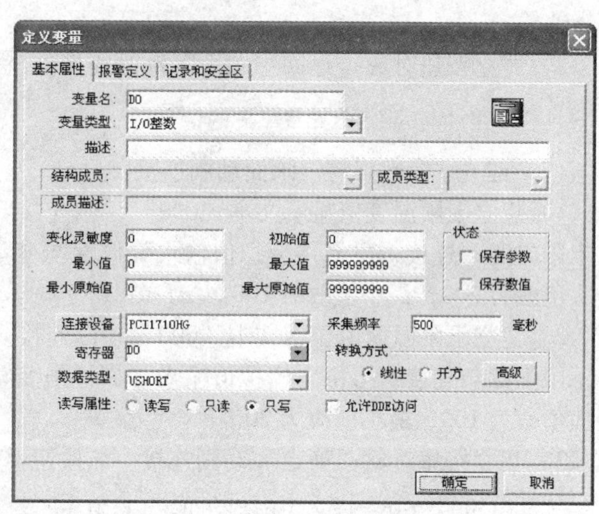

图12-6　定义DO变量

3）定义8个内存实型变量。“上限温度”和“设定上限温度”的初始值均为35，最小值均为0，最大值均为100；“下限温度”和“设定下限温度”的初始值均为20，最小值均为0，最大值均为100；“平均值”、“最大值”和“最小值”的初始值、最小值均为0，最大值均为100；“累加值”的初始值、最小值均为0，最大值为200000。

4）定义3个内存离散变量。“上限灯”、“下限灯”和“电炉”，初始值均为关。

5）定义1个内存整型变量。变量名为“采样个数”，初始值为0，最大值为2000。

5. 建立动画连接

（1）建立“超温报警与控制”画面动画连接。

1）建立仪表对象动画连接。将仪表对象与变量“AI”连接起来。

2）建立上限灯对象动画连接。将上限指示灯对象与变量“上限灯”连接起来。

3）建立下限灯对象动画连接。将下限指示灯对象与变量“下限灯”连接起来。

4）建立电炉对象动画连接。将电炉对象与变量“电炉”连接起来。

5）建立当前值、平均值、最大值、最小值显示文本对象动画连接。将它们的显示文本对象“000”的“模拟值输出”属性分别与变量“AI”、“平均值”、“最大值”、“最小值”连接，输出格式为整数2位，小数1位。

6）建立按钮对象“实时曲线”动画连接。该按钮“弹起时”执行以下命令：

```
ShowPicture("温度实时曲线")；
```

7）建立按钮对象“参数设置”动画连接。该按钮“弹起时”执行以下命令：

```
ShowPicture("参数设置")；
```

8）建立按钮对象“关闭”动画连接。该按钮弹起时执行命令：

```
BitSet(\\本站点\DO,2,0)；
BitSet(\\本站点\DO,3,0)；
exit(0)；
```

（2）建立“温度实时曲线”画面动画连接。

1）建立“实时趋势曲线”控件动画连接。在曲线定义中，将曲线1与变量“AI”连接起来；在标识定义中，将“标识Y轴”选项去掉，将时间轴选项中时间长度改为

2 分钟。

2）建立按钮对象“返回主画面”动画连接：该按钮弹起时执行以下命令：

```
ShowPicture("超温报警与控制");
```

（3）建立“参数设置”画面动画连接。

1）建立上限温度值显示文本“000”动画连接。将其“模拟值输出”属性与变量“设定上限温度”连接，再将“模拟值输入”属性与变量“设定上限温度”连接，将值范围的最大值改为 200，最小值改为 100。

2）建立下限温度值显示文本“000”动画连接。将其“模拟值输出”属性与变量“设定下限温度”连接，再将“模拟值输入”属性与变量“设定下限温度”连接，将值范围的最大值改为 100，最小值改为 20。

3）建立按钮对象“确定”动画连接。该按钮弹起时执行以下命令：

```
\\本站点\上限温度 = \\本站点\设定上限温度;
\\本站点\下限温度 = \\本站点\设定下限温度;
ClosePicture("参数设置");
ShowPicture("超温报警与控制");
```

4）建立按钮对象“取消”动画连接：该按钮弹起时执行以下命令：

```
\\本站点\设定上限温度 = \\本站点\上限温度;
\\本站点\设定下限温度 = \\本站点\下限温度;
ClosePicture("参数设置");
ShowPicture("超温报警与控制");
```

注意：ShowPicture 函数——用于显示指定名称的画面。

ClosePicture 函数——用于将已调入内存的画面关闭，并从内存中删除。

6. 编写程序代码

（1）双击命令语言“事件命令语言”项，在弹出的对话框中，在“事件描述”文本框中输入表达式：“\\本站点\AI>0”；在事件“发生时”编辑栏中输入以下初始化语句：

```
\\本站点\采样个数 =0;
\\本站点\累加值 =0;
\\本站点\最大值 = \\本站点\AI;
\\本站点\最小值 = \\本站点\AI;
```

（2）双击命令语言“应用程序命令语言”项，在弹出的对话框中，将运行周期设为“500”；

1）在“启动时”编辑栏里输入以下程序：

```
ShowPicture("温度实时曲线");
ShowPicture("超温报警与控制");
```

2）在“运行时”编辑栏里输入以下控制程序：

```
if( \\本站点\AI < = \\本站点\下限温度)
{ \\本站点\下限灯 =1;
\\本站点\电炉 =1;
BitSet( \\本站点\DO,2,1);
}
```

```
if(\\本站点\AI>\\本站点\下限温度&&\\本站点\AI<\\本站点\上限温度)
{\\本站点\上限灯=0;
\\本站点\下限灯=0;
\\本站点\电炉=1;
BitSet(\\本站点\DO,2,0);
BitSet(\\本站点\DO,3,0);
}
if(\\本站点\AI>=\\本站点\上限温度)
{\\本站点\上限灯=1;
\\本站点\电炉=0;
BitSet(\\本站点\DO,3,1);
}
\\本站点\采样个数=\\本站点\采样个数+1;
\\本站点\累加值=\\本站点\累加值+\\本站点\AI;
\\本站点\平均值=\\本站点\累加值/\\本站点\采样个数;
if(\\本站点\AI>=\\本站点\最大值)
{\\本站点\最大值=\\本站点\AI;
}
if(\\本站点\AI<=\\本站点\最小值)
{\\本站点\最小值=\\本站点\AI;
}
```

7. 调试与运行

将设计的画面全部存储，将“超温报警与控制”画面配置成主画面，启动画面运行程序。当温度传感器的检测温度在不同范围时，出现不同响应，见表12-2。

表12-2　程序运行响应

检测温度AI/℃	程序主画面动画			线路中指示灯动作	
	上限灯	下限灯	电炉	DO指示灯1	DO指示灯2
AI<下限温度	灭	亮	开	亮	灭
下限温度≤AI≤上限温度	灭	灭	开	灭	灭
AI>上限温度	亮	灭	关	灭	亮

单击主画面“实时曲线”按钮，进入温度实时曲线画面，可以观看温度实时变化曲线，单击“返回主画面”按钮可以返回主画面“超温报警与控制”。

单击主画面“参数设置”按钮，进入参数设置画面，可以设置温度的报警上限、下限值。单击“确定”按钮可以确认当前设定值，单击“取消”按钮保持原先设定值不变。

主画面运行情况如图12-7所示。

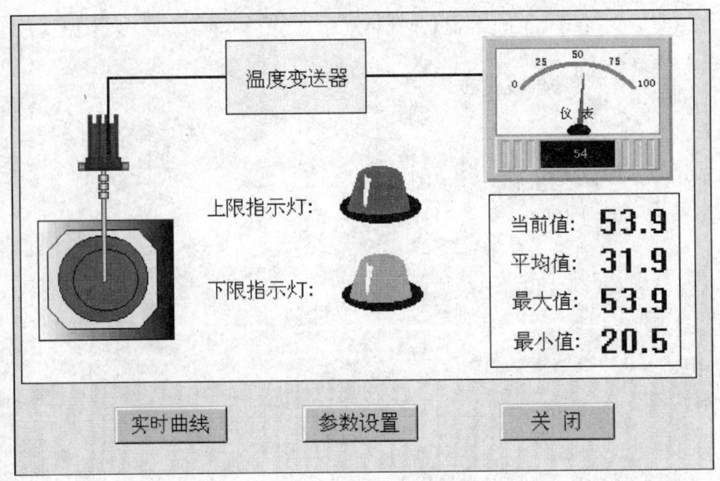

图 12-7 程序运行画面

二、利用 Visual Basic 实现温度测量与报警控制

1. 程序界面设计

运行 VB 6.0，创建标准的工程项目文件，设计程序窗体。

1）为了实现温度采集与超温报警，在“工程”菜单下的“部件…”选项中，选中 DAQAI 控件“Advantech ActiveDAQ AI Control”和 DAQDO 控件“Advantech ActiveDAQ DO Control”到工具箱，并添加到程序窗体上，如图 12-8 所示。

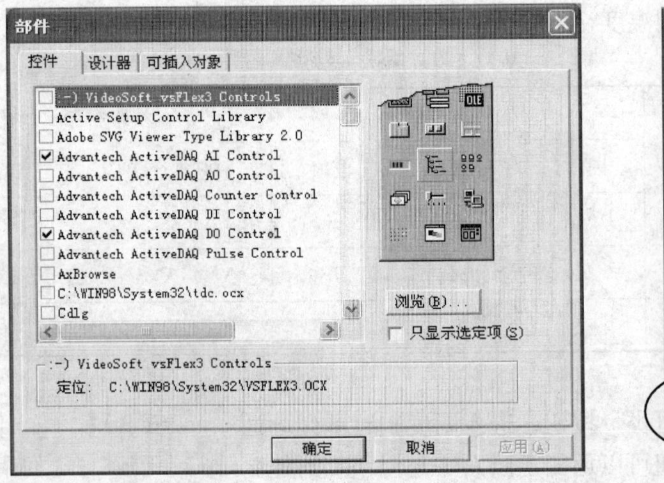

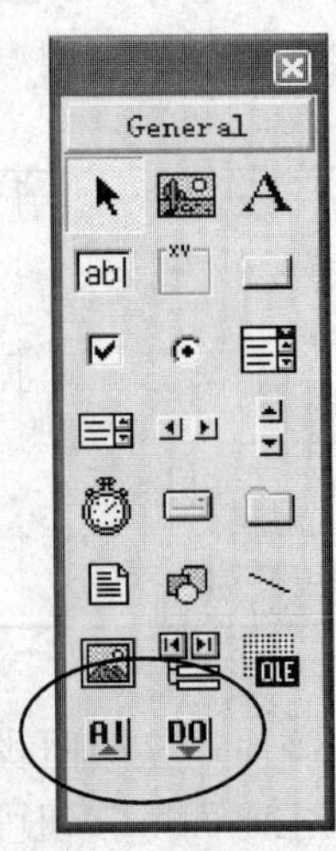

图 12-8 添加 DAQAI 和 DAQDO 控件

2）为了实现连续的自动采集，将工具箱中的 Timer 控件加到程序窗体上。

3）为了实现绘图，将工具箱中的 Picture 控件加到程序窗体上。

4）添加其他控件：2 个 Frame 控件，10 个 Label 控件，6 个 TextBox 控件，2 个 Shape 控件，1 个 CommandButton 控件。

设计的程序窗体界面，如图 12-9 所示。

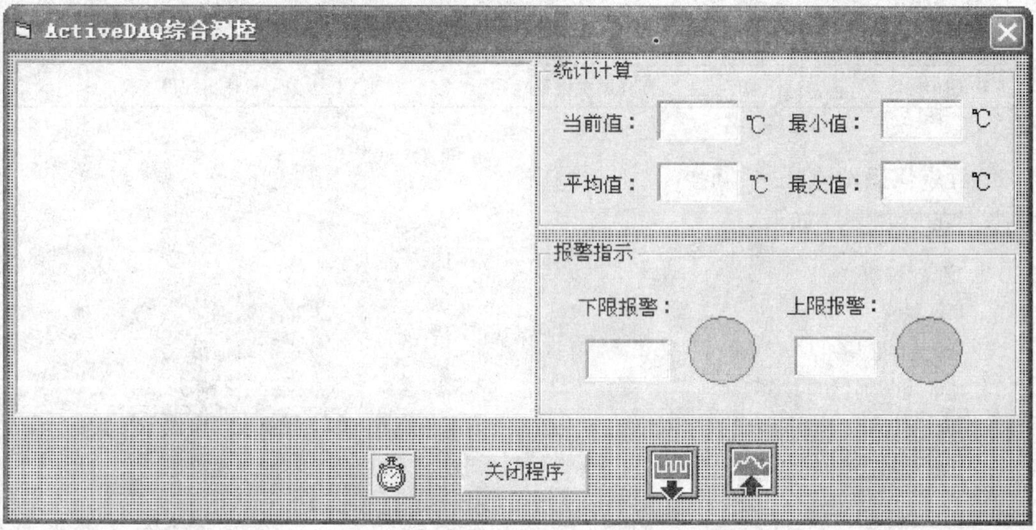

图 12-9 程序窗体界面

2. 属性设置

程序窗体、控件对象的主要属性设置见表 12-3。

表 12-3 程序窗体、控件对象的主要属性设置

控件类型	名称	主要属性	功能
Form	DAQForm	BorderStyle = 3	运行时窗体固定大小
		Caption = ActiveDAQ 综合测控	在标题栏显示程序名称
Picture	Picture1	BackColor 为白色	绘图区
Frame	Frame1	Caption = 统计计算	统计区
Frame	Frame2	Caption = 报警指示	报警区
TextBox	TempText	Text 为空	显示当前测量温度值
TextBox	AverText	Text 为空	显示平均测量温度值
TextBox	MinText	Text 为空	显示最小测量温度值
TextBox	MaxText	Text 为空	显示最大测量温度值
TextBox	Tmin	Text 为空	显示/设置下限报警温度值
TextBox	Tmax	Text 为空	显示/设置上限报警温度值
Shape	Alarm1	FillStyle = 0 – Solid	填充样式，实线
		Shape = 12 – Circle	圆形
Shape	Alarm2	FillStyle = 0 – Solid	填充样式，实线
		Shape = 12 – Circle	圆形
CommandButton	Cmdquit	Caption = 关闭程序	关闭程序命令
Timer	Timer1	Enabled = False	时钟有效
		Interval = 1000	时钟周期

（续）

控件类型	名　称	主要属性	功　能
DAQAI	DAQAI1	在程序中设置	板卡模拟量输入控件
DAQDO	DAQDO1	在程序中设置	板卡数字量输出控件

3. 程序代码设计

设计的参考程序如下：

```
'定义变量
Dim num As Integer                                  '采集的数据个数
Dim Data(1000) As Single                            '数据的数值形式
Dim filedata(1000) As String                        '数据的字符串形式
Dim Mindata As Single                               '下限温度报警值
Dim Maxdata As Single                               '上限温度报警值
'程序初始化
Private Sub Form_Load()
  DAQAI1. SelectDevice                              '选择模拟量输入设备
  DAQDO1. SelectDevice                              '选择数字量输出设备
  DAQAI1. StartChannel = 1                          '通道号 1
  DAQAI1. SampleRate = 500                          '采样频率
  DAQAI1. OpenDevice                                '打开模拟量输入端口
  DAQDO1. OpenDevice                                '打开数字量输出端口
  Mindata = 20:Maxdata = 30                         '下限、上限温度报警初始值
  Tmin. Text = Mindata:Tmax. Text = Maxdata         '显示下限、上限温度值
  alarm1. FillColor = QBColor(10)                   '下限报警指示灯初始为绿色
  alarm2. FillColor = QBColor(10)                   '上限报警指示灯初始为绿色
  Timer1. Enabled = True
End Sub
Private Sub Timer1_Timer()
  Dim u As String
  If num > 199 Then Call renew                      '调用绘图刷新子程序
  u = DAQAI1. RealInput(1)                          '获取 AI1 通道数据(电压值)
  Data(num) = (Val(u)-1) * 50                       '标度变换将电压转换为温度值
  filedata(num) = Format $(Data(num),"0.0")         '获取电压值,保留 2 位小数
  TempText. Text = filedata(num)
  Call alarm                                        '调用报警子程序
  num = num + 1
  Call cal                                          '调用计算极值、平均值子程序
  Call draw                                         '调用绘图子程序
End Sub
'报警指示
Sub alarm()
  If Data(num) < = Mindata Then
```

```
        alarm1. FillColor = QBColor(12)                      '置下限报警指示灯为红色
        DAQDO1. Bit = 1                                      '指定数字量输出通道 1
        DAQDO1. BitOutput(1)                                 '把状态位 1 输出到 1 通道
    End If
    If Data(num) > Mindata And Data(num) < Maxdata Then
        alarm1. FillColor = QBColor(10)                      '置下限报警指示灯为绿色
        alarm2. FillColor = QBColor(10)                      '置下限报警指示灯为绿色
        DAQDO1. Bit = 1                                      '指定数字量输出通道 1
        DAQDO1. BitOutput(0)                                 '把状态位 0 输出到 1 通道
        DAQDO1. Bit = 2                                      '指定数字量输出通道 2
        DAQDO1. BitOutput(0)                                 '把状态位 0 输出到 2 通道
  End If
    If Data(num) > = Maxdata Then
        alarm2. FillColor = QBColor(12)                      '置上限报警指示灯为红色
        DAQDO1. Bit = 2                                      '指定数字量输出通道 2
        DAQDO1. BitOutput(1)                                 '把状态位 1 输出到 2 通道
    End If
End Sub
'刷新
Private Sub renew()
    If num = 0 Then Exit Sub
    TempText. Text = "": AverText. Text = ""
    MinText. Text = "": MaxText. Text = ""
    Picture1. Cls
    For i = 0 To num-1
        Data(i) = 0: filedata(i) = ""
    Next i
    num = 0
End Sub
'改变下限报警温度值
Private Sub Tmin _ KeyPress(KeyAscii As Integer)
    If KeyAscii = 13 Then
        Mindata1 = Val(Tmin. Text)
        If Mindata1 > = Maxdata Then
            MsgBox("设定的下限温度不能比上限温度大！")
            Tmin. Text = Str $(Mindata)
        Else
            Mindata = Mindata1
        End If
    End If
End Sub
'改变上限报警温度值
Private Sub Tmax _ KeyPress(KeyAscii As Integer)
```

```
  If KeyAscii = 13 Then
      Maxdata1 = Val(Tmax. Text)
      If Maxdata1 < = Mindata Then
        MsgBox("设定的上限温度不能比下限温度小！")
        Tmax. Text = Str $(Maxdata)
    Else
      Maxdata = Maxdata1
    End If
  End If
End Sub
'计算极值、平均值
Sub cal()
  On Error GoTo hh
  Sum = 0
  Max = Data(0):Min = Max
  For i = 0 To num-1
    If Data(i) > = Max Then Max = Data(i)
    If Data(i) < = Min Then Min = Data(i)
    Sum = Sum + Data(i)
  Next i
  aver = Sum/num
  MaxText. Text = Format $(Max,"0. 0")
  MinText. Text = Format $(Min,"0. 0")
  AverText. Text = Format $(aver,"0. 0")
hh:Exit Sub
End Sub
'画连续曲线/间断散点图
Sub draw()
On Error GoTo hh
  If num = 0 Then Exit Sub
  Picture1. Cls                                         '清除曲线
  Picture1. DrawWidth = 1                               '线条宽度
  Picture1. BackColor = QBColor(15)                     '背景白色
  Picture1. Scale(0,50)-(200, 0)                        '绘制曲线的坐标系
  For i = 1 To num-1
    X1 = (i-1):Y1 = Data(i-1)                           '坐标值(x1,y1)
    X2 = i:Y2 = Data(i)                                 '坐标值(x2,y2)
    Picture1. Line (X1, Y1)-(X2, Y2),QBColor(0)         '连线(x1,y1)和(x2,y2),黑色
  Next i
hh:Exit Sub
End Sub
'关闭程序
'关闭板卡模拟量输入、数字量输出端口
```

```
Private Sub Cmdquit _ Click( )
  DAQDO1. Bit = 1                            '指定数字量输出通道 1
  DAQDO1. BitOutput(0)                       '把状态位 0 输出到 1 通道
  DAQDO1. Bit = 2                            '指定数字量输出通道 2
  DAQDO1. BitOutput(0)                       '把状态位 0 输出到 2 通道
  DAQDO1. CloseDevice                        '关闭板卡开关量输出端口
  DAQAI1. CloseDevice                        '关闭板卡模拟量输入端口
  Unload Me                                  '卸载窗体
End Sub
```

4. 运行程序

程序设计、调试完毕，运行程序。

程序启动，首先进行板卡设置，选中板卡设备：000：{PCI-1710HG I/O = C000 Ver. A}，单击“Select”按钮(选择两次)。

程序界面显示温度实时测量值并绘制连续的曲线图。当测量温度小于设定的下限温度值时，程序中下限指示灯改变颜色，相应的线路中 DO 指示灯 1 亮；当测量温度值大于设定的上限温度值时，程序中上限指示灯改变颜色，相应的线路中 DO 指示灯 2 亮。

在报警指示区，可以改变下限、上限温度值。在下限指示文本框输入新的下限报警值，按回车键确认即可改变下限温度值；在上限指示文本框输入新的上限报警值，按回车键确认即可改变上限温度值。

程序运行界面如图 12-10 所示。

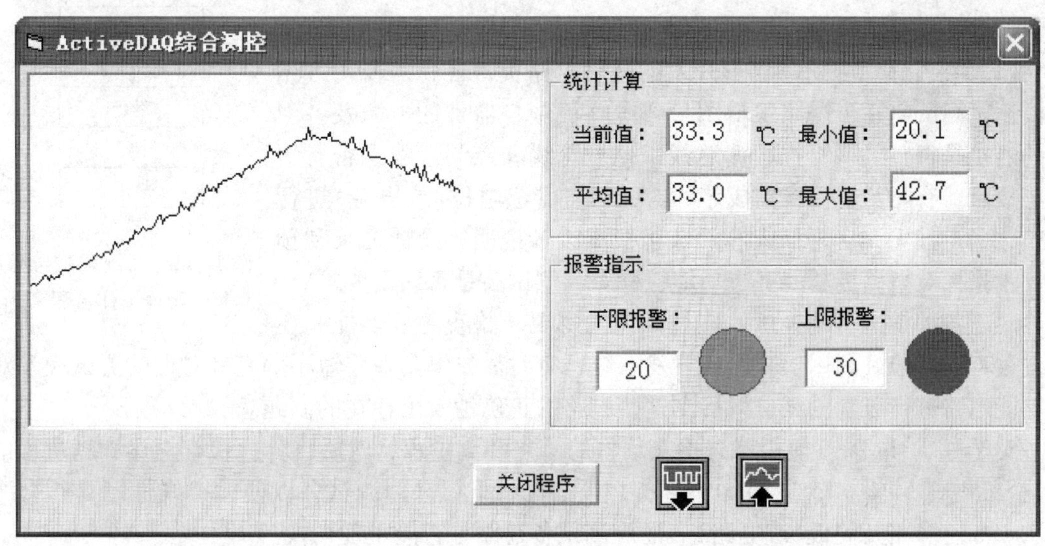

图 12-10　程序运行界面

巩固与提高

1）在程序界面中增加一个表格控件，程序运行时，温度测量值实时显示在表格中。

2）在程序界面中增加一个“保存数据”按钮，单击“保存数据”按钮，出现“另存为”对话框，指定路径，输入文件名，将采集的温度值保存到指定的文本文件中。

3）在程序界面中增加一个“打开文件”按钮，单击“打开文件”按钮，出现“打开”对话框，选中文件名，打开文件，文件中的数据显示在表格中，并绘制历史曲线。

知识链接一 计算机控制系统的调试与运行

计算机控制系统设计完成后，最主要的工作就是系统调试，这也是一项较为繁琐、耗时而且很艰苦的工作。系统调试的目的在于尽可能多地暴露问题、缺陷和故障(包括设计错误和工艺性故障)，同时排除故障，加以改正。为此，在调试中应竭力采取能暴露错误的调试手段和方法。

系统的调试与运行可分为离线仿真与调试和在线调试与运行两个阶段。离线仿真与调试一般是在实验室或非工业现场进行，而在线调试与运行是在生产过程工业现场进行。离线仿真与调试是基础，是检查系统硬件和软件的整体性能，为在线调试与现场运行作准备。现场运行是对全系统的实际考验与检查。图 12-11 所示为系统调试与运行阶段的工作流程。图中硬件调试、软件调试、软硬件统调(即系统仿真)和考机属于离线仿真与调试阶段，而现场安装调试、验收和运行属于在线调试与运行阶段。

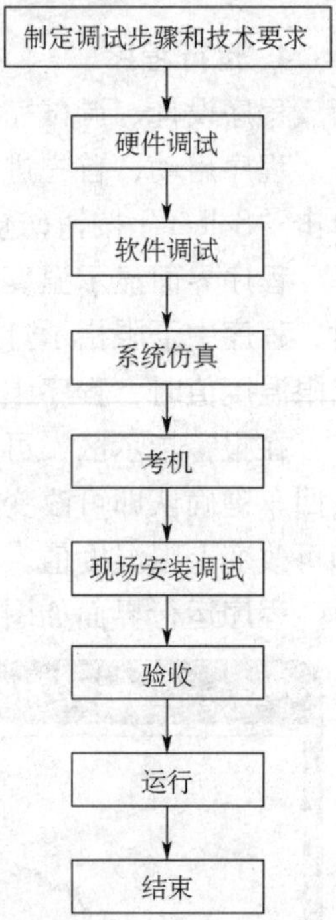

制定调试步骤和技术要求 → 硬件调试 → 软件调试 → 系统仿真 → 考机 → 现场安装调试 → 验收 → 运行 → 结束

图 12-11 系统调试与运行阶段工作流程

在系统调试和运行阶段，应做好调试方案、测试数据、图表等记录，并建立完备的调试文档资料。

1. 离线仿真与调试

(1) 硬件调试 对于自行开发的硬件电路板，首先需要用万用表或逻辑测试笔逐步按照逻辑图检查电路板中各器件的电源及各引脚的连接是否正确，检查数据总线、地址总线和控制总线是否有短路等故障。有时为了保护集成芯片，先对各管座电位(或电源)进行检查，确定其无误后再插入芯片。再根据设计说明、设计要求和预定技术指标对电路板功能进行功能性检查，测试其是否满足要求。

对于各种标准功能模板，应按照说明书要求检查主要功能。在检查过程中，最好利用仿真器或开发系统，有时需要编制一些短小的有针对性的测试程序对各功能电路进行分别测试，以检测这些电路的正确性找出存在的问题。

对于 A/D 和 D/A 模板首先检查信号的零点和满量程，然后再分栏检查。比如满量程的 10%、25%、50%、75%、100%等，并且上行和下行来回调试，以便检查线性度是否合乎要求。如有多路开关板(或电路)，还应测试各通路是否能正确切换。

检查开关量输入和开关量输出模板，需利用开关量输入和输出程序来进行。对于开关量的输入，可在各输入端加开关量信号，并读入以检查读入状态的正确性。对于开关量的输出，运行开关量输出测试程序，在输出端检查(用万用表或在输出端接测试信号器件电路)输出状态的正确性。

对于现场仪表和执行机构，如温度变送器、流量变送器、压力变送器、差压变送器、电压变送器、电流变送器、功率变送器以及电动或气动调节阀等。这些仪表和执行机构必须在安装前按说明书要求进行校验。

分级计算机控制系统和分布式计算机控制系统，需要测试其通信功能，检查数据传输的正确性。

实际硬件调试中，并非在硬件总装后才进行硬件系统调试，而是边装边调试。

(2) 软件调试 软件测试一般安排在硬件调试之后。有了正确的硬件作保证，就很容易发现软件的错误。在软件测试过程中，有时也会发现硬件故障。一般情况下，软件测试后，硬件中的隐藏问题大部分能被发现和纠正。

软件一般有主程序、功能模块和子程序。一般测试顺序为子程序、功能模块和主程序。有些程序的测试比较简单，利用仿真器或开发系统提供的测试程序就可进行测试。近年来出现一种所谓仿真软件，可不用硬件直接在微机上测试汇编语言程序，待基本测试好以后，再移到硬件系统中去测试。这种软硬件并行的测试方法，可大大加快系统开发速度。

一般与过程输入/输出通道无关的程序，如运算模块都可用开发装置或仿真器的调试程序进行测试，有时为了测试某些程序，可能还要编写临时性的辅助程序。

一旦所有的子程序和功能模块测试完毕，就可以用主程序将它们连接在一起，进行整体测试。整体测试的方法是自底向上逐步扩大，首先按分支将模块组合起来，以形成模块子集，测试完各模块子集，再将部分模块子集连接起来进行局部测试，最后进行全局测试。这样经过子集、局部和全局三步测试，完成整体测试工作。通过整体测试能够把设计中存在的问题和隐含的缺陷暴露出来，从而基本上消除了编程上的错误，为以后的系统仿真测试、在线测试及运行打下良好的基础。

测试的基本方法是：给软件一个典型的输入，观测输出是否符合要求，如发现结果有错，应设法将可能产生错误的区域逐步缩小，经过修改后再次调试，直到消除所有错误为止。

为了验证软件，需要花费大量的时间进行测试，有时测试工作量比编制软件本身所花费的时间还长。测试就是“为了发现错误而执行程序”。测试的关键是如何设计测试用例，常用的方法有功能测试法和程序逻辑结构测试法两种。

需要注意的是，经过测试的软件仍然可能隐含着错误。同时，用户的需求也经常会发生变化。实际上，用户在整个系统未正式运行前，往往不可能把所有的要求都提完全。当投运后，用户常常会改变原来的要求或提出新的要求。况且，系统运行的环境也会发生变化，所以，在运行阶段需要对软件进行维护，即继续排错、修改和扩充。另外，在软件运行过程中，设计者常常会发现某些程序模块虽然能实现预期功能，但在算法上不是最优的或在运行时占用内存等方面还有改进的必要，也需要修改程序，以使其更完善。

(3) 系统仿真 在硬件和软件分别调试后，需要再进行全系统的软硬件统调，以进一步在实验室条件下把存在的问题充分暴露，并加以解决。软硬件统调试验，就是通常所说的“系统仿真”。

所谓系统仿真就是应用相似原理和类比关系来研究事物，也就是用模型来代替实际系统来进行试验和研究。系统仿真有以下三种类型：数字仿真(或称计算机仿真)、全物理仿真(或称为在模拟环境条件下的全实物仿真)、半物理仿真(或称硬件闭路动态试验)。

系统仿真应该尽量采用全物理仿真或半物理仿真。试验条件或工作状态越接近真实，其效果也就越好。对于纯数据采集系统，一般可做到全物理仿真，而对于控制系统，全物理仿真几乎不可能。因此，控制系统一般采用半物理仿真进行试验。被控对象用实验模型(数学模型)来代替。

不经过系统仿真和各种试验，试图在现场调试中一举成功是不实际的，往往会被现场调试工作的现实情况所否定。

(4) 考机　在系统仿真结束后，还要进行考机运行试验。控制系统中有些问题和缺陷在短时间运行过程，可能不会充分暴露，只有长时间运行才会出现。因此，考机的目的是要在连续不停机的运行中，暴露问题和解决问题，同时也是检验整个系统的可靠性。在考机过程中，可根据现场可能出现的运行条件和周围环境，设计一些特殊运行条件和外部干扰，以考验系统的运行情况和抗干扰能力。例如，可设计高温和低温剧变运行试验，振动和抗电磁干扰试验，电源电压波动、剧变，甚至掉电试验等。

2. 在线调试与运行

系统离线仿真和调试后便可将控制系统和生产过程连接在一起，进行在线现场调试和运行，最后经过签字验收，才标志着工程项目的最终完成。

尽管上述离线仿真和调试工作最终做到了天衣无缝，但现场调试和运行仍可能出现问题。现场调试与运行阶段是一个从小到大、从易到难、从手动到自动、从简单回路到复杂回路逐步过渡的过程。

在现场进行安装、调试、运行过程中，设计人员和用户要反复磋商，密切配合，首先应制定一系列调试计划、实施方案、安全措施、分工合作细则等。

计算机控制系统最终是要安装在生产现场，要能经受现场运行环境和运行条件的考验，发挥预定的作用。

为了做到有把握，在现场调试前要进行以下内容检查：

1) 检测元件、变送器、显示仪表、调节阀等必须通过校验，保证精确度要求。作为检查，可进行一些现场校验。

2) 各种电气接线和测量导管必须经过检查，保证连接正确。例如，传感器的极性不能接反，各个传感器对号位置不能接错，各个气动导管必须畅通，特别是不能把强电接在弱电设备上。

3) 检查系统的干扰情况和接地情况，如果不符合要求，应采取措施。

4) 对在流量测量中采用隔离液的系统，要在清洗好引压导管以后，灌入隔离液。

5) 检查调节阀能否正确工作，旁路阀及上下游截断阀关闭或打开位置要正确。

6) 对安全防护措施也要检查。

经过检查并已安装正确后，即可进行系统的投运和参数的整定。投运时应先切入手动，等系统运行接近于设定值时再切入自动。

在线调试中，为了安全可靠起见，一般总是先开环运行，再进行闭环调试。开环运行只是将开环系统接入生产过程，系统显示出在线的运行参数、计算数据(如控制输出)，与实际情况进行比较，作为系统调试的参考。经过一段时间的调试与考核，确认控制系统安全可靠后，系统投入闭环试运行与调试，使系统达到合同所规定的技术经济指标。

在现场调试过程中，由于运行环境和运行条件的复杂性，往往会出现在设计和离线调试过程中未能考虑到的问题，这就需要设计人员在生产现场查找引起问题的原因并加以改进。

知识链接二 计算机控制系统的可靠性设计

计算机控制系统对可靠性提出了很高的要求，系统一旦发生故障，既有可能造成经济损失，还有可能造成安全事故。因此，设计控制系统时必须考虑可靠性。可靠性技术涉及到生产过程的多个方面，不仅与设计、制造、安装、维护有关，而且还与生产管理、质量监控体系、使用人员的专业技术水平与素质有关。下面主要是从技术的角度介绍提高计算机控制系统可靠性的最常用的方法。

1. 影响可靠性的因素

影响计算机控制系统可靠性的因素有内部与外部两方面。针对内外因素的特点，采取有效的软硬件措施，是可靠性设计的根本任务。

（1）内部因素　导致系统运行不稳定的内部因素主要有以下三点：

1）元器件本身的性能与可靠性。元器件是组成系统的基本单元，其特性好坏与稳定性直接影响整个系统性能与可靠性。因此，在可靠性设计当中，首要的工作是精选元器件，使其在长期稳定性和精度等方面满足要求。

2）系统结构设计。包括硬件电路结构设计和运行软件设计。元器件选定之后，根据系统运行原理与生产工艺要求将其连成整体，并编制相应软件。电路设计中要求元器件或线路布局合理，以消除元器件之间的电磁耦合相互干扰。优化的电路设计也可以消除或削弱外部干扰对整个系统的影响，如去耦电路、平衡电路等。同时，也可以采用冗余结构，当某些元器件发生故障时，不会影响整个系统的运行。软件是计算机控制系统区别于其他通用电子设备的独特之处，通过合理编制软件可以进一步提高系统运行的可靠性。

3）安装与调试。元器件与整个系统的安装与调试，是保证系统运行和可靠性的重要措施。尽管元器件选择严格，系统整体设计合理，但安装工艺粗糙，调试不严格，仍然可能达不到预期的效果。

（2）外部因素　外部因素是指计算机所处工作环境中的外部设备或空间条件导致系统运行的不可靠因素，主要包括以下几点：

1）外部电气条件，如电源电压的稳定性、强电场与磁场等。

2）外部空间条件，如温度、湿度、空气清洁度等。

3）外部机械条件，如振动、冲击等。

为了保证计算机系统可靠工作，必须创造一个良好的外部环境。如采取屏蔽措施，远离产生强电磁场干扰的设备，加强通风以降低环境温度，安装紧固件以防止振动，等等。

元器件的选择是根本，合理安装调试是基础，系统设计是手段，外部环境是保证，这是可靠性设计遵循的基本准则，并贯穿于系统设计、安装、调试、运行的全过程。为了实现这些准则，必须采取相应的硬件或软件方面的措施，这是可靠性设计的根本任务。

2. 硬件的可靠性设计技术

由于系统是由硬件和软件组成，因而系统的可靠性也分硬件可靠性和软件可靠性两个方面。

（1）元器件级　元器件是计算机系统的基本部件，元器件的性能与可靠性是整体性能与可靠性的基础，因此，元器件的选用要遵循以下原则：

1）严格管理元器件的购置和储运。元器件的质量主要是由制造商的技术、工艺及质量管理体系保证的，应选择有质量保证的元器件。采购元器件之前，应首先对制造商的质量信誉有所了解。这可通过制造商提供的有关数据资料获得，也可以通过调查用户来了解，必要时可亲自做试验加以检验。制造商一旦选定，就不应轻易更换，尽量避免在一台设备中使用不同厂家的同一型号的元器件。

2）老化、筛选和测试。元器件在装机前应经过老化筛选，淘汰那些质量不佳的元件。老化处理的时间长短与所用的元件量、型号、可靠性要求有关，一般为24h或48h。老化时所施用的电气应力(电压或电流等)应等于或略高于额定值，常为额定值的110%~120%。老化后测试应注意淘汰那些功耗偏大、性能指标明显变化或不稳定的元器件。老化前后性能指标保持稳定的是优选的元器件。

3）降额使用。所谓降额使用，就是在低于额定电压和电流条件下使用元器件，这将能提高元器件的可靠性。降额使用多用于无源元件(电阻、电容等)、大功率器件、电源模块或大电流高压开关器件等。降额使用不适用于TTL器件，因为TTL电路对工作电压范围要求较严，不能降额使用。MOS型电路因其工作电流十分微小，失效主要不是功耗发热引起的，故降额使用对于MOS型集成电路效果不大。

4）选用集成度高的元器件。近年来，电子元器件的集成化程度越来越高。系统选用集成度高的芯片可减少使用元器件的数量，使得印制电路板布局简单，减少焊接和连线，从而大大减少故障率和受干扰的概率。

(2) 部件及系统级　部件及系统级的可靠性技术是指功能部件或整个系统在设计、制造、检验等环节所采取的可靠性措施。元器件的可靠性主要取决于元器件制造商，部件及系统的可靠性则取决于设计者的精心设计。可靠性研究资料表明，影响计算机可靠性的因素，有40%来自电路及系统设计。

1）采用高质量的主机。计算机尽可能采用工业控制用计算机或工作站，而不是采用普通的商用计算机，因为工业控制计算机在整机的机械、防振动、耐冲击、防尘、抗高温、抗电磁干扰等方面往往是针对生产现场的特点，采取了特殊的处理措施，以保证系统在恶劣的工业环境下仍能正常工作；所采用各种硬件和软件，尽可能不要自行开发；采用高质量的电源；如果成本和空间允许，应尽可能采用PLC的I/O模块；因为一般来说，PLC的I/O模块的可靠性比PC总线I/O板卡的可靠性高。

2）采用模块化、标准化、积木化结构。目前各大公司推出的IPC工控机及过程通道板卡都实现了模块化和标准化，设计者只需保证自行开发的板卡或设备实现模块化和标准化即可。

板卡的布线要合理。一般要做到电源线尽可能粗；多条平行信号线不能过长；两面的信号尽可能垂直走线；模拟器件和数字器件分开走线；过接孔不能过多；小信号线有地线屏蔽等。

选择优质电源。模拟量输入所用的电源最好是线性电源，其他部分尽可能采用纹波较小的电源。电源的选择必须留有充分的余量，电源最好是密封结构和大散热器结构，如国产的朝阳电源系列。

散热措施。如果板卡使用了功耗性器件，控制柜顶部一般应安装风扇。如果板卡器件全为CMOS型器件，也可以不装风扇。

机械结构。控制柜和板卡插箱一般要使用全钢结构或铝合金结构。如果器件过重，控制柜和器件底板必须设计加强筋。表面必须喷漆或喷塑，以防止锈蚀。

3）采用冗余技术。对于关键的检测点、控制点可以进行双重或多重冗余设计。冗余技术也称容错技术，是通过增加完成同一功能的并联或备用单元数目来提高可靠性的一种设计方法。如一点模拟量信号可以输入到两个控制站的模拟量输入板卡，当其中一个站故障，在另一个站同样可以监测该信号的变化。也可以给计算机控制系统配备手操器，当计算机系统出现故障，利用手操器可以进行显示和手动控制。对于重要的控制回路，选用常规控制仪表作为备用。一旦计算机故障，就把备用装置切换到控制回路中，维持生产过程的正常运行。冗余技术包括硬件冗余、软件冗余、信息冗余、时间冗余等。

硬件冗余是用增加硬件设备的方法，当系统发生故障时，将备份硬件顶替上去，使系统仍能正常工作，硬件冗余结构主要用在高可靠性场合。如采用双机系统，即采用两台计算机，互为备用地执行任务。

信息冗余。对计算机控制系统而言，保护信号信息和重要数据是提高可靠性的重要方面。为了防止系统因故障等原因而丢失信息，常将重要数据或文件多重化，复制一份或多份“拷贝”，并存于不同的空间。一旦某一区间或某一备份被破坏，则自动从其他部分重新复制，使信息得以恢复。

时间冗余。为了提高计算机控制系统的可靠性，可以采用重复执行某一操作或某一程序，并将执行结果与前一次的结果进行比较对照来确认系统工作是否正常。

4）电磁兼容性设计。电磁兼容性是指计算机系统在电磁环境中的适应性，即能保持完成规定功能的能力。电磁兼容性设计的目的是使系统既不受外部电磁干扰的影响，也不对其他电子设备产生影响。

5）故障自动检测与诊断技术。对于复杂系统，为了保证能及时检验出有故障装置或单元模块，以便及时把有用单元替换上去，就需要对系统进行在线的测试与诊断。这样做的目的有两个：一是为了判定动作或功能的正常性；二是为了及时指出故障部位，缩短维修时间。

对于一些智能设备采用故障预测、故障报警等措施。出现故障时将执行机构的输出置于安全位置，或将自动运行状态转为手动状态。

6）其他措施。采用可靠的控制方案，使系统具有各种安全保护措施，如异常报警、事故预测、安全连锁、不间断电源等功能。

采用集散控制系统。对于规模较大的系统，应采用集散控制系统，它是一种分散控制、集中操作的计算机控制系统，它具有危险分散的特点，整个控制系统的安全可靠性高。

采取各种抗干扰措施，包括滤波、屏蔽、隔离和避免模拟信号的长线传输等。

3. 软件的可靠性设计技术

由于计算机控制系统是由硬件和软件组成，因而系统的可靠性也分硬件可靠性和软件可靠性两个方面。通过提高元器件的质量、采用冗余设计、进行预防性维护、增设抗干扰装置等措施，能够提高硬件的可靠性，但是要想得到理想的可靠度是不够的，通常还要利用软件来进一步提高系统的可靠性。

计算机运行软件是系统欲实行的各项功能的具体反映。软件的可靠性主要标志是软件是否真实而准确地描述了欲实现的各种功能。因此，对生产工艺的了解熟悉程度直接关系到软件的编写质量。提高软件可靠性的前提条件是设计人员对生产工艺过程的深入了解，并且使软件易读、易测和易修改。

为了提高软件的可靠性，应尽量将软件规范化、标准化和模块化，尽可能把复杂的问题化成若干较为简单明确的小任务。把一个大程序分成若干独立的小模块，这有助于及时发现设计中的不合理部分，而且检查和测试几个小模块要比检查和测试大程序方便得多。

软件可靠性技术主要包括以下两个方面的内容：一是利用软件提高系统的可靠性；二是提高软件自身的可靠性。

（1）利用软件来提高系统的可靠性　具体措施包括以下几个方面：

1）利用软件冗余，防止信息的输入输出过程及传送过程中出错。如对关键数据采用重复校验方式，对信息采用重复传送并进行校验，通过设置错误陷阱，自动捕捉错误，自动报告和排错提示等。

2）逻辑闭锁和限值闭锁。闭锁是防止误操作、过操作的有效方法。如为调节阀的开度设置闭锁，为各种温度值设置上下限闭锁，以保证系统安全可靠运行。在控制输出、修改重要参数处，软件采取操作口令、操作确认等多重闭锁，防止误操作。

3）编制自动诊断检测程序，自动检测设备的运行情况，及时发现故障，找出故障的部位并排除，以便缩短修理时间。

4）数据保护处理。针对系统突然停机、冷热起动或时间改动对数据库造成的破坏、遗失等情况，应采取实时数据备份、安全性检查等保护措施。一旦系统重新运行，系统首先自动读取保护信息，修补数据库，以便系统可靠运行。

5）采用系统信息管理的软件。它与硬件配合，对信息进行保护，这包括防止信息被破坏，在出现故障时保护信息，并迅速用备用装置代替故障装置，在故障排除后，恢复信息，并使系统迅速恢复正常运行。

（2）提高软件自身的可靠性　尽管在前面介绍了用软件提高系统可靠性的措施，但应该指出，软件本身也会发生故障。为了减少故障和使用户能得到一个满足要求的软件，应该采取以下措施，以提高软件自身的可靠性。

1）采取措施，减少软件设计中的错误，这包括采用模块化、结构化设计，采用组态软件形式，进行软件评审等。

2）采用能提高可测试性的设计。在系统设计时就充分考虑到测试的要求，使得软件的可维护性较高、故障的诊断及时迅速。

更详细的内容可参考软件工程方面的书籍。

习题与思考题

12.1　影响计算机控制系统可靠性的因素有哪些?

12.2　如何通过硬件设计来保证计算机控制系统可靠性?

12.3　如何通过软件设计来保证计算机控制系统可靠性?

12.4　控制一个炉子的温度可以采用通断控制也可以采用连续控制，请问这两种控制方式有何不同?

12.5　请用假期调研你熟悉的工业或民用企业中哪些使用了计算机控制技术? 若使用，请画出控制系统框图，描述控制过程；对未使用的，是否有可能使用? 进行工艺调研，尝试为其设计合适的计算机控制系统。

参 考 文 献

[1] 刘士荣. 计算机控制系统[M]. 北京：机械工业出版社，2008.
[2] 李江全，等. 计算机控制技术[M]. 北京：机械工业出版社，2007.
[3] 刘川来，等. 计算机控制技术[M]. 北京：机械工业出版社，2007.
[4] 苏小林. 计算机控制技术[M]. 北京：中国电力出版社，2004.
[5] 杨劲松，等. 计算机工业控制[M]. 北京：中国电力出版社，2003.
[6] 胡文金，等. 计算机测控应用技术[M]. 重庆：重庆大学出版社，2003.
[7] 何小阳. 计算机监控原理及技术[M]. 重庆：重庆大学出版社，2003.
[8] 李正军. 计算机测控系统设计与应用[M]. 北京：机械工业出版社，2004.
[9] 孙传友，等. 测控系统原理与设计[M]. 北京：北京航空航天大学出版社，2002.
[10] 李贵山，等. 检测与控制技术[M]. 西安：西安电子科技大学出版社，2006.
[11] 林敏，等. 计算机控制技术及工程应用[M]. 北京：国防工业出版社，2005.
[12] 潘新民，等. 微型计算机控制技术[M]. 北京：高等教育出版社，2002.
[13] 李肇庆，等. 串行端口技术[M]. 北京：国防工业出版社，2004.
[14] 李世平，等. PC 计算机测控技术及应用[M]. 西安：西安电子科技大学出版社，2003.
[15] 李江全，等. VB 串口通信与测控应用技术实战详解[M]. 北京：人民邮电出版社，2007.
[16] 马国华. 监控组态软件及其应用[M]. 北京：清华大学出版社，2001.